毎日新聞科学環境部
須田桃子

捏造の科学者
STAP細胞事件

文藝春秋

STAP細胞 万能性の証明

ステップ 1

酸処理を行った細胞を培養する

→万能性に関わるOct4という遺伝子が働き、細胞が緑色の蛍光を発する

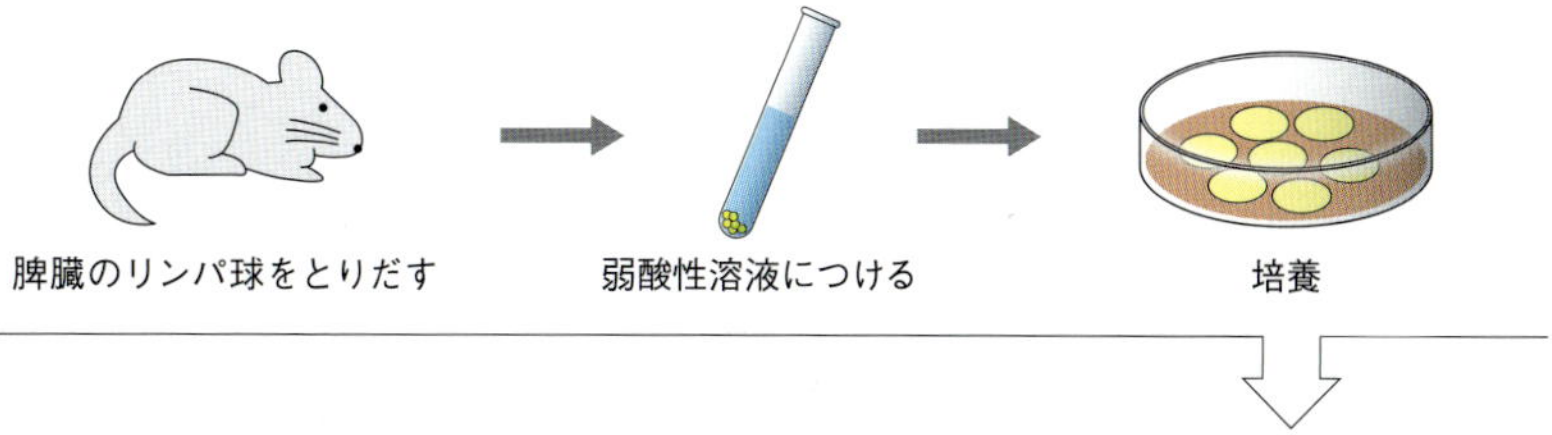

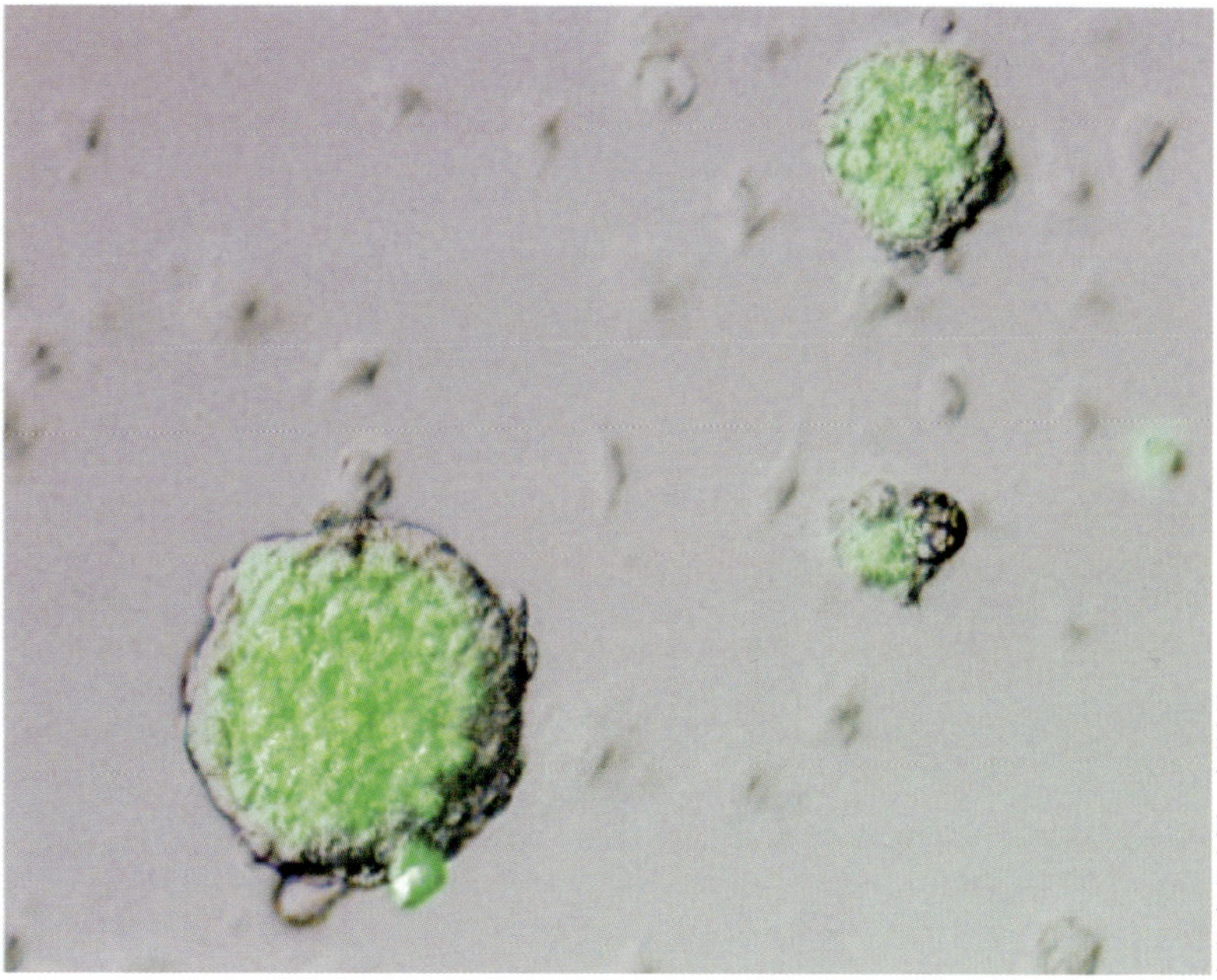

写真提供 理化学研究所

理研は小保方晴子氏らによる最初の記者会見で、細胞が緑色の蛍光を発しているこのスライドを見せて、万能細胞の証拠だと胸を張った。しかし、取材の網を広げると科学者の間では、単に細胞が死ぬ際の自家蛍光なのではないか、という疑義がささやかれていることが分かる。後に理研自身も検証実験の中間報告（8月27日）で、酸処理をした細胞を培養しても、自家蛍光しか確認されなかったと発表した

STAP細胞 万能性の証明

ステップ 2

Oct4が働いた細胞をマウスの皮下に移植
→様々な組織を含んだテラトーマ（良性の腫瘍）が形成される

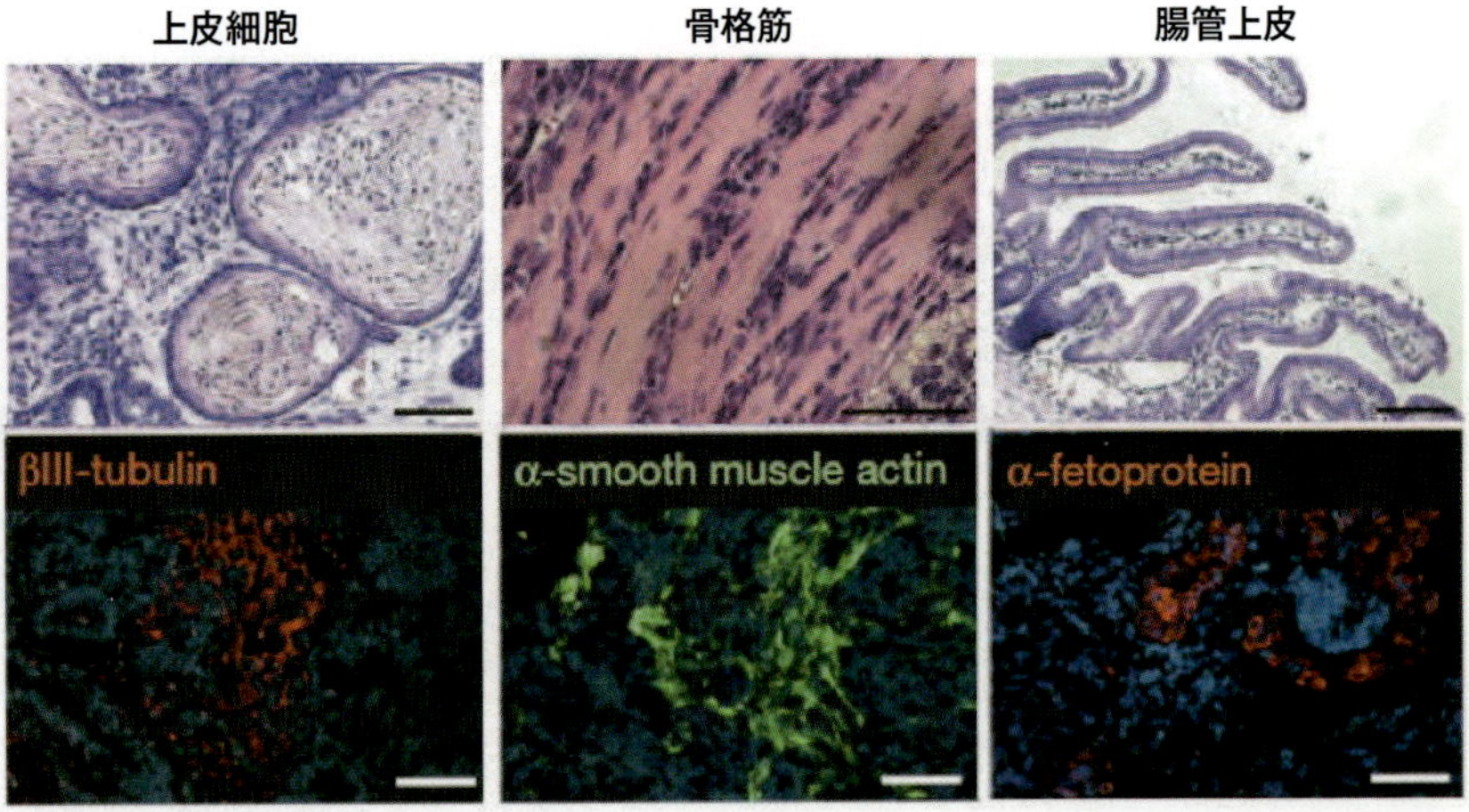

STAP論文に掲載された、テラトーマに含まれていたとされる組織の画像。発表当時、これらはSTAP細胞が様々な組織に分化する証拠の一つとされたが、下段の三つの画像は全く異なる実験をした小保方氏の博士論文からの流用であることが判明し、調査委員会から「捏造」だと認定された

STAP細胞 万能性の証明

ステップ 3

緑色の蛍光を発した細胞をマウスの受精卵に移植し、仮親マウスの子宮に戻す
→受精卵由来の細胞と、注入した細胞由来の細胞（緑色の蛍光を発する）が混じったキメラマウスが誕生する

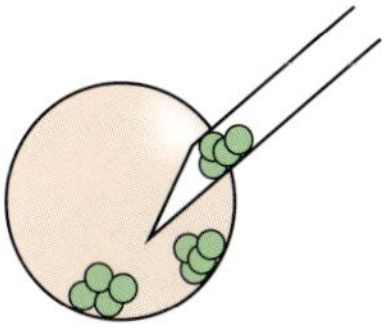

マウスの受精卵に移植

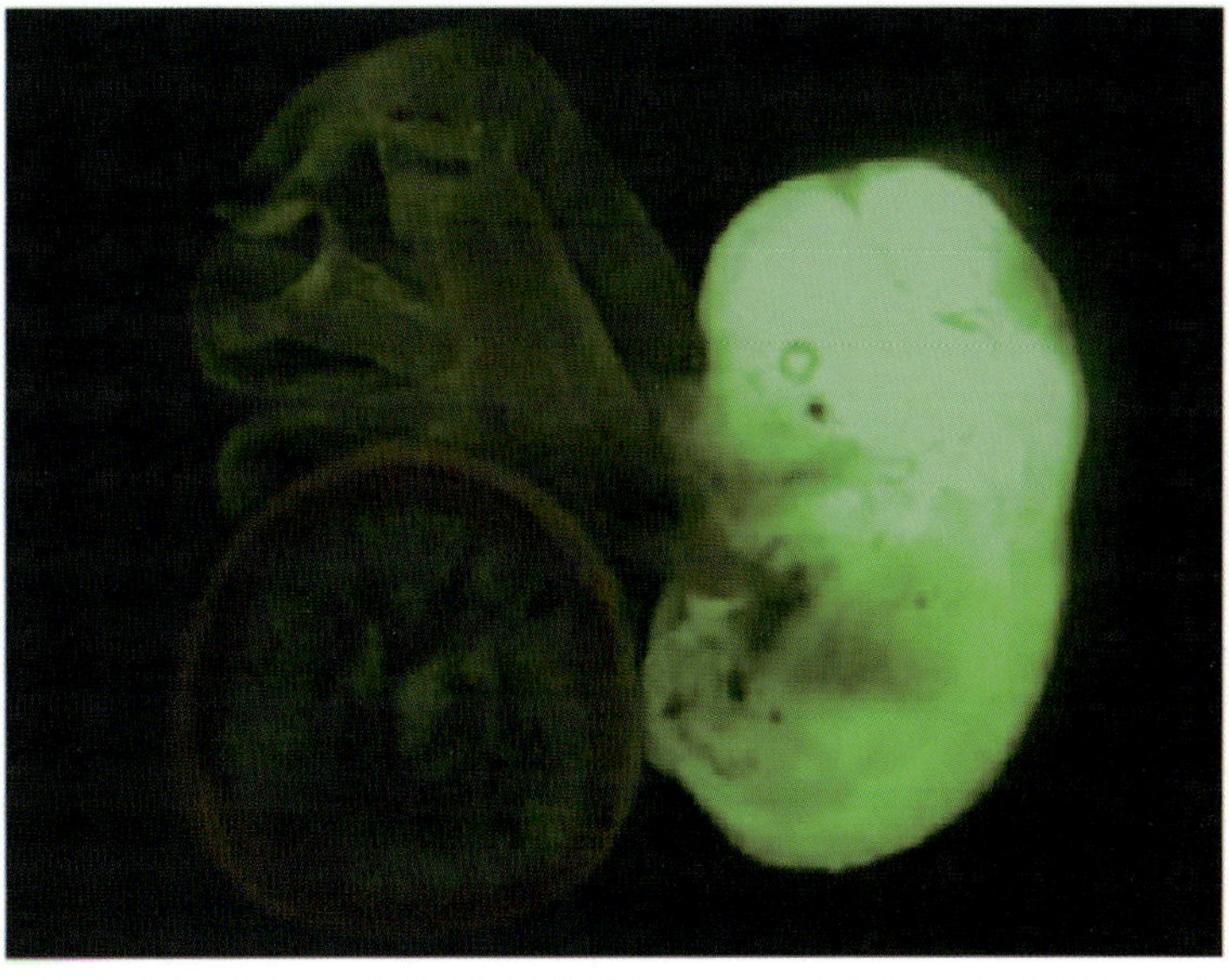

胎児（右側）とともに、胎盤（左側）も緑色に光ってみえる。これは胎盤には分化しないES細胞やiPS細胞と異なる、STAP細胞特有の特徴だと発表された。しかし、胎盤に流れ込んだ胎児の血液が光っている可能性や、胎盤に分化する能力のあるTS細胞が混入した可能性が後に指摘され、この画像はSTAP細胞の存在を示す証拠能力を失うことになる

疑惑の画像

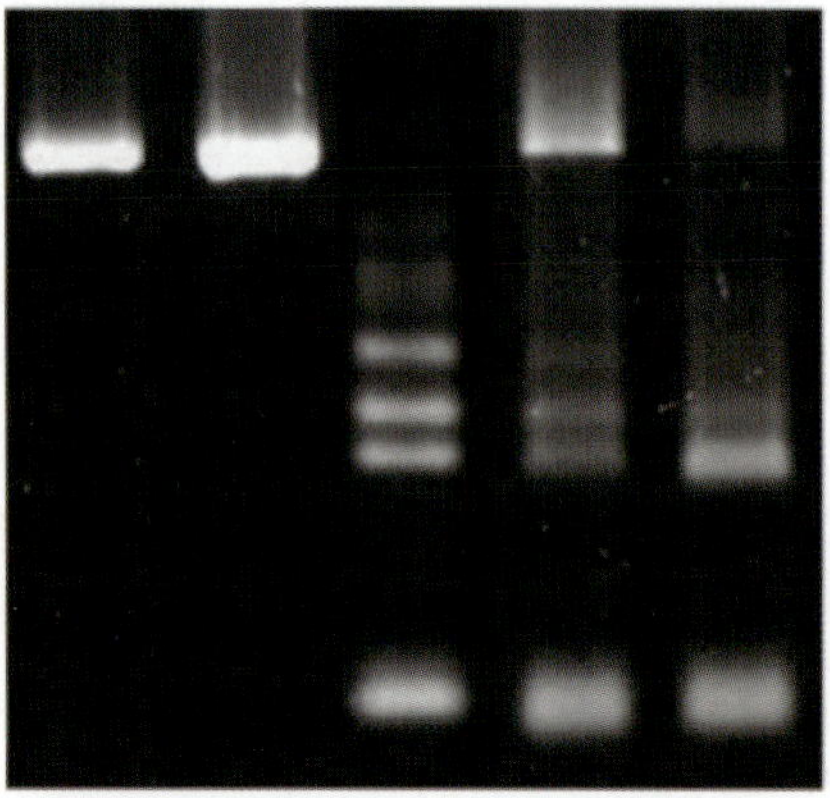

STAP細胞が、リンパ球のT細胞由来であることを示す電気泳動のデータ。中央のレーンは異なるデータから切り張りされており、調査委員会から「不正」と認定された

キメラマウス ①

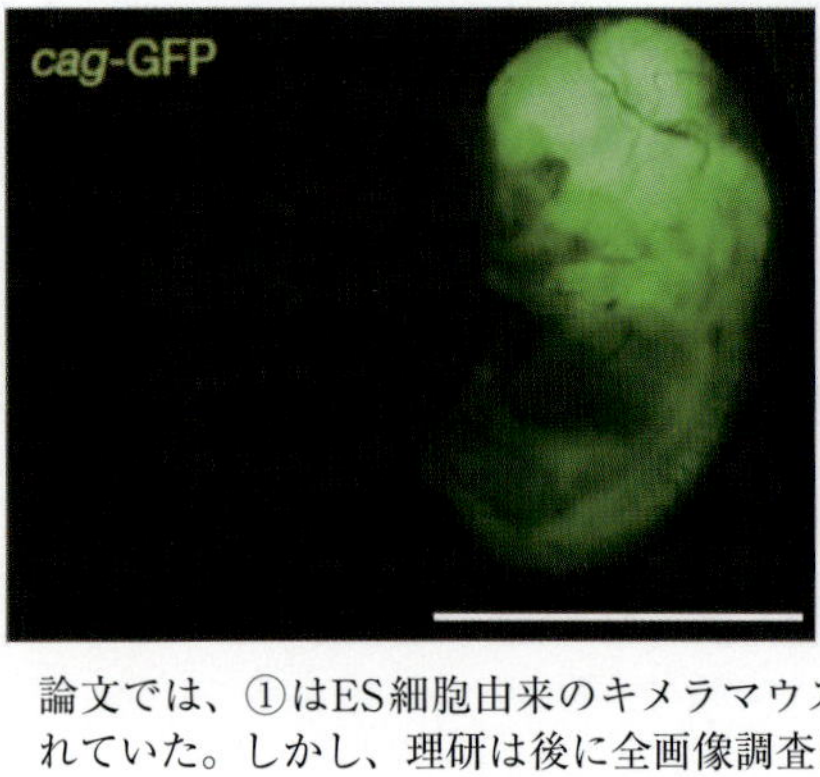

キメラマウス ②

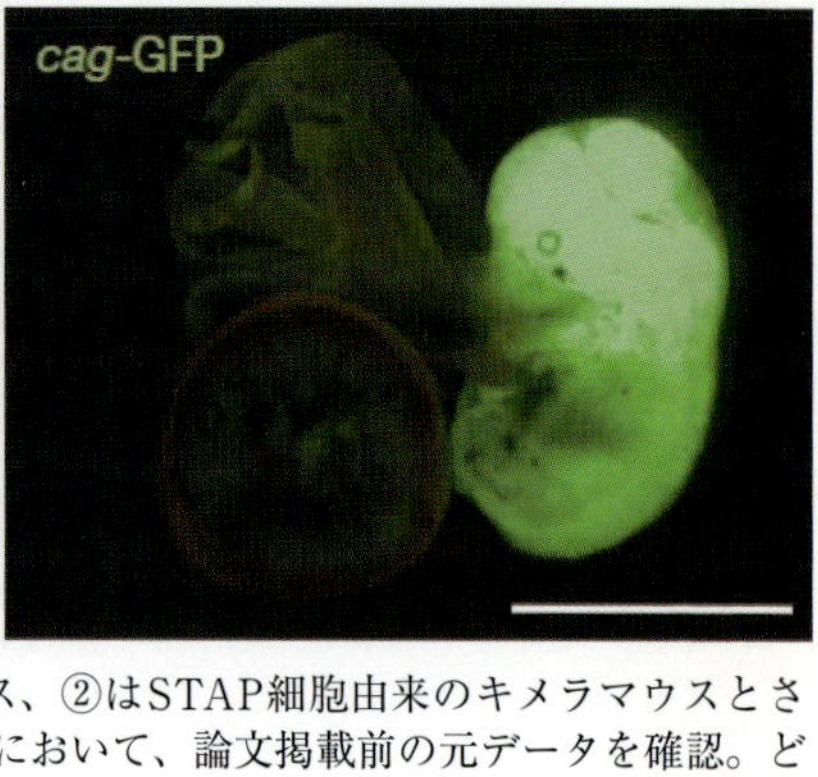

論文では、①はES細胞由来のキメラマウス、②はSTAP細胞由来のキメラマウスとされていた。しかし、理研は後に全画像調査において、論文掲載前の元データを確認。どちらも「同日に撮影したSTAP細胞由来のキメラマウス」となっていたことが分かる

小保方研の冷凍庫に保管されていた試料

（著者入手写真等による、335ページ参照）

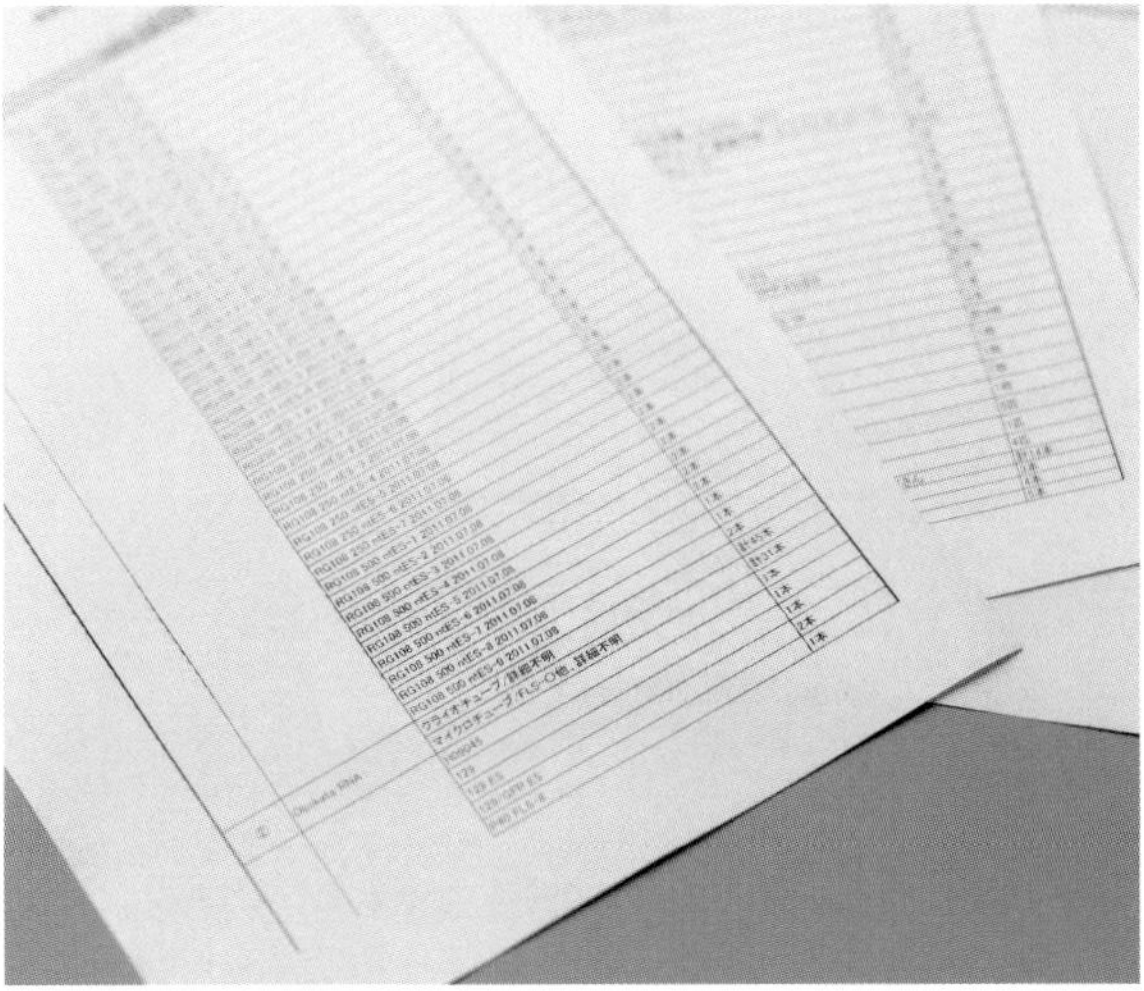

取材過程で入手した冷凍庫試料リスト

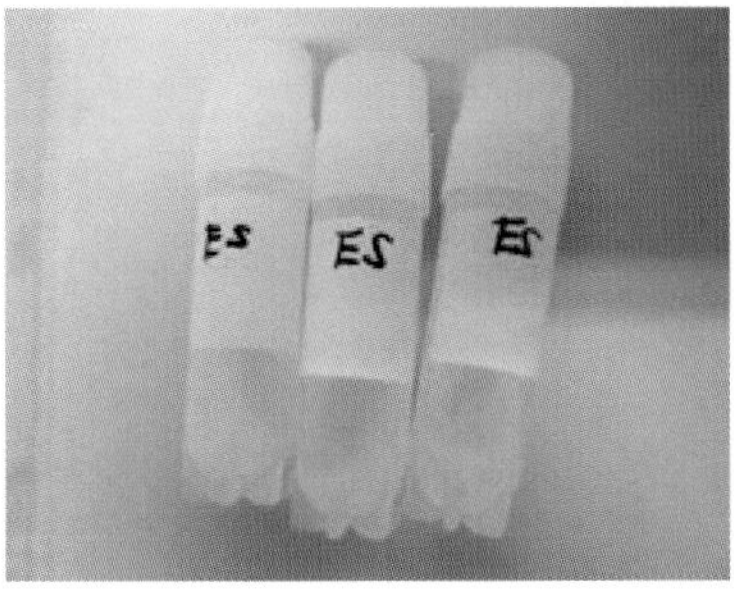

手書きで「ES」とだけ記された詳細不明の容器。
リストによれば、他にもES細胞とみられる試料
は多数あった

小保方研の冷凍庫に保管されていた試料

（著者入手写真等による、335ページ参照）

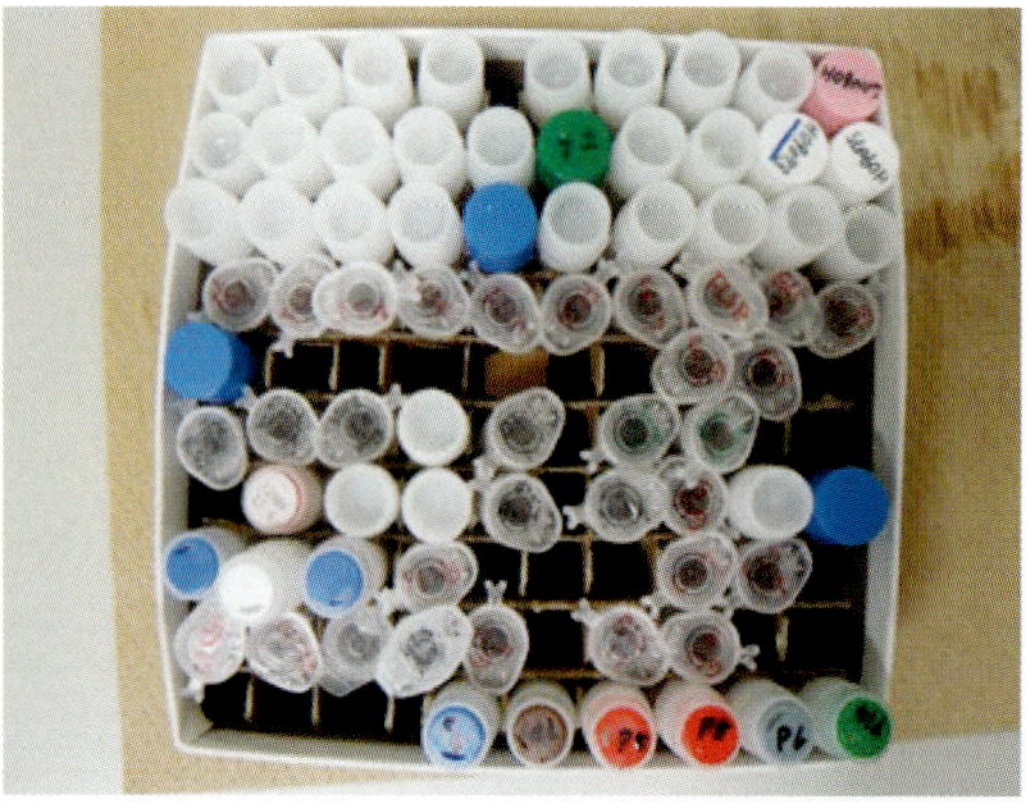

「Obokata RNA」と記された箱。七十本以上の容器が収められ、STAP幹細胞を意味する「FLS」など、明らかにSTAP研究関連と分かる記載のある容器も数十本あった

四匹のマウスの赤ちゃん。リストによれば他に六匹の凍結マウスがあったが、いずれも袋に詳細な記載はなかった。「Haruko」の文字が

捏造の科学者　ＳＴＡＰ細胞事件

目次

第一章　異例づくしの記者会見　8
内容がまったく書かれていない奇妙な記者会見の案内が理研から届いた。笹井氏に問い合わせをすると「須田さんの場合は『絶対に来るべき』」とのメールが。山中教授のｉＰＳ細胞を超える発見と強調する異例の会見。

第二章　疑義浮上　37
発表から二週間でネット上には、論文へのさまざまな指摘がアップされた。理研幹部は楽観的だったが、私は、以前森口尚史氏の嘘を見破った科学者の一言にドキリとする。「小保方さんは相当、何でもやってしまう人ですよ」

第三章　衝撃の撤回呼びかけ　65
万能性の証明のかなめである「テラトーマ画像」と「ＴＣＲ再構成」。このふたつが崩れた。共著者たちは、次々と論文撤回やむなしの判断に傾き、笹井氏も同意。しかしメールの取材には小保方氏をあくまで庇《かば》う発言を。

第四章　ＳＴＡＰ研究の原点　98
植物のカルス細胞と同じように動物も体細胞から初期化できるはずと肉をバラバラにして放置するなど奇妙な実験を繰り返していたハーバードの麻酔医バカンティ氏。ＳＴＡＰ細胞の原点は、彼が〇一年に発表した論文にあった。

第五章　不正認定　119
「科学史に残るスキャンダルになる」。デスクの言葉を裏付けるように、若山研の解析結果は、他細胞の混入・すり替えの可能性を示唆するものだった。一方、調査委員会は、論文の「改ざん」と「捏造」を認定する。

第六章　小保方氏の反撃　155
「ＳＴＡＰ細胞はあります」。小保方、笹井両氏が相次いで記者会見をした。こうした中、私は理研が公開しない残存試料についての取材を進めていた。テラトーマの切片などの試料が残っていることが分かったが。

第七章　不正確定　195
理研ＣＤＢの自己点検検証の報告書案を、毎日新聞は入手する。そこには小保方氏採用の際、審査を一部省略するなどの例外措置を容認していたことが書かれていた。そうした中「キメラマウス」の画像にも致命的な疑惑が。

第八章　存在を揺るがす解析　234
公開されているＳＴＡＰ細胞の遺伝子データを解析すると、八番染色体にトリソミーがみつかった。たかだか一週間の培養でできるＳＴＡＰ細胞にトリソミーが生じることはあり得ず、それはＥＳ細胞に特徴的なものだ。

第九章　ついに論文撤回　266
改革委員会はCDBの「解体」を提言。こうした中、小保方氏立ち会いのもとでの再現実験が行われようとしていた。しかし、論文が捏造ならそれは意味がないのでは？　高まる批判の中、私たちは竹市センター長に会う。

第十章　軽視された過去の指摘　302
過去にサイエンス、ネイチャーなどの一流科学誌に投稿され、不採択となったSTAP論文の査読資料を独自入手。そこに「細胞生物学の歴史を愚弄している」との言葉はなく、ES細胞混入の可能性も指摘されていた。

第十一章　笹井氏の死とCDB「解体」　324
八月五日、笹井氏自殺のニュースが。思えば、私のSTAP細胞取材は笹井氏の一言で始まった。それ以降笹井氏から受け取ったメールは約四十通。最後のメールは査読資料に関する質問の回答で自殺の約三週間前のものだ。

第十二章　STAP細胞事件が残したもの　359
〇二年に米国で発覚した超伝導をめぐる捏造事件「シェーン事件」。チェック機能を果たさないシニア研究者、科学誌の陥穽、学生時代からの不正などの類似点があるが、彼我の最大の違いは不正が発覚した際の厳しさだ。

装丁　永井翔
作図　上楽藍

写真クレジット
p.9 = © 毎日新聞社
p.17、49、59 = © 共同通信社
p.87 = © 文藝春秋
p.99 = © Getty Images

捏造の科学者　ＳＴＡＰ細胞事件

第一章　異例づくしの記者会見

内容がまったく書かれていない奇妙な記者会見の案内が理研から届いた。笹井氏に問い合わせをすると「須田さんの場合は『絶対に来るべき』」とのメールが。山中教授のｉＰＳ細胞を超える発見と強調する異例の会見。

笹井氏からの招待

その奇妙なファクスが送られてきたのは、朝刊の編集会議が始まる少し前の午後二時半ごろだった。

四日後の一月二十八日火曜日の記者会見を告げる、理化学研究所の案内だ。「この度、幹細胞研究の基礎分野で大きな進展がありました」とあるだけで、肝心の成果のタイトルはおろか、概要や発表者名も書かれていない。

会場は神戸市にある理研発生・再生科学総合研究センター（ＣＤＢ）。詳細は会見前日に別途知らせるというが、なぜここまで内容を伏せなければならないのか。

「いったいなんでしょうね」

生命科学や医療分野を担当する永山悦子デスクと顔を見合わせた。ＣＤＢの知り合いの広報担当者に電話で問い合わせても、「生物学の基礎分野」という以上の情報は引き出せない。

「笹井さんなら知っているんじゃない？　ちょっとメールで聞いてみてくれる？」

永山デスクが言った。

笹井芳樹・CDB副センター長は、近年社会の関心の高い再生医療の分野で著名な研究者だ。体のあらゆる細胞に変化する万能細胞の一つ「ES細胞（胚性幹細胞）」を使って脳の発生初期を再現する研究に取り組んでいる。

二〇一一年には、マウスのES細胞から目の網膜の元になる「眼杯《がんぱい》」という立体的な組織を作製することに成功した成果が英国の一流科学誌ネイチャーに掲載され、失明の原因となる網膜の病気の再生治療につながるとして注目された。国の大きな研究プロジェクトのリーダーも務める。

笹井芳樹氏

これまで再生医療の取材が多かった私は、笹井氏に取材で協力してもらったことが何度もあった。サービス精神旺盛で、いつもこちらの取材意図をくみ取り、エピソードをふんだんに交えて語ってくれる、記者にとってはありがたい存在だ。今回の成果に笹井氏自身が関わっている可能性も十分にある。

笹井先生、

こんにちは。ご無沙汰しております。

CDBから本日、二十八日の記者発表についてご案内を頂きました。「幹細胞研究の基礎分野で大きな進展」ということで、非常に気になっています。やはり笹井先生のお仕事でしょうか?

一義的には大阪科学環境部の管轄となりますが、できれば出張して取材できればと思っております。上司の説得のため、なにがしかヒントを頂ければ幸いです。

また、(※論文が掲載される)雑誌はどこかも教えていただければ……

もちろん、報道解禁を破るようなことはしませんし、できませんので、よろしくお願い申し上げます。

須田桃子

約一時間後、返信があった。

須田さん、
記者発表については、完全に箝口令になっています。

しかし、一つ言えることは、須田さんの場合は「絶対」に来るべきだと思います。

CDBで箝口令になっているということは、それだけCDBでもこれまでに無いくらいの特別なリリースだということでしょう?

笹井の眼杯くらいのインパクトのある話ですら、箝口令はしかなかったわけで、トップクラスのネタをいつも提供するCDBでも特に「スペシャル」だということがわかりますよね。それ以上は、絶対に申し上げる訳にはいきません。

ということで、がんばって、上司のかたを脅すなり、すかすなりなさって、火曜の記者レクにおいでください。

月曜の朝の本登録ではもう少し具体的な情報が入りますので。

笹井

笹井さんの秘蔵っ子

読んだ瞬間、期待に胸が高鳴った。笹井氏がここまで言うからには、教科書を書き換えるような画期的な成果かもしれない。

「須田さんの場合は」というのはどういう意味だろう。再生医療に関係する成果なのか、それとも、私のことを科学記者として評価してくれているからか。後者なら嬉しいが、ともかくも、神戸行きの切符を手にしなければ――。急いで主要な部分を抜粋してプリントし、永山デスクに渡した。

「すごい内容なのは間違いないですよ。ぜひ行かせてください」

しかし、概要すら分からなくては部としても判断のしようがない。笹井氏へのメールに書いた通り、神戸で発表する以上、基本的には大阪本社の管轄となるからだ。結局、判断は週明けまで持ち越すことになった。


思いがけず、概要は日を置かずに判明した。その日の夜、メールで問い合わせていた別のCDB関係者が、携帯に連絡をくれたのだ。

関係者のオフレコ情報によると、論文の掲載誌は英科学誌ネイチャー。発表者はまだ三十歳前後の小保方《おぼかた》晴子・研究ユニットリーダーで、CDBでごく小規模な研究室（研究ユニット）を主宰している。

論文は、マウスの細胞に酸にさらすなどのストレスを与えるだけで、何も手を加えなくても細胞が受精卵に近い状態に初期化（リプログラミング）され、ES細胞やiPS細胞（人工多能性幹細胞）のように、体のあらゆる細胞に分化する能力を持つ万能細胞に変化したとの内容という。

「なぜ、というところはまだ分かっていないが、理屈じゃなく面白い成果だ」

小保方氏がどんな人かを尋ねると、こんな答えが返ってきた。

「他の人にない非常にユニークなセンスを持っている。笹井さんの秘蔵っ子。将来性がある人なので、彼女自身について取材してみても面白いかもしれない」

メールでの報告は深夜になったが、永山デスクからすぐに返信があり、末尾にはこんな感想があった。

「笹井さんの秘蔵っ子って、どれほどすごい人なんだろう。とんでもなく頭がいい人であることは間違いないですね」

同じ夜、一緒に再生医療を取材している八田浩輔記者も、主要著者の顔ぶれを含む論文の概要を別途摑んだ。新たな万能細胞は「STAP《スタップ》細胞」と命名されたという。著者には、笹井氏もやはり入っていた。

土曜日だった翌二十五日には、永山デスクが大阪科学環境部と打ち合わせ、当日の紙面計画がほぼ固まった。

ｉＰＳ細胞を超える発見か

週明けの二十七日の午前中、理研からようやく、笹井氏が「本登録」と書いていた論文の概要と翌日の記者会見（事前レク）の案内が出され、私も日帰り出張で参加できることが決まった。ネイチャーを発行する雑誌社からも、メディア向けに論文のゲラ刷りが提供された。いわゆる「報道解禁」付きで、解禁日時までは決して記事にしないことが条件だ。論文は二本に分かれ、同時に掲載されるという。これ一つとっても「大型」の研究発表であることがうかがえた。

理研の記者発表のタイトルは「体細胞の分化状態の記憶を消去し初期化する原理を発見――細胞外刺激による細胞ストレスが高効率に万能細胞を誘導――」。

概要はすでに把握していた通りだったが、興味深いのは、ＳＴＡＰ細胞が、ＥＳ細胞やｉＰＳ細胞では分化しない胎盤の組織にも分化する能力があるということ、つまり、胎児にも胎盤にもなる受精卵そのものにより近い性質を持つ可能性が示唆されていることだった。成果の意義付けについては次のように書かれていた。

「ＳＴＡＰの発見は、細胞の分化状態の記憶の消去や自在な書き換えを可能にする新技術の開発につながる画期的なブレイクスルーであり、今後、再生医学のみならず幅広い医学・生物学に貢献する細胞操作技術を生み出すと期待できる」

二〇〇六年のｉＰＳ細胞の登場を彷彿とさせる、久々の大発見のように思われた。

こうした場合、私たち記者がまず取り組むのは、成果の大きさや意義付けを、第三者の研究者の意見を聞きながら、客観的かつ慎重に評価することである。

新聞などのメディアで紹介されたか否かが研究の評価に直結する昨今では、いくら研究者や研究機関が「大発見」とPRしてきても、誇大宣伝の可能性があるからだ。新奇性の高い内容ほど、現場の記者の事前取材による印象が、新聞のどの面に何段の見出しで載せるかという記事の扱いに直結しやすい。

早速、このテーマに詳しい複数の研究者に電話やメールで連絡をとった。特に詳しく意見を聞きたい相手には、報道解禁まで外部に漏らさないことを約束してもらった上で、論文のゲラを送り、目を通してもらった。

iPS細胞を使って移植用の血液や臓器の作製に挑む中内啓光《ひろみつ》・東京大学教授はこう語った。

「大発見ですよね。早速追試しようと思っているが、追試できるとしたら画期的だ。実用面と生物学的な面と両方の意義がある。実用面では、今回はマウスの成果だが、ヒトで同じことができれば面白い。再生医療で応用できる可能性もある。iPS細胞以上に初期化され、全能性に近い性質を持つようになったわけだから。生物学的には、ストレスを与えるだけで、こんなに簡単に全能性に近い性質を得られるとすると、メカニズムはもちろん知りたいし、なぜこの程度のストレスで？　という疑問もわく。塩酸を手にかけるのと同じことですからね」

「驚きの成果ですか」

「そうですね。iPS細胞と同じくらい、いや、それ以上のショックだ」

日本で初めてヒトES細胞を樹立するなど、幹細胞研究で知られる中辻憲夫・京都大学教授も電話取材に応じた。

「ES細胞やiPS細胞が作れない胎盤にもなったことから考えると、多能性（万能性）の新しい状態を表現しているかもしれません。基礎研究としては非常に面白くてサプライジング。多能性という状態と、初期化のメカニズムについて、新しい側面を見付けるきっかけになるかもしれませんね。一方、応用となるとまだ分からない。いろいろストレスを与えるということは、ゲノムなどに異常が蓄積している可能性があります。有用性が高いのかどうかは未知数だ。そういう意味でリスクは高く、実用面ではどうだろうか。やはり多能性と初期化についての新たな発見という基礎科学的な意義が大きいのでは。手法自体はあまり洗練されていない」

やや辛口ではあるものの、慎重派の中辻教授としては最大限の賛辞のように感じられた。

バカンティ氏の絶賛コメント

論文を読み込んでくれたある国立大学の研究者からのメールは、興奮ぶりが如実に伝わってくる文面だった。

率直に言って「衝撃的」です。（論文の）一本目を読んでいる途中で何度「マジか～、シャレにならんわ～」と言ったか分かりませんし、二本目を読み進めている途中で、あまりのすごさに呆れて論文を投げ出したくなるレベルでした。そのくらいの成果です。全体的な成果をまとめますと、現在知られている多能性幹細胞に比べて、もっともお手軽に作ることができるのにも関わらず、もっとも質が高い細胞が生じると言えるかもしれません。（中略）

「すごい」としか言いようがありません。各解析は詳細で、日本の幹細胞・発生工学研究における第一人者達が、データを固めています。(中略)いや〜今後を想像すると楽しくてしょうがありません。いろいろなアイデアが浮かんできます。

研究者達の反応を受け、やはりこれは特別な成果だ、という思いが強まった。

実は、iPS細胞以来、「新たな万能細胞」の発見は初めてではない。世界中でさまざまな万能細胞が報告されては消えている。日本国内でも二〇一〇年に、東北大学などの研究チームが、生体内にごくわずかに存在するという万能細胞「Muse《ミューズ》細胞」を発見したとして、盛大な記者会見を開いた。そのときも同じように事前取材を展開したが、賛否両論だったうえに、評価する側の声もより慎重だった。そのため、新聞の一面での記事掲載は厳しいと判断され、二面に落ち着いた。その後、Muse細胞研究に大きな進展はなく、当時の判断は妥当だったと考えられる。

STAP細胞はMuse細胞のときと明らかに反応が違う。一面はほぼ確実だろうと思った。同時に、今回の成果はあくまで基礎的な成果だとも感じた。再生医療に応用できるかもしれない新たな万能細胞の登場というよりも、細胞が秘める意外な能力の発見、というような、生命科学的な意味で面白い成果としてとらえた方がいいのではないか――。私はこうした感想を同僚にメールで書き送った。

一方、大阪科学環境部の斎藤広子記者からは、論文の主要著者の一人、米ハーバード大学のチャールズ・バカンティ教授をはじめ、研究を主導した小保方氏と関わりのある研究者達への取材メモが送られてきた。

「積極的で努力家、怖いもの知らず」「芯が強く、ガッツがある」「負けず嫌いで、人の倍は実験する」――。メモを読んで少なからず驚いたのは、誰もが手放しで小保方氏を賞賛していることだった。

「ハルコはライジングスターだ」。メールでの取材に応じたバカンティ教授は、そう称えた。「彼女は今や、この惑星で最も素晴らしく、知的で、知識が豊富で、優秀で尊敬される、かつ最も革新的で美しい科学者の一人になったと私は思う」。

個性的なデザインで知られる英国の高級ブランド、ヴィヴィアン・ウエストウッドの服を愛用するなど、ファッションにこだわりを持つ一面もあるという。実際の彼女はどんな人なのだろうか。いやが上にも興味が膨らんだ。

華やかな記者会見

小保方晴子氏

神戸市のポートアイランドにあるＣＤＢで翌二十八日に開かれた記者会見には、新聞・テレビ十六社から約五十人が詰めかけた。記者席から見て正面のテーブルに、小保方氏、若山照彦・山梨大学教授、笹井氏の三人が並んだ。小保方氏を初めて目にし、「可愛らしい人だな」と思った。美容院でヘアメイクを施したのだろうか。付けまつげをしているらしき目はぱっちりとしていて、両肩に垂らしたやや茶色い髪は緩くカールされている。丸襟の白いブラウスに黒のカーディガンという姿は、個性的と言うよりも清楚な印象だ。会見を前に、少し緊張した表情を浮かべていた。

ヒトを含む動物の体は、血液や筋肉、神経など、さまざまな種類の細胞で構成されている。少し発生が進んだ受精卵（受精胚）の中の細胞は、体をつくるすべての種類の細胞に分化する、多能性（万能性）という能力を持っている。しかし、生まれた後の動物の体細胞は、すでに血液や神経、筋肉など、一定の役割を持った細胞に分化していて、全く異なる種類の細胞に勝手に変化することはない。体細胞の時計の針を巻き戻し、受精卵に近い状態に逆戻りさせることを「初期化」と言う。

「動物の分化しきった体細胞は初期化できない」という常識を打ち破ったのが、英国のジョン・ガードン博士だ。ガードン博士は一九六二年、アフリカツメガエルのオタマジャクシの体細胞から核を取り出し、核を除いた卵に移植して、元の体細胞と全く同じ遺伝情報を持つクローンオタマジャクシを作ることに成功した。つまり、卵子を使えば、体細胞の核を初期化し、体のあらゆる細胞に変化する能力を取り戻せることを示したのだ。

一九九六年には、英国で体細胞クローン羊のドリーが生まれ、哺乳類の体細胞も同様に初期化できることが証明された。

さらに、山中伸弥・京都大学教授が二〇〇六年、卵子を使わずに体細胞そのものを初期化することに成功したと発表した。たった四つの遺伝子をマウスの皮膚細胞に組み込んで初期化し、ｉＰＳ細胞を作り出したのだ。

山中教授は二〇〇七年にはヒト・ｉＰＳ細胞の開発も発表し、ガードン博士とともに二〇一二

ガードン博士の実験

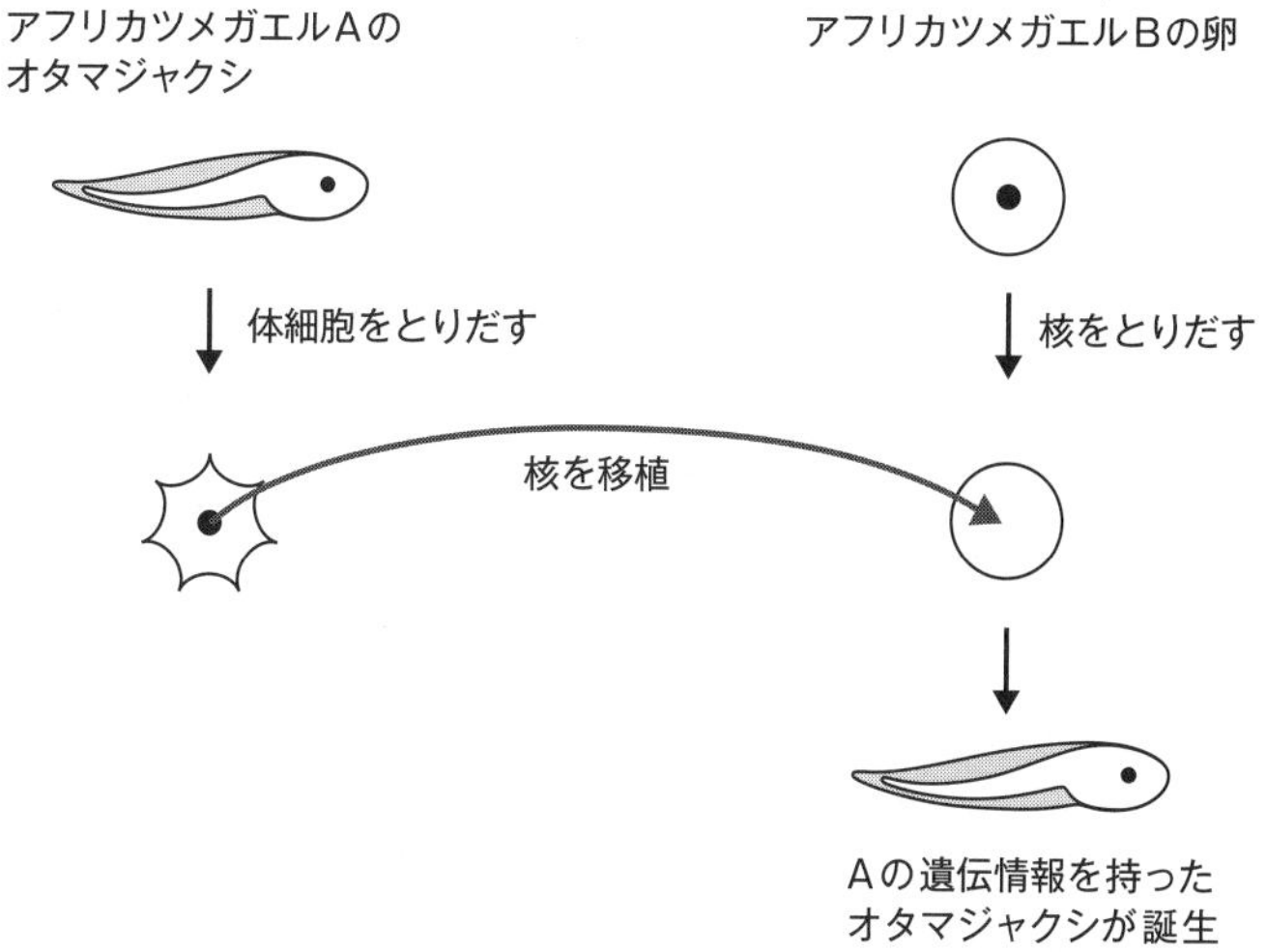

年のノーベル医学生理学賞を受賞した。

STAP細胞とは

　STAP細胞の記者会見は、iPS細胞との対比を強く意識した内容だった。笹井氏の司会で進められ、まず、小保方氏がスライドを見せながら論文の概要を説明した。

　クローン技術やiPS細胞など従来の初期化技術は、「細胞の核への直接的な操作を人工的に行うことが必要」（小保方氏）だ。研究チームは今回、こうした操作を行わずに、細胞の外から刺激を与えるだけで、体細胞を初期化できたとし、できた細胞を「STAP=Stimulus-Triggered Acquisition of Pluripotency（刺激惹起性多能性獲得）細胞」と名付けた。

　ニンジンや大根などの植物では、細胞をバラバラにし、特殊な培養液を使って培養すると初期化に似た現象が起き、根や茎、葉など植物の全体の構造を作る「カルス」と呼ばれる細胞に変化する。ＳＴＡＰ細胞はいわば、動物版のカルスと言えよう（後に分かったことだが、小保方氏やバカンティ教授らが最初にネイチャーに投稿した際の論文のタイトルは、まさに「Animal Callus Cells（動物カルス細胞）」だった）。

　実験に使われたのは、万能性に関わるＯｃｔ４《オクトフォー》という遺伝子が働くと緑色の蛍光を発するように遺伝子操作したマウスだ。

　生後一週間の赤ちゃんマウスのリンパ球を三十分間ほど、弱酸性の溶液に浸して刺激を与え、培養を続けると、生き残った細胞の中に緑色の蛍光を発する細胞が二日後から現れはじめる。その細胞は元のリンパ球の二分の一程度と小さく、互いにくっつきながら、七日目には数十個から数千個の塊をつくる。弱酸の刺激に耐えて生き残る細胞は全体の約二十五％、そのうちの約三十％が緑色に変化する、つまり最初の細胞のおよそ七〜九％でＯｃｔ４遺伝子が働くようになるという。

　研究チームは、緑色に光る細胞が初期化され、万能性を獲得したことを、複数の方法で確認したという。

　試験管の中で環境を整えて培養すると、神経や筋肉、腸管上皮など、さまざまな組織の細胞に分化した。生きたマウスに移植すると、さまざまな組織の細胞が入り混じった「テラトーマ」と呼ばれる良性の腫瘍ができた。また、マウスの受精卵に注入し、仮親マウスの子宮に戻すと、ＳＴＡＰ細胞由来の細胞が全身に散らばった「キメラマウス」が生まれた。これらはいずれも、万能性を調べる一般的な実験手法で、中でもキメラマウスは、万能性の最も確実な証明とされる。

STAP細胞の作製と実験

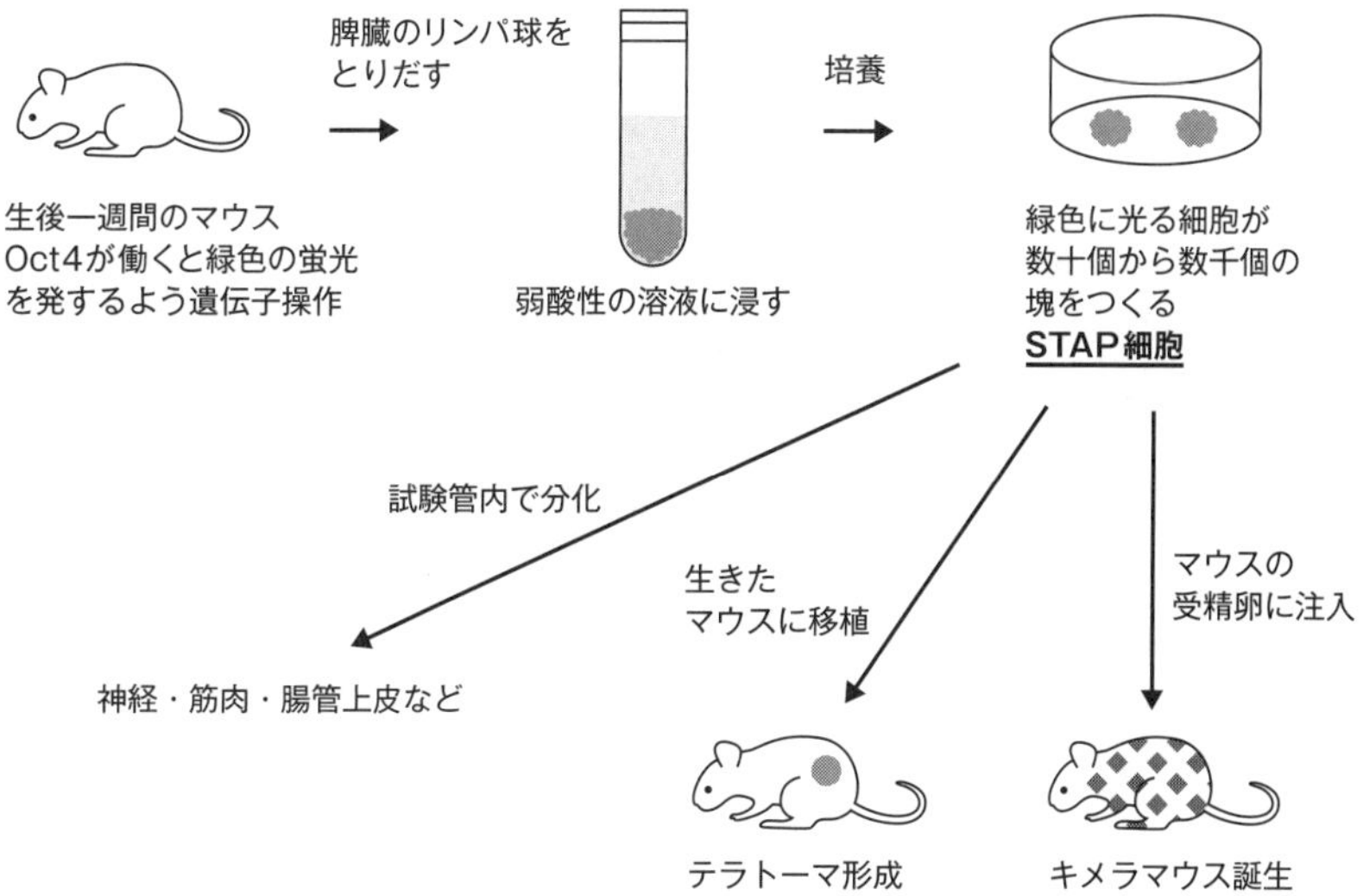

それだけではない。キメラマウスの実験では、胎児に栄養を送る胎盤や卵黄膜といった組織にも、STAP細胞由来の細胞が混じっていたという。iPS細胞やES細胞は胎盤には変化しないことから、STAP細胞は、受精卵により近い状態に初期化されたと考えられる。

リンパ球だけではなく、脳や皮膚、脂肪、骨髄、肝臓、心筋などのさまざまな組織の細胞も、同じように弱酸の刺激でOct4遺伝子が働くように変化した。弱酸の刺激以外にも、極細のガラス管に何度も細胞を通すという物理的な刺激や、細胞膜に穴を開ける化学的な刺激など、細胞が死んでしまうような刺激を少しだけ弱めて細胞に加えると、初期化が起きることが分かったという。

ただし、STAP細胞には多能性は

あるものの、ｉＰＳ細胞やＥＳ細胞のようにほぼ無限に増え続ける能力（自己増殖能）はない。そのＳＴＡＰ細胞を、ＥＳ細胞に適した培地で培養すると、多能性もあり、自己増殖能もある「ＳＴＡＰ幹細胞」に変化した。ＳＴＡＰ幹細胞は胎盤に分化する能力は失うが、また別の特殊な培地で培養すると、ＳＴＡＰ細胞のユニークな多能性を維持しながら自己増殖能を併せ持つ、別の幹細胞もできた。研究チームはこれを「ＦＩ幹細胞」と名付けた。

〝夢〟の細胞

小保方氏は次々にスライドを繰りながらこれらの内容をよどみなく解説し、培養皿の中で細胞が変化し、塊を作っていく様子を顕微鏡でとらえ、高速で再生させた動画も紹介した。今後、初期化の原理を解明できれば、「細胞核の情報の自在な消去や書き換えを行える革新的な技術に発展させることができる。つまり、細胞の分化状態を自在に操作するような技術に発展させることができると思う」として、将来、ヒトの細胞での研究が進んだ場合の展望について語って締めくくった。

「従来想定できなかったような新規の医療技術の開発に貢献できると思っています。例えば、これまでだと生体外で組織をつくり移植するという方法が考えられておりますが、生体内での臓器再生能の獲得が将来的に可能になるかもしれないし、がんの抑制技術にも結びつくかもしれない。一度分化した細胞が赤ちゃん細胞のように若返ることを示しており、夢の若返りも目指していけるのではないかと考えております」

その後の質疑応答では、通常の科学論文の発表同様、データの意味や成果の意義、今後の展望など幅広い質問が出た。主に小保方氏が答えたが、少しでも言葉に詰まると笹井氏がすかさず助け舟を出すのが印象的だった。

細胞に刺激を与える弱酸性溶液のｐＨは五・七という。たとえればどんな液体かを聞かれた小保方氏が「よく議論になるんですけど、甘めのオレンジジュース……いえ、酸っぱめのオレンジジュース」と答え、笹井氏が「昔ホルツフレター（米国の科学者）という人が、イモリの未分化細胞を酸に浸けて神経に変化させたが、彼は『オレンジジュースでもできる』と言っているので同じくらいでは。（オレンジの）産地は分からないけど」と補足すると会場に笑いがおきた。

「酸っぱいものを飲んだときに口の中に（万能細胞が生じて）がんができたりしないのはなぜか」「けがをしたら細胞が初期化してしまうのか」などのもっともな疑問も呈された。小保方氏は、生体内で酸性の刺激を与えるマウス実験も試みたと言い、「どうやら生体内ではストレスが加わっても完璧な初期化が起こらない。大きな変化が起こらないように組織の中では非常に上手に制御されているのではないかというデータも得ている」と説明した。

事前取材で中辻教授が心配していたように、強い刺激で細胞の核内で遺伝情報を担うゲノムに傷が付かないのか、という質問も複数回あった。小保方氏は「ゲノムについてはさらなる解析が必要だが、染色体には全く異常がみられない」と説明し、若山氏がキメラマウスやその子どもに異常がなかった、と補足。笹井氏も、ＳＴＡＰ細胞由来のテラトーマを作る実験で、がん化するものが五十例中、一例もなかったとして、「がん化を積極的に示すデータは今のところない」と話した。

「iPS細胞とは全く違う」

質疑応答も半ばに差し掛かったとき、「ここで、iPS細胞との本質的な部分での違いについて、時間を取りたい」と笹井氏が切り出し、会場に新たな一枚紙の資料が配られた。

重りのついた鎖でがんじがらめになった人（分化した体細胞）が、初期化によって鎖を解かれ、赤ちゃん（万能細胞）に変化する様子のイラストが描かれている。STAP細胞の場合は、外から金槌で刺激を与えられると鎖が一気に外れ、「自発的に」走って赤ちゃんの状態に戻るのに対し、iPS細胞は鎖が付いたまま牛に引きずられ、「強制的に」赤ちゃんに戻る、という内容だ。

作製にかかる日数はSTAP細胞が二～三日、効率も生き残った細胞の三十%以上と高いのに対し、iPS細胞は二～三週間、効率も〇・一%ほどと記されていた。笹井氏は「細胞の中には、分化状態の記憶を解除する機構があって、今回そのスイッチを押す方法を小保方さんが解明した」と説明した。

解除の原理を解明し、現在の刺激よりも緩やかな条件でスイッチを押せるようになれば、魔法使いの杖の一振りでSTAP細胞が作れるかもしれない、という将来像も示し、「例えば体の中でも使えるようになる。iPS細胞とは全く違う原理なので、応用の仕方も違う」と述べた。この資料は、iPS細胞の作製方法が実際には大幅に改善されていることに触れていなかったことなどから、後日、山中教授の怒りを買うことになる。

心に残ったのは、「iPS細胞に代わる細胞になる可能性は？」という質問に対する小保方

会見で配布された比較資料

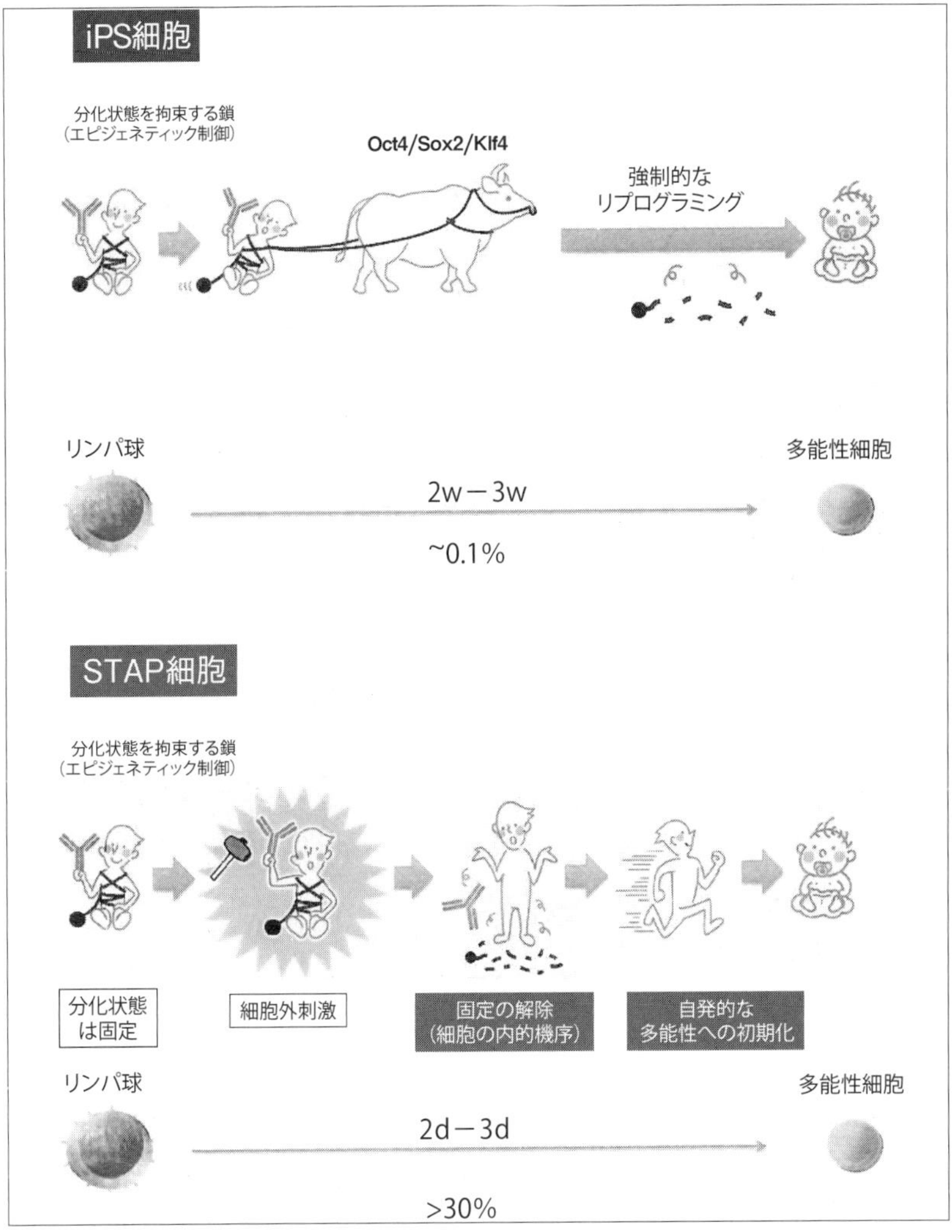

氏の答えだ。

STAP細胞がまだ赤ちゃんマウスの細胞からしかできていないことから、「将来的なiPS技術との関連性を議論するのは早すぎる段階」と断ったうえで、「ただやはり、基礎研究の充実が将来の応用の可能性を広げると信じているからこそ、私たちは実験をする。いま思い浮かぶような特定の一つの応用に限局するのではなく、数十年後とか百年後の人類社会への貢献を意識して研究を進めていきたいと考えています」と語った。

こうした言葉がぱっと出てくるあたり、スケールの大きい人だと感じた。

続けて笹井氏も「もうiPSの時代は終わりで、STAPの時代だ、という書き方は決してしてほしくない」とクギをさしたが、同時に「今回のメッセージは、細胞の記憶を消去して書き換えることが、夢じゃなく可能だということ。それをベースに、新しい医療、創薬などに、非常に大きい可能性がある。生体内でも生体外でも制御できるかもしれない」と、STAP細胞の独自性と、将来性の豊かさを強調した。

「細胞生物学の歴史を愚弄している」

記者会見の案内で内容を伏せるなど異例の箝口令をしいたのは、雑誌社側の指示だったという。「正直、ネイチャーのライフサイエンス（生命科学）の論文の中で、私が大学院に入って以来、少なくとも過去二十年の中で、一番すごいというか想定外、インパクトのある論文」と語る笹井氏の表情は、晴れやかで誇らしげだった。

万能性を証明するキメラマウスの作製を担当した若山氏の発言は少なかったが、最初に小保方氏から依頼を受けた際の印象を聞かれ、「正直信じていなかった」と明かし、キメラマウスが初めてできたときについては、「あり得ないことが起こったと、ものすごくびっくりした」と振り返った。

小保方氏は、約五年前からこの研究に取り組んできたといい、研究の経緯や苦労した点についても質問が相次いだ。

小保方氏は、「すべて難しかった。誰も信じてくれないので、人を説得するデータをとるのも難しかった」と話し、掲載に至らなかった最初のネイチャーへの投稿では、査読者の一人から「あなたは過去何百年にわたる細胞生物学の歴史を愚弄している」と酷評されたというエピソードも披露した。「苦労された中で、やめようと思った時は？」という質問に、小保方氏が答えたところで会見は終了した。

「やめてやると思った日、泣き明かした夜も数知れないんですけれど、やはり『今日一日だけは頑張ろう。明日一日だけは頑張ろう』と毎日思ったところと、本当に決定的にピンチになった時に、必ず助けてくれる人が現れたのが大きいと思います」

囲み取材を含めると、会見は二時間半に及んだ。

私は、二〇〇六年のマウスｉＰＳ細胞の開発や、翌年のヒトｉＰＳ細胞の開発が論文発表された時の記者会見も取材している。どちらも会場は文部科学省の記者クラブで、発表者は山中教授一人だった。ＳＴＡＰ細胞の記者会見が、当時を上回る熱気にあふれていたのは間違いない。

ムーミンと割烹着

小保方氏が、緑色に光る細胞塊のスライドの前で若山氏、笹井氏とともに撮影に応じた後、研究室の撮影の機会が設けられた。実験室と細胞培養室、小保方氏の部屋など四つのスペースに分かれ、計百十三平米。中に入ると、まず黄色やピンク色の壁が目に付いた。小保方氏の趣味なのか、ところどころ、「ムーミン」のキャラクターのステッカーが貼られている。珍しいけれど、うるさく感じるほどではない。

奥にある小保方氏の居室には花柄のソファが置かれ、手前の討論用らしきスペースの入り口に置かれた台には、ペットだというカメの水槽があった。水槽の上をふと見ると、「てつやあけでねてるので、ご用の方はノックしてください！　小保方」と手書きで書かれたコピー用紙が貼ってある。どうやら「努力家」という評判は本当らしい。

壁の色には驚かなかったが、居室には若干、違和感を覚えた。研究者らしく、壁全面の本棚があるが、中身が少ないように感じた。改めて見ると、実験室の棚もすかすかだった。だがこのときは、開設したばかりの新しいラボだからだろう、と深くは考えなかった。

実験風景の撮影を求められると、小保方氏は戸棚からおもむろに、母方の祖母から譲り受けたという割烹着を取り出した。かつて著名な科学誌に論文の掲載を断られ、落ち込んだときに、「とにかく一日一日頑張りなさい」と励ましてくれた祖母の言葉を忘れないよう、実験の時は必ず袖を通すという。

割烹着姿の小保方氏が、カメラマンに指示されるままマイクロピペットを手にほほ笑むと、ひときわシャッター音が増した。さながらアイドルの撮影会のようだったが、そんな状況もやむを得ないと思ってしまうほど、小保方氏は堂々として輝いていた。

会見場に戻ると、笹井氏に「ラボにはもう行かれましたか」と話しかけられた。

「はい。楽しかったです。小保方さん、割烹着を着てらっしゃいましたよ」

「あいつ、やりおったか」。笹井氏は嬉しそうに眼を細めた。

ＣＤＢからの帰り道、私は不思議な高揚感に包まれていた。歴史的な記者会見に居合わせた自分は、科学記者としてなんて幸運なのだろうか。

「素晴らしい会見でしたね！　本当に来られて良かったです」

一緒に取材した大阪科学環境部の根本毅キャップと斎藤記者は、私の興奮ぶりに苦笑していた。

初報

ネイチャーと理研が設定した報道解禁日時は一月三十日午前三時。第一報の記事は、会見翌日の二十九日組、三十日付の朝刊で掲載された。

二十九日、解説的な記事を担当することになっていた私は、朝から研究者への追加取材や原稿執筆に追われた。会見の内容を踏まえていろいろ質問したが、やはり否定的な意見は聞かれなかった。

多田高・京都大学准教授は、作製方法の意外さ、簡単さに驚きつつも、「ヒトでも作製できれば、医療応用にも役立つポスト・ｉＰＳ細胞になるかもしれない」と話し、理研バイオリソースセンター（茨城県つくば市）の小倉淳郎・遺伝工学基盤技術室長は「今後、初期化の仕組みの解明と、ヒトを含む他の動物種でのSTAP細胞作製を巡って、全世界でiPS細胞並みの激しい競争になるだろう」と推測した。

三十日付朝刊で、毎日新聞を含む全国紙三紙は、STAP細胞の作製成功を一面トップで報じた。一件の論文発表が一面トップを飾ることはそうそうない。二十九日夜の編集編成局の編集会議では、記事の扱いを巡って侃々諤々《かんかんがくがく》の議論があったと聞いた。

毎日新聞東京本社版の一面記事の見出しは「万能細胞　初の作製」。最終版は、黒地に白抜きの文字で横段を貫く最も迫力のある見出しだった。このときは、胎盤にも分化する多能性細胞は初めてということを重視し、「初の…」とうたった。「万能細胞」の意味を解説する「ことば」や作製方法のイラストのほか、iPS細胞開発者である山中教授の「重要な研究成果が、日本人研究者によって発信されたことを誇りに思う」というコメント、さらには「主導役は30歳女性」との見出しで顔写真付きの小保方氏の略歴記事も添えた。

三面の「クローズアップ」というニュースの深掘り記事では、ヒトの細胞での研究はまだこれからであることから、再生医療への応用の期待が過度に膨らまないよう表現に注意して、研究の意義や経緯をまとめた。「細胞の初期化って？」をテーマに、Q&A形式の解説記事も載せた。さらに社会面では、小保方氏の人となりを「おしゃれ好き　努力家『新星』」という見出しで紹介した。

二〇〇七年十一月のヒトiPS細胞開発の記事も一面トップだったが、記事のスペースや展開の幅広さは、STAP細胞が明らかに上回っていた。

ハプニングもあった。ネイチャーのお膝元の英国で、あるメディアが報道解禁日時を無視し

１月30日付 毎日新聞朝刊一面（東京本社最終版）

ていち早く報道したのだ。この「解禁破り」を受けて、ネイチャーは二十九日午後八時二十分頃に報道規制を解き、日本のメディアも一斉にネット上のウェブサイトで記事を発信した。

長い一日が終わり、日付が変わってから終電で帰宅したが、翌日も慌ただしく時が過ぎた。午前中、小保方氏の博士論文を指導した早稲田大学先進理工学部の常田聡教授が、急遽記者会見を開いたのだ。

教え子の快挙に、常田教授は喜びを隠せない様子だった。小保方氏は応用化学科の出身だが、大学院入学後に自ら再生医療を志望して研究分野を変えたという。卒論のテーマは、バクテリアを分離して培養する手法の開発。当時の小保方氏は「考え方も行動も非常にユニークで、積極性のある学生」で、学会などでは著名な研究者とも臆せず交流する姿が印象的だったという。

小保方氏の博士論文で主査を務めたと言い、「非常に優れた博士論文だった。彼女がまとめたのは研究の一部。もっと他にもいろいろな研究成果を残していたので、半ば冗談で、もう一つ博士論文が書けるんじゃないか、そうしたら医学博士も同時にとれるのでは、という話をしたことも覚えている」と振り返った。

そうそうたる顔ぶれの共同研究者達の信頼を勝ち得た小保方氏の人間的な魅力について聞かれると、常田教授はこう分析してみせた。「まず、非常に明るい。おそらく陰でいろいろな努力や苦労をしていると思うが、そういうところは一切人には見せず、会うと常に明るく楽しく接する。そういう接しやすさが一つ。あとは研究に対しての厳しさ。決して妥協しない強さを持っているところが、(小保方氏を)成功に導いたのでは」。

なお、小保方氏はＡＯ入試で入学しており、常田教授は小保方氏の受験にも居合わせたと言う。「近くにいた先生に、大学院の博士課程に行ったらどうなるんですか、と聞いていたのを覚えている。やはり以前から研究者になろうというモチベーションの高い学生だったと思う」。

小保方フィーバー

三十日付の毎日新聞夕刊の社会面には、常田教授らの祝福のコメントと共に、ＳＴＡＰ細胞の作製が海外メディアにどう報じられたかを、各紙のウェブサイトの速報をもとにまとめた記事が掲載された。

英公共放送のＢＢＣは、再生医療への応用に慎重な見方を紹介しつつも、弱酸性の溶液に浸すだけという作製方法を「革命的」と賞賛する研究者らの声を紹介した。米ウォール・ストリート・ジャーナルなどの主要紙も、小保方氏の発言を交えて詳報し、韓国の中央日報も「ｉＰＳ細胞よりさらにすごい発見」と評価する専門家のコメントを付けた。

神戸のＣＤＢでは同じ頃、根本、斎藤両記者が小保方氏への単独取材に臨んでいた。

小保方氏が研究者になったきっかけは、幼少時に両親が買ってくれた偉人の伝記だったという。「鍵っ子だったので一人でよく本を読んでいましたが、特にエジソン、キュリー夫人、ノーベルら研究者の伝記はお気に入りでした。自分の人生をかけて人類に何か残せるのはすごいことだなと思いました。高校生の時、広く社会貢献ができる仕事と考え、研究者になろうと決心しました」。

翌三十一日、下村博文・文部科学相は閣議後の記者会見で、理研を世界トップの成果を生みだす研究を担う「特定国立研究開発法人」に指定する方針を固めたことを明らかにした。

同法人制度は、給料を年俸制にして高額の収入を可能にし、海外から優れた研究者を集めるなど、世界最高水準の研究を推進するのが目的という。ＳＴＡＰ細胞の成果について、「将来的に革新的な再生医療の実現につながり得るものと大いに期待して」いると評価し、理研の体制を強化することで、ＳＴＡＰ細胞研究を加速させるとした。「第二、第三の小保方氏や画期的な研究成果」が生み出されるよう、若手や女性の研究者が活躍しやすい環境作りを推進する方針も掲げた。

「環境作りの推進」がニュースになることからも分かるように、日本では、若手や女性の研究者が活躍できる場がまだ少ない。三十歳にして世界を驚かす画期的な成果を挙げ、エピソードも豊富な小保方氏への注目が集まるのは、十分予想されたことだった。

しかし、「小保方フィーバー」の盛り上がりは、理研の想定をはるかに超えていたらしい。小保方氏や家族への取材合戦が過熱し、生活や研究に支障が出ているという話も聞こえてきた。三十一日、ＣＤＢと小保方氏はそれぞれ、ＣＤＢのウェブサイトで、「研究に専念したい」として、事実上の取材自粛を求めた。その後、小保方氏が個別のインタビュー取材に応じることはなかった。

翌週の二月五日、海の向こうからは、論文の共著者のバカンティ米ハーバード大学教授らが、ヒトの新生児の皮膚細胞から作った「ＳＴＡＰ細胞の可能性がある細胞」の顕微鏡写真を報道陣に公開した、という驚きのニュースが飛び込んできた。すでに、これに先立つ一月三十日、バカンティ教授らがサルのＳＴＡＰ細胞を作製し、脊髄損傷で下半身が不自由になったサルに移植したところ、足を動かせるようになったという報道が一部であり、警戒を強めていたときだった。

もしヒトでもＳＴＡＰ細胞ができたなら大ニュースだが、論文発表はもちろん、学会発表すらしていない「成果」が報道されるのは異例だ。科学環境部内では反対の声もあったが、話題性に鑑みて、東京本社版では翌六日の夕刊で共同通信社の配信記事を載せることになった。次善の策として、「科学的な成果は査読（審査）付き論文で示されて初めて評価できるので、今の段階では評価はできない」という中辻憲夫・京都大学教授のコメントを添えた。

笹井氏の能弁

五日、神戸のＣＤＢでは各社の科学記者を対象にした笹井氏への合同取材の機会があり、私も再び日帰り出張で参加した。

笹井氏は四時間以上にわたり、疲れも見せずに質問に答え続けた。「ＳＴＡＰ細胞はまだよちよち歩きの技術で、技術的には百点満点の二十点。発表時点で八十点くらいのレベルだったｉＰＳ細胞と違い、ＳＴＡＰ細胞で百点を目指すのはそれなりに時間がかかる」としながらも、「体細胞の性質を決める遺伝子の制御状態が、刺激によって自発的に解除される仕組みが解き明かせれば、似たような現象を体内で起こし、組織を再生できるようになるかもしれない。いわばヒトにイモリの再生能力を持たせるようなもので、二十点の技術を一万点にする新たな研究の水平線が見いだせたと言える」などと熱っぽい口調で語った。

ＣＤＢはこれまでにも、能力とアイデアを重視して若手の研究リーダーを積極的に採用してきたが、「目利きを徹底的にやる。失敗したらクビ」と笹井氏。小保方氏の採用を審査する二〇一二年冬の人事委員会では、「この人なら積み上げ型の研究をきちっとやっていける、挑戦させたい」と感じたという。

経験の浅い若手リーダーにはシニアの研究者二人をメンター（助言役）としてつけるなど、手厚い支援体制があることも紹介した。国の基礎研究向けの資金が年々縮小され、応用に向けた研究でないと大型資金を獲得できない現状や、比較的柔軟に使え、ＳＴＡＰ研究の資金にもなった運営費交付金が、ＣＤＢではこの十年で半減したなどの現状も訴えた。

このときの取材内容は約一週間後の二月十三日付朝刊の科学面でインタビュー記事にまとめた。ＳＴＡＰ細胞について各分野の専門家に毎週インタビューする連載の初回だった。

だが、その頃すでにネット上では、論文の画像についてのさまざまな疑義がささやかれ始めていた。そして理研はまさにこの日、疑義についての予備調査を開始していたのだった。

第二章　疑義浮上

発表から二週間でネット上には、論文へのさまざまな指摘がアップされた。理研幹部は楽観的だったが、私は、以前森口尚史氏の嘘を見破った科学者の一言にドキリとする。「小保方さんは相当、何でもやってしまう人ですよ」

「なんで小保方さんの名前が入っていないの」

ネット上で昨夜あたりから、ＳＴＡＰ論文の複数の画像に不正の疑惑が出ている。そのため今日予定されていた政府の総合科学技術会議への小保方晴子・研究ユニットリーダーの出席もキャンセルになったらしい――。私が永山悦子デスクから思いがけない話を聞いたのは、論文発表から約二週間後の二月十四日の朝だった。知り合いの研究者から電話で連絡があったという。

ちょうど、科学面で始まったＳＴＡＰ細胞の連載に登場してもらうべく、ある多忙な研究者にアポがとれたばかりだった。連載はどうなるんだろう。まず現実的な心配が頭をよぎった。

間もなく八田浩輔記者からもメールが届いた。「胎盤画像に流用の指摘が出てきたようです。危機管理の頭の体操をする必要があるかもしれません」。提示されたウェブサイトには、ＳＴ

AP論文中のキメラマウスの二つの胎盤の画像が酷似していることが指摘されていた。手元の論文で見比べると、違う実験結果のはずなのに、確かに同じ画像に見える。もう一つのサイトは、二〇一一年に米科学誌ティッシュ・エンジニアリングに掲載された小保方氏の別の論文で、「電気泳動」という遺伝子解析の画像に上下を反転させた類似画像があることを示している。

いずれも十三日夜に研究不正の疑義をとりあげるサイトやツイッターで紹介されていたという。「これまでにこのサイトに載った画像は、だいたいアウト（不正確定）になっているんですよね」と八田記者。彼は、毎日新聞の記事が発端になった、製薬会社ノバルティスファーマが販売する降圧剤「バルサルタン」（商品名ディオバン）の臨床試験をめぐる一連の不正問題の報道に携わるなど、研究不正に詳しい。不安が募った。

さらに、また別のサイトでは、STAP論文の電気泳動実験の結果で、二つの画像を切り張りした痕跡がみられるとの指摘があるのを、西川拓・遊軍キャップが教えてくれた。

理化学研究所も当然、把握しているはずだ。CDBの国際広報室に電話したが、担当者は二人とも出張中で、「画像の件」は本部で対応していると言う。理研本部（埼玉県和光市）の広報室にかけ直すと、担当者は、「ネイチャーの論文については問題ないと考えています。引き続き確認作業をしています」と答えた。

「確認とはどういう意味ですか」

「どういう段取りで確認するかを含め、検証しています。具体的に実験か何かを始めているというわけではないと思います。STAPについて最初の検討会を開いたとは聞いていますが」

「検討会とは、CDB内部の？」

「いや……あの、確認中としか言えません」

相手は慌てたように口ごもった。調査が始まったのだ、と直感した。

「現時点で『問題ない』という根拠は」

「研究室から問題ないという答えがきているので……」

「小保方さんの研究室からですか」

「いえ、私には分かりません」

さらに詳しい説明を求めると、別の担当者から別途、連絡をするという。電話があったのはその日の午後だった。

「検討会という表現は不適切でした」と担当者は言い、ネット上で「不自然な画像データが使われている」と指摘があったことから、外部の専門家を含む複数の専門家で十三日に調査を始めたと説明した（後になって、このときの調査は予備調査で、本調査は十八日からだったことが分かった）。すでに二日にわたり、小保方氏らへの聞き取り調査もしたという。

「現時点では研究成果そのものに揺るぎはないと考えています。結果は判明次第、公表します」

私は別件の取材で外出中だったが、急いで会社に戻り原稿を書くことになった。

それにしても、調査が始まったばかりなのに「成果に揺るぎはない」と言い切る理研の姿勢は奇妙だ。同僚とそんな話をしつつ、原稿をまとめた。ふと、記者会見で研究への思いを語る小保方氏の姿が頭に浮かび、次いで「小保方フィーバー」の盛り上がりぶりを思った。私はしばらく迷った末に、原稿から小保方氏の名前を消して出稿した。

記者の原稿が新聞に掲載されるときは、必ずデスクの手直しが入る。

「なんで小保方さんの名前が入っていないの」。案の定、永山デスクから聞かれた。

「疑惑を伝える記事に名前が載るだけでも大きなイメージダウンになりますよね。結果がシロだったとしても、彼女のキャリアに悪影響を及ぼすんじゃないかと……」

筋が通っていないということは、自分でも分かっていた。小保方氏は、二本の論文で研究を主導した「筆頭著者」であり、論文に関する連絡や問い合わせの窓口となる「責任著者」でもあるのだ。当然ながら、原稿は小保方氏の名前の入った形に直された。だが、今後、小保方氏が置かれる状況を想像すると、やはり胸が痛んだ。

ちなみに、現在の最先端の生命科学研究では著者が単独であることはほとんどない。高度な分野ほど分業が必要となるためだ。最近では、論文の参照文献の後に、各著者がどの実験を担当したか、どの部分を記述したかなどを具体的に記すのが一般的だ。

ＳＴＡＰ論文は、主論文「アーティクル」と、二本目の「レター」の二本が同時に掲載された。アーティクル論文の著者は八人で、各著者の貢献の欄を見ると、小保方氏と笹井氏が論文執筆、小保方氏と若山氏が実験、小保方、若山、笹井、丹羽、バカンティの五氏がプロジェクトの設計をした、などと書かれている。責任著者は小保方氏とバカンティ氏の二人だ。レター論文の著者は十一人で、理研に所属する研究者が多い。責任著者は小保方氏と若山氏、笹井氏の三人だ。

「ＳＴＡＰ論文、理研調査」。疑惑の第一報は十五日付朝刊で、地域面と社会面の間にある新総合面に、見出し二段という比較的地味な扱いで掲載された。他社はまだどこも報じていなかった。同じページのミニニュース欄には、安倍晋三首相が議長を務める政府の総合科学技術会議が開かれ、出席予定だった小保方氏が「日程が合わず」欠席したとの記事も載った。

ネット上では、画像に関する複数の疑義の他に、再現性がとれない、つまり追試の成功例がないことも話題になりつつあった。

科学論文は、そこに書かれている方法を忠実になぞることができれば、同じ結果が出るように記述されているものだ。他の研究室でも論文通りの方法で実験したとき、同じ成果を得ることができれば、科学者に「事実」と判定される。逆に再現できなければ、評価はいわば「継続審議」となる。そして、誰も再現できなければ、やがて忘れられる。

とは言っても、画期的な、社会の注目を集める成果の場合は、論文の評価が定まらないうちに、大型予算の獲得の理由付けにされることもある。

当初は楽観していた

私たちは各自の取材網で情報収集にあたった。

私がこの時期に取材した研究者の間では、画像の疑義は別として、再現性については楽観ムードが漂っていた。

二〇一三年三月までCDB副センター長だったJT生命誌研究館（大阪府高槻市）の顧問、西川伸一氏にメールで問い合わせると、「ちょうど論文を読んでいたところです。画像の方はよく分かりませんが、（共著者の）丹羽（仁史・CDBプロジェクトリーダー）、若山（照彦・山梨大学教授）がついているので心配ないでしょう」。論文発表時にメールで「率直に言って『衝撃的』」というコメントを寄せた研究者からも、こんな返信があった。

あれだけ簡単な方法に関して大嘘をつくほどの研究者はいないでしょう。そして、その程度の嘘を見抜けないほど理研CDBのレベルは低くないです。まぁネイチャーのレフリー（※査読者）やエディター（※編集者）も簡単な追試くらいはしてるでしょう。（中略）

私としてはみんながすぐに再現できないくらいでちょうど良いと思っています。

それより少し後に電話取材したある幹細胞研究者は「疑義の出ている画像が不適切だったとしても核心的なところではなく、僕の中でSTAP細胞の存在に疑いはない」と言い切った。「論文が出てまだ一カ月もたっていない。いま再現できないという声が多いのは当たり前だし、できている人も言うわけがない。マウスiPS細胞のときもすぐには追試できなかった」。自身も再現実験を試みていると言い、オフレコで「それらしきものはできているが、証明には時間がかかると思う」と明かした。

文部科学省も表向きは平静だった。永山デスクのもとには、「文科省は十四日、朝から大騒ぎになり、ライフサイエンス課は、朝一番で理研に調査を命じた」という情報が入っていたが、斎藤有香記者の取材にある幹部は「ネットで騒がれているのは把握しているが、噂の域を超えない。革新的な論文を出せば、賛成反対、やっかみもでる。論文や学会で議論して最終的なものになるので、そのプロセスの一つなのかなと思う」と話した。

笹井氏が山中教授に謝る

一方、私や八田記者の取材先からは、水面下で起きた別の騒動の話も伝わってきた。理研の予備調査が始まる数日前、ｉＰＳ細胞の最大の研究拠点である京都大学ｉＰＳ細胞研究所（ＣｉＲＡ、京都市）の内部セミナーに笹井氏と丹羽氏が訪れ、センター長の山中伸弥教授をはじめとする所内の研究者達に「ご迷惑をかけてすみません」と謝ったのだという。

騒動の発端は、発表会見の途中で配られた、例のＳＴＡＰ細胞とｉＰＳ細胞を比較するイラストの資料だった。作製日数や効率、安全性がいずれも大幅に改善されているｉＰＳ細胞の作製方法の進展に全く触れずに、開発当初のｉＰＳ細胞の特徴を並べ、ＳＴＡＰ細胞の優位性を印象づける内容だった。質疑応答でもＳＴＡＰ細胞の安全性を印象づける説明があった。

そのため、多くの報道では、比較対象となったｉＰＳ細胞のがん化の恐れが強調され、作製効率などで事実と異なった記述も散見された。危機感を抱いた山中教授は、十日に会見を開いて誤解を訴え、ＣｉＲＡのウェブサイトでも自身の「考察」を掲載していた。

実は私も、論文発表後まもなく、山中教授自身から「なぜ初代ｉＰＳ細胞の課題点が今さら報道されたのか」といぶかしむ内容のメールをもらっていた。問題の資料にも関心を寄せている様子だったが、その後、実物を目にしたのかもしれない。

複数の関係者によると、笹井氏はセミナーで深々と頭を下げ、「申し訳ない」と繰り返したという。「あのプライドの高い笹井さんが」と驚く声もあった。理研は三月十八日、「誤解を招く表現があった」としてこの資料を撤回した。

ネイチャーも調査を開始

画像の疑義や再現性に関する状況は、刻々と悪化していった。STAP論文を掲載した英科学誌ネイチャーは二月十七日、現状をまとめたニュース記事を配信、翌日には不自然な画像の調査に乗り出したことを明らかにした。記事には、論文の準備中にCDBから山梨大学に研究室を移転した若山氏が、CDB時代は小保方氏に教わって一度追試に成功したものの、移転後は失敗していると記されていた。

「筋が悪いという感じが強まった。フェイクでないことを切望している」。記事を読んだある国立大教授は、八田記者の取材にこう語った。

また、主論文で小保方氏と共に責任著者になっているチャールズ・バカンティ教授については、米ニューヨーク支局の草野和彦記者が、論文発表当初から単独取材の申し込みや問い合わせを続けていた。バカンティ氏が所属する米ハーバード大学医学大学院は十九日、草野記者に声明を寄せ、「当院の注意を引くような懸念はすべて、徹底的な精査の対象となる」として、調査する可能性を示唆した。

当のバカンティ氏も二十日、ハーバード大学の関連医療機関「ブリガム・アンド・ウィメンズ病院」の広報を通じてコメントを寄せた。「疑念が持ち上がっていることは理解している」とし、こうした疑念は「論文編集の過程で起きた、ささいな誤りによって生じたものだと考えている」と説明した。

私はCDBに小保方、笹井、丹羽三氏への取材を申し込んだが、すげなく断られた。広報担当者は「三人ともCDBの外部評価の準備で非常に多忙で、私たちですらつかまえるのが困難です。調査中でもあり、受けられるとしても三月以降になります」と話し、こう付け加えた。「ただし、調査結果はそれほど遠くない時期に出ると思いますよ。理研としても、今の状況が長引くことはよくないと考えています。なるべく早期に、捏造などの意図がないというようなことをきちんと説明できるように、和光の本部で準備を進めています」。

笹井氏らしい論文

二月下旬、私はCDBの前副センター長、西川伸一氏の誘いで、インターネット動画共有サイト「ニコニコ動画」の生番組に出演した。西川氏が主宰するNPO法人「オール・アバウト・サイエンス・ジャパン」の提供で、番組のタイトルは「STAP論文　徹底解説」。私が聞き手役となり、西川氏と中武悠樹・慶應義塾大学助教が、「もし自分たちがSTAP細胞論文を査読したら」という設定で語り合った。査読とは、科学誌に投稿された論文を、同分野の専門家がチェックし、掲載に値するかを検討するシステムだ。

西川氏や中武氏の解説は示唆に富んでいた。

実は西川氏は、小保方氏らが二〇一二年に英科学誌ネイチャーへ最初に投稿し、掲載に至らなかった論文を読んだことがあるという。当時の著者は、小保方氏と若山氏、チャールズ・バカンティ氏、東京女子医科大学の大和雅之教授ら。若山氏はクローン技術、バカンティ氏や大和氏は組織工学の専門家だ。「幹細胞のスペシャリストはあまりいない」と西川氏。一方、一月に掲載された論文は、CDBの笹井芳樹・副センター長（発生生物学）や丹羽仁史プロジェクトリーダー（幹細胞生物学）らが著者に加わり、笹井氏は二本の論文のうち片方の責任著者にもなった。

論文の査読経験も豊富な西川氏は、「いい悪いは別として、人（著者）を知っているということが査読していくときのベースになっているのは事実」と話した。つまり、査読者にとって、論文の著者名は重要な判断材料の一つになるということだ。「もし僕のところに（査読の依頼が）来たら、丹羽さんと笹井さんが入っているということで、なかなか、このエリアのプロがいるな、というのは理解して読む。実際に読んでいくと、誰が書いているのかというのはよく分かります」。発生生物学の歴史を盛り込んだ論文の出だしなどに、笹井氏らしさを感じるという。

理研のプレスリリースや記者会見では、ＳＴＡＰ細胞がＥＳ細胞やｉＰＳ細胞は分化しない胎盤に分化する能力もあるなど、既存の万能細胞との違いが強調された。だが、西川氏は最初の投稿論文について「今よりもＥＳ細胞に近いものと小保方さんたちは考えていたようで、胎盤への寄与というのはあまり書かれていなかった」と明かし、「丹羽さんという（幹細胞の）専門家が参加していることで新しい面白さが付け加わっている。最初に読ませてもらったときよりも、はるかに成熟し、面白い論文になった」と語った。

本当に胎盤へ分化したのか？

一方、中武氏は、胎盤への分化に否定的だった。「そこのところの解釈は非常に難しくて、論文上でも表現に非常に気を付けている跡はみられる」と切り出し、ＳＴＡＰ細胞が胎盤にも分化することを明確に裏付けるデータは示されていないと指摘した。さらに、「ES細胞も〝良いES細胞〟は胎盤の一部の細胞に分化できるので、胎盤に分化できる新しい細胞という表現には、専門の研究者はクエスチョンマークをつける」とも話した。

後から考えてみれば、この中武氏の指摘は非常に重要だった。ネイチャーに発表した論文のデータからでは、STAP細胞が胎盤にも分化するとは言いきれないとすれば、新しい万能細胞の大きな特徴と喧伝されたことが実は証明されていないことになる。だとすると、胎盤への分化を強調した理研の発表は、ミスリードということになる。中武氏の指摘は気になったが、残念ながら当時の私には、このことを深く追及するだけの知識や余裕がなかった。

番組の後半、STAP細胞の再現性の問題も取り上げられた。西川氏は「本当にできるかどうかは時間がかかる」としたうえで、「一つだけ言いたいのは、誰も予想しなかったことに関して何かやると、うまくいかなかったら消え、いつかは誰も見向きもしなくなる」と述べた。有名科学誌に掲載された過去の論文でも、再現性がとれないために消えていった論文が数多くあることも紹介し、「まあ、僕は消えないと思うけどね」と付け足した。作製法は「簡単」と発表されたが、「簡単ですかね？　酸で刺激を与えるのは簡単ですけれども、（細胞を）全滅させる直前で（刺激を与えるのを）止めるというのはけっこう難しいと思いますよ」と中武氏。

論文の解説に時間がかかり、視聴者がおそらく最も関心を持っている画像の疑義になかなかたどり着けない。内心、焦ったが、残り数分のところでようやく質問できた。西川氏は「こういった実験というのはノートをとってきちんとやっている」「ノートをみれば分かることですよね、だいたい」と、それほど深刻にはとらえていないようだった。

番組後の雑談だったろうか。西川氏はこうも語った。

「科学で捏造が生まれるほとんどのケースは、起こることが予想されていることを実験的に、他に先駆けて示そうとする場合だ。韓国の黄禹錫《ファン・ウソク》氏によるヒトクローンES細胞の捏造事件の場合、すでに動物でクローンが作られていて、ヒトならどんなデータになるか誰もが予想できた。STAP細胞は誰も考えつかなかったことで、結果はこれまでの常識とも全く異なっている。マウスのiPS細胞のときと同じでお手本がない。こういう結果は、捏造からは生まれない」――。

若山氏に話を聞く

翌日の午後、私はJR甲府駅から山梨大学へと続く一本道を歩いていた。STAP論文の主要著者の一人、若山氏に会うためである。国内の他の著者が取材に応じない中、若山氏だけが、国内外のメディアの幾つかの記事に登場していた。

歩道のあちこちにまだ雪がたっぷりと積もっている。元々は二月中旬にとっていたアポが、一メートルを越す積雪に阻まれ、一週間後に延期になってしまった。さらに悪いことに、理研はその間に、これ以上画像の疑義に関する取材に応じないよう、若山氏に〝口止め〟をしたらしい。若山氏に頼み込み、「調査結果が出るまでは記事にしない」という条件で何とか話を聞けることになった。

若山氏は、世界で初めて体細胞クローンマウスの作製に成功したことで知られる、クローン動物研究の第一人者だ。山梨大学に二〇一二年三月末に転出するまでは、CDBのチームリーダーだった（実験室の移転は二〇一三年三月末）。STAP研究では、STAP細胞由来の細胞が全身に散らばるキメラマウスの作製に成功し、万能性の証明で重要な役割を果たした。小保方氏は二〇一一年四月～二〇一三年二月末まで、若山研究室に客員研究員として在籍した。

　小保方氏が若山研究室に在籍した間に取り組んだ実験結果を論文にまとめ、複数の科学誌に掲載を却下された後、笹井氏が加わって論文を書き直し、二〇一四年に掲載されたのが、ネイチャーのくだんの論文である。

　若山氏は、米ハワイ大学のロゴの入ったグレーのパーカー姿だった。ハワイ大学は、若山氏が体細胞クローンマウスの作製実験に打ち込んだ思い出の場所だ。疲れているのだろうか。顔色がやや悪く、表情も硬かった。

　私はまず、二件の画像の疑義について尋ねた。若山氏によると、使い回しが指摘されているマウスの胎盤の画像は、若山氏が撮影し、元データは、顕微鏡付属のパソコンに保存されている。片方は正しく、もう一方は「明らかな間違い」だが、セットで掲載されている別の画像に問題はなく、間違いの画像を消してもこの図で示すべき内容に影響はないという。

若山照彦氏

　若山氏は当時、マウス実験をしてサンプルの撮影を終えると、その日のうちにデータをＵＳＢメモリに移し、小保方氏に内容を説明して渡していたという。論文の図の作成には関わっていないといい、間違いが起こった理由をこう推測した。

「彼女自身の実験ノートと画像フォルダーの日付を照合すれば、どの実験の画像か分かるはずだが、大量のデータを扱っており、彼女が自分で撮った画像でもないので、論文の編集途中でごちゃごちゃになった可能性はある。画像は論文に掲載されたものだけで百枚以上、保存したものは何千枚にもなるうえに、一つの図の中に、複数の作成者の画像や図が混じっている。投稿を重ねる過程で、全体の構成の大きな変更も何度かあったし、各図の内容やレイアウトの変更も何度もあった。図はそのたびにゼロから作り直すのではなく、元の草稿から配置しなおしていたと思うので、どこかで間違ったのではないか」

若山氏の実験ノートとパソコンは山梨大学にあり、照合は可能だが、その作業はまだしておらず、理研からも求められていないという。これを聞いて、内心「理研も随分悠長だな」と感じた。

電気泳動の図の「切り張り」についてはどうか。若山氏は、「私が撮った画像ではないので分からない」と断った上で、こう釈明した。

「切り張りしたと指摘されている真ん中のレーンは、(比較対象となる)コントロールのデータ。生データでは離れていたレーンにあったか、間に関係ないレーンが挟まっていたのだろうが、右隣のOct4陽性細胞(STAP細胞)と比較しやすいよう、ここに持ってきたのではないか。一般には貼り付けてはいけないが、物差し(コントロール)の位置をずらしただけなのだとしたら、大きな問題ではない。むしろ、移動させたことが分かるように、白い線でも入れておけばよかった。大事なのは右隣(STAP細胞)のレーンなので、この図で示したい内容にも影響はない」

まとめると、二つの疑義は事実だが単純ミスであり、深刻な問題ではないという見解だ。

「最終チェックをすべきだったという意味では僕にも責任はあるが、実際、図の作成には関わっていなかったのでどうすることもできない」

ネイチャーの記事にあった通り、ＣＤＢを去る前の二〇一三年春、小保方氏から直接、作製方法を習ったときはＳＴＡＰ細胞ができたが、山梨大学では成功していないという。「酸性処理が難しい。全滅するかほとんど死なないかのどちらかになってしまう」。

国内外で追試の成功例がなく、ＳＴＡＰ細胞の存在そのものを疑う声もあることに触れると、若山氏の表情は意外にも少し明るくなった。

「今のような状況は予想していたし、それが研究の世界の楽しいところというか、後になれば楽しい記憶になると思う。今は画像のことで余計なストレスがかかっているが、再現性に関しては堂々と戦えばいい。ｉＰＳ細胞は例外だが、すべての新しい発見はその後一年くらい誰も再現できなくて騒がれるのが当たり前。理研も簡単だと言い過ぎたが、今できないと騒いでいるのは、技術力というものを甘くみている連中だと思う。小保方さんが五年かけてたどりついた成果に二～三週間で追いつけるわけがない」

確かに、哺乳類初の体細胞クローン動物である羊のドリーも、若山氏が発表から約一年半後に体細胞クローンマウスを誕生させるまでは、捏造疑惑がささやかれた。「クローンマウスも誰も再現できずに疑われたが、僕は世界中の研究室に呼ばれるままに出掛けていって、目の前でやってみせて教えた。その代わり研究のアドバンテージは失ってしまったけれど」。

小保方氏からは、十日ほど前に「ご迷惑をかけて申し訳ない」と涙声の電話があったほかは、連絡がとれず、メールの返信もないという。

「小保方さんは今後、どうなるのでしょうね」と聞くと、若山氏は再び表情を曇らせた。

「厳密性を重んじる理研でこういう問題を起こしてしまったわけだから、周囲の研究者からの目は厳しいだろう。最初のフィーバーの時点でもかなり参っていたところへ画像の問題が起きて、ダメージは大きいのでは。研究自体を止めてしまうのではないかと心配している。彼女のためにも事実関係を早く明らかにして本筋の研究に戻れればと思って取材に応えてきたが、ちょっと裏目に出てしまいました……」

約二時間にわたる取材の後半は、ＳＴＡＰ研究の経緯や、今後の展望に話題を移した。作製方法をさらに改善し、より質の高い、受精卵そのもののようなＳＴＡＰ細胞を作ることができれば、受精卵の代わりにＳＴＡＰ細胞のみを子宮に移植し、子を産ませることができるかもしれない。実現すれば、優良な家畜を増やすなど、畜産業にも応用できる――。若山氏はそんな夢を語った。聞いている私の胸にも、論文発表時のワクワク感がつかの間よみがえった。しかし、若山氏とＳＴＡＰ研究の将来性を語り合ったのは、それが最初で最後となった。

コピペの発覚

その後もネット上では、画像の新たな疑義が次々と浮上した。実験手法を記す記載の一部に、二〇〇五年に発表されたドイツの研究チームの論文からの無断引用があることも判明した。約二十行にわたり一言一句同じで、「コピーアンドペースト（コピペ）」したことは明らかだった。短期間でこれほど問題が噴出する論文は前代未聞である。週刊誌や夕刊紙には、連日のようにスキャンダラスな見出しが躍った。しかし、小保方氏をはじめ若山氏以外の著者達は、相変わらず沈黙を守っていた。

三月上旬、私は京都市で開かれた日本再生医療学会を取材した。

再生医療研究は、二〇〇七年のヒトｉＰＳ細胞の登場後、国の支援も受けて急速に進展した。

特に二〇一四年は、目の難病を対象に、ｉＰＳ細胞を使った世界初の臨床研究が実施される年だ。秋には、再生医療に関する新しい法律の「再生医療安全性確保法」と「改正薬事法」が施行されるとあって、学会は勢いづいていた。三月四日に記者会見した理事長の岡野光夫《てるお》・東京女子医科大学教授は「今年を『再生医療元年』と呼び、日本から世界の患者を治す再生医療を考えていきたい」と意気込んだ。

会見終了後、足早に会場を去ろうとする岡野氏を呼び止めた。小保方氏は早稲田大学を卒業後、再生医療を志し、早大と東京女子医科大学の連携研究教育施設で学んでいる。当時の小保方氏を指導したのが、女子医大の岡野氏と大和雅之教授だった。小保方氏との共著論文もある。大和氏は二月に病気で倒れ、長期療養中のため話が聞けない状況になっていた。

「論文の〝お作法〟が多少悪かったとしても、皆でよってたかって非難するのはどうかと思う」。岡野氏は現状に大いに不満な様子だった。「ＳＴＡＰ細胞を小保方さんが作ったというところとか、研究の意義とか、本質的なところに目がいっていない。ＳＴＡＰ細胞がヒトでできたら、どれだけの患者を救えるか。今、小保方さんは実験も満足にできない状況。画像問題ばかりつついてそういう状況にした人たちこそ、あとで非難されるかもしれないですよ」。

小保方氏とは何度か電話で連絡を取り合い、「頑張って研究を続けるように」と励ましたが、「かなり落ち込んでいる様子で元気がなかった」と言う。最後に、学会でＳＴＡＰ細胞の言葉がほとんど聞かれないわけを聞いてみると、岡野氏はこう答えた。「うん、皆で話題に出さないようにしよう、っていうことにしたんですよ。だって、話したらまたいろいろ言われるだけでしょう？」。

「小保方さんは何でもやってしまう人」

その前夜、私は万能細胞や遺伝子解析に詳しい同年代の研究者と、京都市内の小料理屋で久しぶりに会った。これまで何度か取材で助けてもらったことがあり、信頼できる相手だ。二〇一二年十月に読売新聞が一面トップで報じ、直後に誤報と判明した「iPS心筋移植　初の臨床応用」の森口尚史氏について、騒動の大分前に「怪しい人物だから気を付けた方がいい」と警告してくれたのも彼だった。

話題は自ずとSTAP細胞になった。

興味深かったのは、刺激によって細胞の〝自発的な〟初期化を促すSTAP細胞は、遺伝子導入をするiPS細胞に比べ安全性が高いという理研の発表内容についての意見だった。

「iPS細胞では外から入れた遺伝子を発現させる（働かせる）けど、役目が終わった遺伝子は眠るか消えるんです。一方、STAPは刺激を与えて、細胞の核内に元々ある内在性の遺伝子を発現させている。発現したままならむしろ危険という見方もできます。物理的、化学的刺激の繰り返しががんを起こすことが知られているように、刺激を与えて細胞を変質させるのは決して安全な方法ではないと思いますよ」

しかも、刺激による初期化の仕組みの解明がこれからだということは、小保方氏や笹井氏も認めている。仕組みが全く分からないのに「安全性」を論じている点には、私自身も引っかかりを感じていた。

「ところで、須田さんは記者会見のとき小保方さんにどんな印象を持ちましたか」

「うーん、一言で言えば初々しい、かなあ。研究に対しては真摯な感じで、好感を持ちました。質問に少し詰まる場面もあったけど、会見は初めてだから仕方ないかと」

「初々しいねえ……。僕はテレビで見ただけだけど、この人は科学的な議論に慣れていないな、と思いました」

意外な見方だった。小保方氏は一流の研究者と共同研究をしてきた。「新たな万能細胞」を見出し、証明する過程では、侃々諤々の議論を重ねたはずと思い込んでいた。

彼は、数々の画像の問題の中でも、過去の論文で電気泳動の図を上下反転させたうえで使い回したとみられる疑義は、「すごく残念」だったという。

「あれが本当なら、小保方さんは相当、何でもやってしまう人ですよ。無断引用もね、きっとスキャナーで読み取った文章をそのままコピペしたもんだから、単語のスペルが間違っていた。それは流石にやっちゃいけない。ＳＴＡＰ細胞そのものはあると思いたいけど」

小保方氏が「何でもやってしまう」、つまり不正行為に慣れているのでは、という指摘は、いつまでも頭に残った。

根本を覆す重大な疑惑――ＴＣＲ再構成

新たな問題が発生したのは、京都から東京に戻った翌日の三月六日だった。前日に理研が発表した、ＳＴＡＰ細胞の作製実験のノウハウをまとめたプロトコル（実験手技解説）を巡り、一晩のうちに研究者の間から疑念が噴出したのだ。

プロトコルは、論文に記載されている実験の基本的な方法に従っても追試できないという報告が相次いだことから、「問い合わせが多かった点や間違いやすいポイントを中心に」（理研広報室）まとめられたという。

最も関心を呼んだのは、「分化しきった体細胞を初期化した」というＳＴＡＰ細胞の根幹に関わる記載だった。

論文では、ＳＴＡＰ細胞の遺伝子に、リンパ球のうち「Ｔ細胞」に特有の痕跡（ＴＣＲ＝T Cell Receptor 再構成）があるという実験結果を根拠に、ＳＴＡＰ細胞が生体内に元々わずかに存在する未分化な細胞ではなく、分化しきったリンパ球から新たに作られたものだと結論付けた。ところが、プロトコルには、ＳＴＡＰ細胞から作った「ＳＴＡＰ幹細胞」八株には、ＴＣＲ再構成がみられない、と書かれていたのだ。

ＳＴＡＰ幹細胞は、元のＳＴＡＰ細胞と同じ遺伝情報を持っている。この細胞にＴＣＲ再構成がないということは、ＳＴＡＰ細胞がＴ細胞、すなわち分化しきった体細胞由来であるという根拠も揺らぐ。

ＴＣＲ再構成が持つ意味を、少しかみ砕いて説明しよう。

マウスの脾臓から採取したリンパ球の細胞を、弱酸性溶液に浸してから培養する。すると、生き残った細胞のうちの約三十％が初期化され、ＳＴＡＰ細胞になる、というのが小保方氏らの主張だ。ＳＴＡＰ細胞自体は自己増殖能力がないので、特殊な培養液中で培養し、自己分裂してどんどん増えるＳＴＡＰ幹細胞に変化させたという。

この際、まず研究者が考えるのが、これらＳＴＡＰ細胞やＳＴＡＰ幹細胞が、本当にリンパ球に分化した細胞からできたのかということだ。実験室の環境によっては、ＥＳ細胞などの他の万能細胞が混入するということもありうる。あるいは、分化しきった体細胞ではなく、元々のリンパ球の集団にごくわずかに含まれる未分化な細胞からできたのかもしれない。そうではないことを、証明する必要がある。

そのための目印となるのがＴＣＲ再構成だ。この目印は、リンパ球がＳＴＡＰ細胞やＳＴＡＰ幹細胞に変化しても消えることはない。つまり、ＴＣＲ再構成がみられれば、それは、ＳＴＡＰ細胞やＳＴＡＰ幹細胞が確かに、「分化した体細胞から作られたのだ」ということの証明になる。

プロトコルにあるように、ＳＴＡＰ幹細胞にこの目印がないのなら、ＳＴＡＰ細胞がいったい何の細胞からできたのか、分からなくなる。

青野由利・専門編集委員からも取材班へのメールで「これが覆ると根本が覆ってしまう。これまでの画像疑惑とはレベルの違う話なので、確認した方がいいのでは」とメールがあった。永山デスクの元にも、理研の研究者から「誤記や言い訳のような表現が散見される。データの問題への謝罪がないのもおかしい」という指摘があった。

私は急いで、プロトコルの責任著者の丹羽仁史・ＣＤＢプロジェクトリーダーと笹井氏に、このプロトコルについての問い合わせのメールを送った。

記事化されると困る

約一時間後に丹羽氏から返信があった。実際には実験に関する別の問い合わせもしているが、ここではＴＣＲ再構成に絞って内容を紹介する。

まずリプログラミング（初期化）はＳＴＡＰ細胞で完了している事を確認したいと思います。

我々は、ＳＴＡＰ細胞からキメラマウス作製に成功しています。そしてＳＴＡＰ細胞ではＴＣＲ再構成は認められます。従って、ＳＴＡＰ細胞が分化細胞に由来するという主張は成立します。

ＳＴＡＰ幹細胞はＳＴＡＰ細胞からもう一段階の過程を経て作製されたＥＳ細胞様の増殖性多能性幹細胞ですが、このＳＴＡＰ細胞からＳＴＡＰ幹細胞になる過程で、ＴＣＲ再構成を持ったＳＴＡＰ細胞はなにか不利な点があり、淘汰されると考えています。

もっとも、八系統のＳＴＡＰ幹細胞を検査しただけですから、全く出来ないとまではいえません。ただ、我々は現実のデータを正直に述べたにすぎません。

以上の点は、今後科学者を対象としたＱ＆Ａを設けて、情報発信を進めたいと考えています。ただ、これは手続き上、理研の調査委員会の結果の公表のあとになります。

つきましては、我々が公的に情報を発信するまでは、上記の返答内容を新聞報道する事は差し控えて頂きたいと思います。

何も応答しないとあらぬ事を書かれ、かといって返答するとそれが記事になり、現在進めている対応手続きの障害になる、という悲惨な悪循環に陥っています。

今このメールにこのような返信をするのも、須田さんであればこのような事情を必ずやご理解頂けると信じての事です。

事実として上記返答以外の事は無く、他社にこれ以外の事をすっぱ抜かれる事はあり得ませんので、何卒我々の手による科学的質問に対する応答の開始までお待ちくださいますよう、重ねてお願い申し上げます。

「新聞報道を差し控えて」とあるが、さすがにこれだけで判断はできない。研究室に電話し、追加取材をした。丹羽氏と直接話をしたのはこれが初めてだった。

メールでの説明の他に丹羽氏が強調したのは「我々はデータをセットで判断する」ということだった。

丹羽氏によれば、血球細胞中に含まれる「体性幹細胞」と呼ばれる未分化な細胞は、〇・一％程度と非常に少ない。一方、酸性処理で生き残った細胞のうち約三十％がＳＴＡＰ細胞になる。ＳＴＡＰ幹細胞のもとになったＳＴＡＰ細胞にＴＣＲ再構成がみられなかったとしても、割合の大きさから、体性幹細胞からではなく、Ｔ細胞以外の血液細胞からできたと考える方が科学的だ――。

丹羽仁史氏

さらに丹羽氏は、「Ｔ細胞のように特定の分化状態にある細胞は、初期化しにくい性質があることがすでに知られている」と述べた。iＰＳ細胞でも理由は不明だが、同じ現象が起きているという。

「今回、ＳＴＡＰでも同じ問題が起きていると考えられる。ＥＳ細胞もキメラを作れるものもあれば作れないものもある。作れないものがあるからといってＥ

S細胞の多能性を否定したりしないでしょう？　STAPも同じことです。皆さんもデータをセットでみて判断してほしい」

説明を終えると、丹羽氏は「こうして喋っていることを記事化されると困る」と言い出した。記事が出れば取材が殺到し、論文の疑義の調査にも影響を及ぼしかねない、という。「調査は科学的な議論は対象にしないことになっているが、記事で新たな疑義と書かれれば、調査対象に加えるべきか検討するプロセスが必ず入ってしまう。そうなると、結果の公表がますます遅れるでしょう」。

再現性についてはこうも語った。

「CDB内で複数の人が独自に再現できている。ちゃんとした形で実験すればできる。それ以上、我々が何をしろというんですか。簡単だと思いすぎたがゆえに今できない、できないと言っている人がいるけど、その一つひとつについて我々が責任を負ういわれはない」

科学的な議論に関しては、「答えたくて仕方ないし、もどかしい」が、調査結果がでたあとで、ウェブサイト上でQ&Aを公開する予定だという。最後に「理解してほしいと思ったからこうして答えたけど、もし記事にするためだったなら、今後一切、問い合わせには答えないと思ってほしい」と要望された。

丹羽氏のやや強引とも言える態度には驚いたが、説明自体は、それなりに納得のいくものだと感じられた。そもそも、TCR再構成の話は少し専門的なため、論文発表時の記事でも全く触れていない。永山デスクを説得し、ひとまずこの日の記事化は見送って様子を見ることになった。

ただし、釈然としない思いも残った。青野・専門編集委員からは「プロトコルを出すときに、

ＳＴＡＰ幹細胞のＴＣＲ再構成がみられないといえば研究者の間で疑問を巻き起こすことは、丹羽氏らにも十分に分かっていたはずだ。混乱を避けるよう、より丁寧な説明をすることもできたはず」という指摘があり、私も同感だった。プロトコルの著者としての責任を脇に置いて、今後の取材を盾に記事化を拒むのは、少々勝手なのではないか――。

危機感のない笹井氏

その後、笹井氏からも返信があった。

――ＳＴＡＰ細胞からＳＴＡＰ幹細胞への変化は、今の技術ではやや起こりにくい。「若山さんが樹立した数株には」ＴＣＲ再構成が確認されなかったが、それは母数が少ないため偶然だったのかもしれないし、あるいは分化しきったＴ細胞由来のＳＴＡＰ細胞は、ＳＴＡＰ幹細胞になりにくいのかもしれない――という内容だった。

私は翌日、笹井氏に重ねてメールで質問した。

――ＳＴＡＰ幹細胞は「若山さんが樹立」したとあるが、それは論文やプロトコルに載っている八株のことか。また、論文では「ＣＤ４５」というたんぱく質を目印にリンパ球を分離しているが、よく調べると、ＣＤ４５が含まれる細胞には、リンパ球以外の細胞もあるようだ、実際に実験に使ったのは、具体的にどんな種類の細胞なのか――。

笹井氏の返信は、冒頭に「私も鬼の霍乱で、ついに今日の午後には寝込んでしまいました。風邪を移された感じです。すいませんが、ごく簡単に」とあり、いつもより短かった。

一つ目の質問への回答はあいまいだった。

ＴＣＲの解析は伝聞なので、どの株に対応するのかは聞いていませんし、どのくらい確証があるのかは見ていません。

多分、論文と同じ株だと思いますが、そのすべてを解析したのか、そのうち数株なのかは、すいませんが存じません。ただ、一～二株ではないようです。


どうやら、笹井氏は、ＳＴＡＰ幹細胞やその解析の詳しい内容まで把握しているわけではないらしい。

二つ目の質問への回答は、次のような内容だった。

――私は血液学者ではないので、細かい例外は知らないが、ＣＤ４５が含まれる血液細胞は、いわゆる白血球の多くのタイプにあたり、その中には未分化な幹細胞もあれば、分化した細胞もあるはずだ。西川伸一氏によると、今回の実験で使ったような脾臓から採取した血液細胞の場合は、ＣＤ４５が含まれる細胞のほとんどがリンパ球であることが知られている。今回の実験では、ＣＤ４５を指標に細胞を分離する前に、比重の差を用いてリンパ球系の細胞を遠心分離する方法も用いている。また、ＣＤ４５で分離した細胞の中でも、未分化な幹細胞はむしろＳＴＡＰ細胞になりにくいことが観察されている――。

体の中には、ＥＳ細胞やｉＰＳ細胞ほどの多能性はないが、さまざまな種類の細胞に分化する「体性幹細胞」が存在する。血液中の幹細胞（造血幹細胞）もその一つだ。

私はすぐに御礼のメールを返した。

早速のお返事、しかもご体調の悪いところありがとうございます。

体性幹細胞の方がSTAPになりにくいというのは非常に興味深いですね。

ネット上でSTAPが体性幹細胞由来だと騒いでいる人たちに伝えたい気もします。

（中略）

昨日に引き続きありがとうございました。

風邪をこじらせないよう、お大事になさってください。


深夜、そして体調が悪いというのにもかかわらず、笹井氏からは三十分後に返信があった。


こうした実験背景の把握をきちんとしてくださる態度に敬服いたしております。

ネイチャーはやはり、誌面の制約が厳しく、（※米科学誌）セルほど詳しく書けないのも、読み手の解釈の幅をつくって憶測を拡げるものになっているのかもしれません。

（中略）

ただ、いろいろな細胞が存在するリンパ球では、こうした解析に限界もあるので、他の組織で、もっと均一な細胞からスタートさせて実証する実験を進めたいと思っております（ただ、こうした騒ぎが収まらないと、こうした腰を落ち着けた実験が始められずに、小保方さんもフラストレーションが溜まるだろうと、心配しております）。

科学で「実証」をするということは、ネイチャーに論文を出すことではなく、そこから始まる過程であるのが常です。

どのように、この実証が取られるか、是非、その視点から注目してみてくだされば思います。

わたしもそれがどう進むか、内心、楽しみながら、参加しています。

（中略）

それなりの時間はかかるでしょうし、それに早く集中させてあげたいと思います。

今後ともよろしくフォローください。

論文に多数の疑義が出ており、ＳＴＡＰ細胞の存在にすら疑問が投げかけられているという深刻な状況だ。それにもかかわらず、笹井氏のメールには、騒動の渦中にある小保方氏を気遣う言葉はあるものの、危機感はまるで感じられなかった。「論文の根幹に揺るぎはない」という理研の主張は、本当なのかもしれない。そうだと思えば、丹羽氏の強気な発言も理解できる。笹井氏を信頼していた私は、そう思った。

そのわずか三日後、決定的な画像の疑義が明るみに出るとは、知るよしもなかった。

第三章　衝撃の撤回呼びかけ

万能性の証明のかなめである「テラトーマ画像」と「TCR再構成」。このふたつが崩れた。共著者たちは、次々と論文撤回やむなしの判断に傾き、笹井氏も同意。しかしメールの取材には小保方氏をあくまで庇《かば》う発言を。

博士論文との酷似

月曜日の朝だった。パソコンを開くと、丹羽仁史・CDBプロジェクトリーダーからメールが来ているのに気付いた。タイトルは「テラトーマ写真問題」。嫌な予感がした。


表記の件についてのミスがネット上で新たに指摘を受けています。

ただ、本件はネイチャー誌ならびに内部調査委員会に報告済みで、今週発表予定の内部調査委員会報告書にも含まれる予定です。

いま、またネット情報だけに基づいた新聞報道がなされますと、さらなる問題の遷延化が危惧されます。

何卒ご配慮の程をお願い申し上げます。

調査と情報発信のバランスについて、我々は判断を誤ったのかもしれません。

慌ててネットを検索すると、前日の三月九日から複数のサイトで、STAP細胞論文中の画像が、小保方氏の二〇一一年の博士論文中にあったテラトーマの画像と酷似している、と指摘されていた。しかもその画像は、STAP細胞の万能性を証明するテラトーマ実験の画像だった。疑義はすでに東京新聞と中日新聞が十日付朝刊で報じていた。日曜日にネットのチェックをしていなかったことが悔やまれた。

テラトーマとは、生きたマウスの皮下に万能細胞を移植したときにできる良性の腫瘍（奇形腫）だ。中には、神経や筋肉、上皮などさまざまな組織の細胞が、ぎゅっと圧縮された状態で詰まっている。STAP細胞を移植したときに、このテラトーマができ、さまざまな組織に分化した細胞がその中に確認できれば、STAP細胞には万能性があるという一つの証拠となる。

画像はできた組織ごとに腫瘍の切片を作り、撮影したものだった。

それが、研究内容が異なる博士論文のテラトーマ画像と酷似するとはどういうことか。もはや「ミスだった」では済まされない。この瞬間、私はSTAP細胞論文はもうもたない、と確信した。同時に、STAP細胞の存在そのものへの疑念が一気に膨らむのを感じた。

東京の取材班にもメールで伝えたが、八田浩輔記者や青野由利・専門編集委員からすぐに、「事実なら撤回レベルでは」という返信があった。

一方、丹羽氏のメールに、今週中に調査委員会の報告書が発表される予定、とあるのも気になった。斎藤有香記者による直近の文部科学省の取材メモでは、まだ報告はまとまっていない様子だったからだ。丹羽氏にメールでその点を尋ねると、すぐに「現在いろんな意味で状況が時々刻々動いて」おり、確実なことは言えないという。「今後の事は、先日のコメントの扱いも含めて、そちらのご判断にお任せします」。電話で話を聞けないかも打診してみたが、承諾の代わりに次のような返事が来た。

私は先日の議論の通り、論文の根幹部分の科学的真実性を微塵も疑っていませんが、表示形式上の問題となると別問題です。今はこれしか云えません。

笹井氏にも「至急のお願い」というタイトルで問い合わせのメールを送ったが、返事がなかった。

ＮＨＫに抜かれる

その日の午後七時、ＮＨＫのトップニュースに科学環境部内は騒然となった。共著者の若山照彦・山梨大学教授がこの日、ＳＴＡＰ細胞論文の取り下げを共著者に呼びかけたというのだ。しまった……。私は痛恨の思いに唇をかんだ。テラトーマ画像の疑義について、若山氏にはまだ、問い合わせをしていなかったのだ。

「すぐ若山さんに電話して！」。永山デスクの声が飛ぶ。「今しています」。答えつつも、焦りのあまり番号を押す手が震えた。いま取材できなければ、翌日の朝刊で後追いの記事を載せることすらままならない。先を越された以上、それだけは何としても避けなければいけなかった。

山梨大学の研究室や携帯に掛けたがつながらない。七時十四分、祈るような気持ちで若山氏にメールを送った。「先ほどのニュースを見ました。至急、ご連絡をとりたいのですが、携帯に出て頂けますでしょうか」。

メールを読んでくれたのか、二回目のトライで携帯電話がつながった。受話器を押さえ、「つながりました！」と叫ぶ。永山デスクの指示で、八田記者が朝刊一面用の原稿を書き始めた。

若山氏によると、論文取り下げの提案は、チャールズ・バカンティ米ハーバード大学教授らを除く国内の日本人共著者に、メールで一斉に送った。理由は、博士論文の画像の酷似の他にもあった。

小保方氏は二〇一二年十二月、ＣＤＢ時代の若山研究室であった週に一度の成果発表の会合でも、発表のスライドで問題の酷似画像を使っていたのだという。

「プリントアウトした発表資料が残っていたんです。研究室の中の発表なので、公にならないデータだから、イメージとして違う写真を使うことがあってもいいんですが、その場合は断りを入れる。（小保方氏から）そういう説明はありませんでした。本当のところ、ショックを受けました」

事実なら、小保方氏は、最新の実験データを発表しあうはずの内輪の会合でも、全く違う実験の画像を紹介していたことになる。また、小保方氏は同時期のセミナーで、ＳＴＡＰ細胞がリンパ球からできたという証明になる遺伝子の痕跡、ＴＣＲ再構成についても、「ＳＴＡＰ幹細胞八株のうち数株にあった」と説明していたという。ところが、前の週に丹羽氏らが発表した実験手技には、八株のいずれにも痕跡がないとされており、食い違っていた。

テラトーマ画像とTCR再構成の二つの問題が、取り下げを呼びかけた主な理由だという。

「これだけ大ごとになっているので。メールでは、論文が正しいのであれば、取り下げをして、データをきちっときれいにして、ミスのないちゃんとした論文にして再投稿すべきだ、と書きました」

「僕がやった実験が何かが分からなくなってきている」

若山氏は、小保方氏から「STAP細胞」として渡された細胞を使って、テラトーマより万能性の高度な証明となるキメラマウスを作製した。キメラマウスは、受精卵にその細胞を注入し、仮親マウスの子宮に移植して作ったマウスで、元の受精卵に由来する細胞と、小保方氏から渡された細胞に由来する細胞が全身で入り混じっている。そしてこのキメラマウスは全身が緑色の蛍光を発していたのだ。つまり「STAP細胞由来」の細胞が全身にいきわたっていた。

シャーレの中でのOct4の発現、試験管内でのさまざまな細胞への分化の確認、テラトーマの形成、そしてキメラマウスの作製、その四段階をへて「STAP細胞」はたしかに万能細胞であることが証明されるわけだ。もし、テラトーマの形成までが捏造だったとしたら、若山氏が作ったキメラマウスの全身はなぜ緑色に光ったのだろうか？

「そこは想像するしかできないですが、もし僕が渡されたのがES細胞だったらキメラマウスはできるわけです。胎盤にも分化するというのがSTAP細胞の非常に重要なデータだったわけですが、胎児のキメリズムがものすごく高ければ、胎児から（ES細胞由来の）血液がたくさん胎盤に行くので、それが光った可能性はあります」

キメリズムとは、受精卵に注入した細胞由来の細胞が含まれる割合をさす。キメリズムが高いほど、注入した細胞の寄与が大きく、それだけ注入した細胞が受精卵に近い状態に初期化された、質の高い万能細胞であるということになる。

ＳＴＡＰ細胞がＥＳ細胞だったかもしれない可能性を研究者の口から直接聞いたのは、これが初めてだった。若山氏はなおも続けた。

「ショックですね。自分がやった実験は正しくて、キメラができたのも事実。だけどこれだけ問題が出てくると……。僕がやった実験が何かが分からなくなってきている。自分自身が信じるためにも、いっぺん、うわさに頭を悩まされることなく、はっきり正しくやり直すのが大事です」

「つまり、小保方さんに渡された細胞が何だったのか分からなくなった、ということですね？」

念を押すと、若山氏はためらいつつ認めた。

「……まあ、そうですね。渡してくれたのが何だったのかも、信用できなくなっています」

しかし、若山氏はＣＤＢ時代に一度、小保方氏に習ってＳＴＡＰ細胞を再現できているはず。それは間違いないのだろうか。

「そのときはＳＴＡＰ幹細胞に変化させるところまでできたんです。僕の研究室で取り組んだのは五人。僕と学生一人は、小保方さんが横について実験して一回だけ成功した。あとの三人は手順に従ってやったが失敗した。僕は小保方さんがいないところでもやったけどできず、山梨でも一度も成功していません」

「誰かが他の細胞に入れ替えた可能性は？」

小保方氏と若山氏の実験範囲

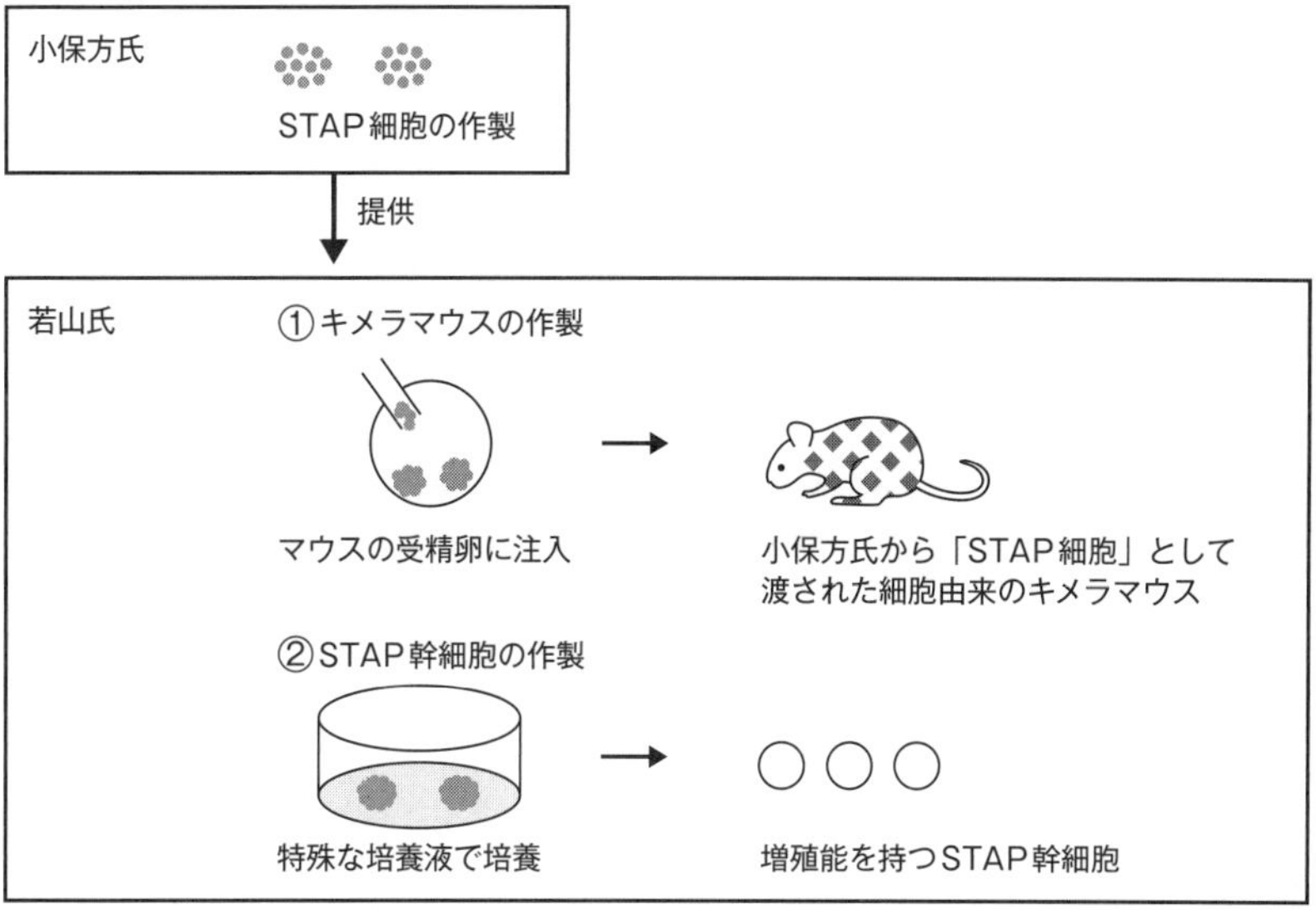

「細胞は一週間培養しますから。培養器の前にずっと人がいるわけでもないし、研究室のメンバーはみな鍵をもっているので、夜間も入ろうと思えば入れる。そこまで疑ったらきりがないので、疑ったことはありませんが」

最後に、二月下旬のインタビュー内容をもう紙面で使っていいかを聞くと、若山氏ははっきりとした口調で答えた。

「はい。もう覚悟を決めましたので」

西川氏は「STAPは本当だ」と

若山氏はこの日、「ＳＴＡＰ細胞の科学的真実を知りたい」として、自身が保管するＳＴＡＰ幹細胞を「公的第三者研究機関」に提供し、分析を依頼することも文書で表明した。結果は「速やかに公表する」とした。毎日新聞は、若山氏の論文取り下げの呼びかけと電話取材の内容を、翌十一日付朝刊の一面左肩と社会面で報じた。

出稿作業の合間に、私はCDB前副センター長の西川伸一氏にも電話をかけた。西川氏が二月下旬、全く新奇な発見であるSTAP細胞に捏造はあり得ない、という主旨の発言をしていたことが気になっていた。万能性に関わる根幹のデータが揺らいでいる今、西川氏はどう考えるのか。

「あれは普通の人が考えないこと。僕自身は、STAPは本当だと今も信じている」というのが、その答えだった。

「嘘のデータがいっぱいあることと、科学的な真偽は別の話だ。前者については、例えば著者から『データの間違いはこれだけあるが、新しいのに修正するということでいいですか』と相談したとき、ネイチャーの編集者が『これはもうあかん』と思ったら取り下げをしろというだろう」

では今後、STAP細胞の存在を疑う声に、理研や著者達はどのように対応すればよいのか。西川氏の意見は明快だった。

「若山さんたち著者が集まって、もう一回実験し直すのが一番いい。海外の研究事例でも、追試者を共著者に加えて再投稿した例がある。そういう風にしてもいい。共著者がどこかで責任を逃れたらあかん。あるかないかを自分たちできちんと見せることだ。周りに影響されるくらいなら論文なんか書かない方がいい」

だが、若山氏と小保方氏との間で連絡がとれていないことからも、共著者間の意思疎通がうまくいっていないことは明らかだ。そんな状況で、協力して「実験し直す」ことなど果たしてできるのだろうか――。

その日の深夜、若山氏からメールが来た。

須田さん、

昨日の博士論文とネイチャーの写真が一致したことが、あまりにも悲しく、どうしていいのかわからず、著者たちに撤回を呼びかけました。

信じてもらっていたし、僕も信じさせようとコメントをしていて、大変申し訳ありません。

僕はまだ信じたい気持ちがあるので、すべてを明らかにして、誰もが信じる論文として新しく発表するのを希望しているのです。

よろしくお願い致します。

若山照彦

小保方氏は同じ画像を使っていた

翌日、私は再び甲府市に向かった。若山氏への返信で取材依頼をしたところ、応じると言ってくれたのだ。メールには、「状況がどうなっているか分かりませんが、今まで来た記者さんの中で一番、本気でSTAPについて考えてくださったので、僕もお話しできたらうれしいです」とあった。

若山氏の表情は二月下旬に会ったときよりむしろすっきりしていた。思えばあの頃は、わき起こる疑念や不安を必死で押さえ込もうとしていたに違いない。前回と同じハワイ大学のロゴ入りパーカーを着ており、若山研関係者によると、「ハワイ大は若山さんにとって、研究者としてのチャンスを掴んだ原点とも言える場所。ロゴ入りのパーカーは、気持ちを引き締めたいときや、逆に緊張を抑えたいときによく着ている」という。

若山氏のもとには、国内外の研究者から、呼びかけを支持するメッセージが続々と届いているという。幹細胞研究の世界的権威、米マサチューセッツ工科大学（MIT）のルドルフ・イエーニッシュ教授からは「難しい決断だったと思うが立派だ」、恩師の柳町隆造ハワイ大学名誉教授からも激励のメールがあったといい、「嬉しかった」と若山氏は少し笑顔を見せた。

一方、共著者の笹井芳樹・CDB副センター長からは、呼びかけのきっかけとなった、博士論文との画像の酷似と、STAP幹細胞で元のリンパ球（T細胞）の遺伝子の痕跡（TCR再構成）がなかったことの二点について、若山氏の「誤解」を指摘するメールがあったという。

「画像の酷似は僕にとって一番ショックだったんですけど、とにかくあれはミスだった、という説明がいろいろ書いてありました。TCR再構成のことも、お互いの意思の疎通がなかったために起こってしまったミスであって、隠したということでは全くない、とにかく問題はないんだ、ということでした」

「それで、若山先生は納得できたのですか」

若山氏は言葉を探し、「もし相手が何かを『知らない』と言ったら、納得するしかないというのがありますよね。『ああ、そうですか』と言うしかないですから」とだけ言った。

それにしても、博士論文との画像の酷似が、いったいどのような「ミス」で起こりうるのか、見当もつかない。笹井氏はどう説明したのか。

「笹井先生も、最終的には知らないという風に書いてあったんですよ。小保方さんも知らない間に紛れ込み、本人もそれを忘れてしまったのではないか、と」

若山氏によると、論文を投稿する際は、文章だけのワードファイルと、画像や図表類をまとめたパワーポイントファイルを別々に作成することが多い。笹井氏は、小保方氏が草稿の段階で図表類のファイルに画像をいったん貼り付けたあと、その画像の由来が分からなくなってしまった可能性がある、と説明しているらしかった。

だが、小保方氏は同じ画像を、若山研内の「プログレスリポート」という会合の発表でも使っている。若山氏もやはりその点を気にしていた。

「プログレスリポートはメンバーだけが集まって、すごく最近のデータだけを発表し合う場。プレッシャーも何もないところなんですよ。日曜日に画像の重複が見付かったときもショックでしたが、それがいつ起こったのか調べたら、もっと前の、研究室内の発表ですでに起こっていたと分かった。だからこんな、（撤回呼びかけという）大それたことをしてしまったんですけど」

ただし、TCR再構成については、若山氏はすでに「納得」している様子だった。

若山研時代に八株中数株であったという小保方氏の説明がプロトコルで覆った点については、長期培養している間に細胞が変化し、改めて調べたときには消えていた、という解釈ができるという。次いで、丹羽氏と同様に、作製効率の高さが重要だと説明した。

「体中どこからでもSTAP細胞ができる。体にほんのわずかしか存在しない未分化な細胞がたまたま採取できたときだけSTAP細胞化するなんてあり得ないと思っていたので、僕にとってはTCR再構成はあまり重要ではないんです」

TCR再構成は、分化しきった細胞が初期化されてSTAP細胞ができたことを証明する実験結果だが、そのことは、刺激に耐えて生き残った細胞のうち約三十%という高い確率でSTAP細胞ができるということで、すでに証明されている、と考えられるのだという。

もう手を引きたい

では、若山氏は今も、STAP細胞の存在を信じているのだろうか。「丹羽先生は信じているようですが」と水を向けると、若山氏は率直に答えてくれた。

「(刺激によって)細胞が変化するというところまでは正しいけれど、そこから論文で定義されているようなSTAP細胞になるというところまでは、もう信用できないんです」

論文によれば、STAP細胞は、万能細胞に共通する「Oct4」などの遺伝子が高いレベルで働き、さらにテラトーマを形成したり、キメラマウスを作製したりできる細胞だ。だが、若山氏が山梨大学でこれまでに実施した再現実験では、Oct4がほんの少し働くだけだったという。そして今回、博士論文との画像の酷似によって、テラトーマが本当にできていたのかが揺らいでいる――。

そうした状況を思えば、若山氏の見解は当然に思えたが、同時に衝撃的でもあった。論文発表の華々しい記者会見から、まだ二カ月と経っていないのである。

しかし、もしSTAP細胞が存在しないのだとしたら、胎盤にまで分化するキメラマウスの作製実験とは何だったのか。前日の電話取材のときと同様に、やはりその点が最大の疑問だった。

私はまず、ＣＤＢ時代の若山研究室で、ＳＴＡＰ細胞の代わりになるようなマウスのＥＳ細胞を入手可能だったのかを尋ねた。

「僕の研究室では、ＥＳ細胞は常に冷凍庫にいっぱい保管されています。鍵もかかっているわけではなく、二十四時間、研究室にはいつでも入れます」

ＥＳ細胞は、他の研究の実験で日常的に作製したり使ったりするため、個数などの厳密な管理はしていなかったという。中には、ＳＴＡＰ細胞の作製実験で使ったような、特定の遺伝子が働くと緑色の蛍光を発するようなＥＳ細胞もあった。

だが、論文には、ＳＴＡＰ細胞で働いている遺伝子を網羅的に調べた解析結果もあり、ＥＳ細胞やｉＰＳ細胞などの既存の万能細胞と異なる特徴もあるとされていた。弱酸で刺激を与えたリンパ球の中で、次第に複数の細胞が緑の蛍光を発し、やがて塊を形成する動画もあった。

「そうなんですよね。本当だと思われる要素もまだ幾つも残っている。ＳＴＡＰ細胞がない限りこんなデータはないだろうというのがあるんです」

ＳＴＡＰ細胞の最大の特徴である、胎盤に分化する能力はどうか。

「初期の頃のＥＳ細胞は胎盤にいかないとされていたけれど、今は技術も向上して、より質の良いＥＳができます。特に僕の研究室は、キメリズムを高めるのが研究室のテーマの一つでもあったので、もしかしたらＥＳでも胎盤にけっこう寄与しているかもしれないですよね」

撤回呼びかけ後の心境を尋ねると、若山氏はこう語った。

「著者の責任逃れのようで申し訳ないけれど、正直、もうここまで来てしまうと、ＳＴＡＰから手を引きたいという気持ちもあります。撤回呼びかけを発表したあとで、ラボのメンバー全員が良かったと思っているのは、もう再現実験をしないで済むということなんです。再現できなかったら世界中から非難されると、ずっとプレッシャーを感じていましたから……。とりあえず実験をストップできるということで、すごく気が楽になったんです」

博士論文でもコピペ

若山氏はその後、記者会見も開き、私も引き続き取材した。酷似画像について「ＳＴＡＰ細胞が何だったのか分からなくなってしまう写真だった。何が何だったのか分からない」と話し、共著者以外のＣＤＢの複数の幹部からの後押しで呼びかけを決めた経緯を明かした。テラトーマ実験は、ＳＴＡＰ細胞の万能性を証明する第一段階の実験であり、「論文の中ですごく重要な成果」であること、それがあったからこそ、より高度な万能性の証明となるキメラマウスの実験に進んだことを説明するとともに、「真実を知りたい。つらい決断ではあっても、論文をいったん取り下げ、本当に正しいデータで素晴らしい論文に作り直して再投稿するのが一番良いと思う」と改めて訴えた。

小保方氏ら共著者からは、それぞれ返信があったという。小保方氏の返信には、撤回の呼びかけについては触れられていなかったが、「申し訳ない」と、迷惑をかけたことへの謝罪とともに、若山教授が真剣に対応を検討していることへの感謝の言葉があったという。

一方、東京の文部科学省では同じ三月十一日、理化学研究所が、論文の疑義が浮上して以来、初めて記者に直接経緯を説明した。加賀屋悟広報室長が「世間をお騒がせして誠に申し訳ない」と陳謝し、「論文発表後、これだけの指摘を受けたことは非常に重大に受け止めている。信頼性、研究倫理の観点から、論文の取り下げを視野に入れて検討している」と述べた。外部の専門家を交えた調査委員会が三月十四日に記者会見し、調査の進展状況を説明するという。加賀屋室長は後手に回った対応について、「当初は重大性を軽視していたと受け取られても仕方ない」と認めた。

また、生命科学分野で国内最大級の規模の日本分子生物学会は、ＳＴＡＰ問題で二回目となる声明を大隅典子理事長名で発表した。「単純なミスである可能性を遥かに超えており、多くの科学者の疑念を招いています」として強い危機感を示し、理研に対し、ＳＴＡＰ論文二本に関する生データの開示と論文の撤回などの適切な対応、公正性が疑われるような事態を招いた原因に対する詳細な検証を求めた。

小保方氏の博士論文については、新たな驚くべき疑義も発覚した。全体の五分の一にあたる第一章の約二十ページにわたり、米国立衛生研究所（ＮＩＨ）のウェブサイトで「幹細胞の入門書」として掲載されている文書をほぼ丸写ししていることが分かったのだ。引用や参照したという記載はなく、研究不正に詳しい愛知淑徳大学の山崎茂明教授（科学コミュニケーション）は大阪の根本毅記者の取材に「いわゆる『コピペ』で、ミスではなく、研究倫理上、許されないことだ」とコメントした。

毎日新聞はこうした状況を、三月十二日付朝刊の一面と三面で伝えた。三面では「ＳＴＡＰ論文　理研対応後手に　『修正』前提で動く」の見出しで、論文発表からの経緯を振り返り、当初、事態を楽観視して後手に回った理研の対応を報じた。

不可解な笹井氏

若山氏の撤回呼びかけを、理研の著者達はどのように受け止めたのか。特に、若山氏を「説得」したという笹井氏の見解は気になった。三月十一日夜、甲府から東京に戻る特急の中で、笹井氏に改めて問い合わせのメールを送った。

事態が大きく進展してしまいました。
若山先生の論文取り下げの提案について、笹井先生のご見解を一言でよいので教えていただけますでしょうか。
若山先生のご説明を伺う限り、取り下げの提案はむしろ自然に思えますが、笹井先生は違うご意見なのでしょうか。（中略）
私は笹井先生を科学者として心から信頼していますが、STAP論文を巡る今の状況には、正直に申し上げて非常に困惑しています。

約一時間後に返信があった。

残念ながら、立場上、理研の公表前に細かいことを言うのがまだできないのですが、今回の件も皆が思っているような根の深い話ではないとだけ、申させてください。
若山さんの発言も、変な形で吹き込まれた誤解に基づき発信してしまったものだと確認され、その誤解を正す情報が彼にも伝わっているだろうと思います。

理研からの発信をまとめようとし過ぎ、遅いため、不必要な憶測が広がっています。

なぜ、こんな負の連鎖になるのか、悲しくなってしまい、今日の上原賞の晴れの受賞式でもマスコミが押し掛け、異様な雰囲気になってしまいました。


笹井氏はSTAP細胞とは無関係の自身の研究成果で、生命科学などの優れた業績に与えられる「上原賞」に選ばれ、十一日は東京都内で開かれた贈呈式に出席していたのだった。会場で取材した下桐実雅子記者によると、笹井氏の目はうつろで、笑顔が全くなかったという。

それにしても、「根の深い話ではない」とはどういうことだろうか。メールを読む限り、私には笹井氏が論文の置かれている状況を正しく認識しているとは思えなかった。苦渋の決断をした若山氏の記者会見を取材したあとだけに、若山氏の態度との落差も不思議だった。

同様の問い合わせをした丹羽氏からも、翌日の夜、返信があった。返信が遅れた事情とともに、「オフレコの感想」として次のように書かれていた。


ここまでくれば、論文はもはやどうしようもないと思います。

私は自分で自分が見せられた現象を確かめるしかもはやなさそうです。


本人がオフレコと言っている以上、まだ記事化はできないが、丹羽氏も撤回やむなしと考えているようだ。もう一つ分かったのは、同じCDBの中にいて、論文の疑義について笹井氏とほぼ同じ情報を得ているとみられる丹羽氏も、事態の深刻さを認識しているということだ。ますます笹井氏の態度に関する謎が深まった。勘ぐりたくはないが、笹井氏のメールを改めて読むと、記者の認識を甘くする意図で書かれたととれなくもない。

ちょうど十一日に受け取ったある研究者からのメールには「神戸の理研は親しい仲間なので信頼していますが、事実を見なければなりません」とあった。

その通りだった。すべての思い込みを捨て、事実を見なければ――。私はこの言葉を心に刻んだ。

笹井氏には、メールで重ねて疑問をぶつけた。博士論文との酷似画像を、若山研内の成果発表の会合でも使っていたことについての見解を聞くと、次のような回答があった。

――小保方氏が「データ管理上の何らかのミス」で、大学院時代に作製したテラトーマの画像と、若山研に来てから作製したテラトーマの画像を混同した発表資料を作り、それをもとに論文の画像ができてしまったのだろう。実際に、「正しい細胞由来」のテラトーマは作製され、その画像も存在していたので、故意に取り違えるメリットは全くない――。

メールの後半には、小保方氏をかばう言葉もあった。

小保方さんには、たしかに実験面での天才性と、それに不釣り合いな非実験面の未熟さ・不注意さが混在したと思いますが、特にCDBに来る以前にはそのギャップを埋めるトレーニングを受ける機会を逸していたのは残念なことです。かといって、研究を良心的に進めていたことを否定するのは、アンフェアだと思います。一方で、傷んだCredibility（※信用性）を回復することは、長期的に見て、この発見の真の価値と彼女への評価の面で極めて重要であり、それをどのようにverify（※実証）するのかをすべてのオプションを含めて考えてゆきたいと思います。

丹羽氏の回答

丹羽氏にも、STAP細胞の存在を今も信じる根拠を尋ねたところ、丁寧な回答をくれた。

・小保方氏が弱酸の刺激を与えた細胞を顕微鏡下にセットし、その後は小保方氏以外の研究者が観察するという状況で、高い割合の細胞で万能性遺伝子（Oct4）が働き、「これまでに見たこともない動きをしながら」塊を作っていくことを確認した

・若山氏は、小保方氏から渡されたのがSTAP細胞だったかは確信が持てなくなっているようだが、その細胞の塊を自分の手で切って受精卵に注入し、それが高い確率でキメラマウスの胎児と胎盤に寄与した事実には、今も確証を持っている

・若山氏が作製したキメラマウスの胎盤組織の切片は、丹羽氏自身が顕微鏡下で観察したが、「TS細胞」と呼ばれる胎盤に分化する既存の細胞とは「全く異なるパターン」で、かつ「きちんと」STAP細胞由来の細胞があることが確認できた

――こうした事実を説明できる最も妥当な「科学的仮説」は、STAP細胞が分化した細胞から生み出された、ということだと思われる――。

丹羽氏はそのうえでこう述べた。

私は小保方さんのデータ管理能力はもはや疑問を持ちますが、研究能力の高さはこの目で確認しています。その彼女が、データは取り違えても、若山さんに独立の実験ごとに再現性よく「変な」細胞を渡すとは思えません。
今回の事は科学者としてその責任を痛感していますが、一方でこのような科学者としての信念に基づき、その検証を進める事も責務だと考えます。

ただし、メールの最後には「これは現時点では須田さんの予備知識にとどめ、公開しない事をお約束ください。しかるべき時期がくれば、発言したいと思ってはいます」と書かれていた。「しかるべき時期」とはいったい、いつなのだろうか。論文の信頼性が根底から揺らぎ、STAP細胞の存在への疑念も高まっている以上、今すぐにでも著者の一人として、自らの確信を社会や科学者コミュニティに向けて発信し、オープンに議論すべきなのではないのだろうか。理研はなぜ、それをさせないのだろうか。

もどかしい思いに駆られたが、不正の調査中であるためだとしたら、私が説得したところで丹羽氏の意向は変わらないだろう。とりあえずは、科学的な疑問を追究する以外にできることはなかった。そこで、若山氏が言う「胎盤にも寄与するかもしれない質の良いES細胞」が存在する可能性についても、丹羽氏に尋ねた。

再び丁寧な回答があった。それによれば、通常のES細胞を受精卵に注入する実験で、胎盤に分化するのを確認したことは一度もないうえに、ES細胞とTS細胞を混ぜても、密着した細胞の塊を作ることはないという。丹羽氏が「痛感している」という〝責任〟の具体的な意味も聞いたところ、「共著者として発表前にミスを発見できなかった事と、発表後の対応に協力しながらもこのような事態を招いた事です」とあった。論文作成への自身の協力については、「中間過程の論文」や査読コメントは見ているが、掲載された最終稿をいつ見たのかは覚えていないとし、「もうその時点ではやりおえた感があったもので」と説明した。

再現できない実験

ＳＴＡＰ論文の異常な事態を、個々の研究者達はどう見ているのか。調査委員会の発表を前に、何人かの話を聞く機会があった。

ＳＴＡＰ細胞の再現実験に取り組んでいたある再生医療研究者は、「ポジティブなデータはない」と明かした。論文と全く同じ方法ではなく、元になる体細胞の種類を変えるなどして複数の実験を試したが、いずれも失敗に終わったという。「けっこう細胞が光ってきたときもあって、そのときは研究室がどよめいたけど、結局、死にかけの細胞が自家蛍光を出しているだけだった。当初は本当に多能性幹細胞が作れるならｉＰＳ細胞から切り替えるべきか検討しようとも思ったが、とてもそんな状況ではない」。自家蛍光とは、細胞が死ぬと自然に放出される、赤から緑までの波長の光（色）のことだ。次々に浮上する論文の疑義に、研究室メンバーの再現実験への意欲も下がる一方という。

ＳＴＡＰ論文については、「図の差し替えで済む話じゃない。あまりに齟齬《そご》が多く、取り下げるべきだ」。小保方氏が全く説明をしていないことについても、「若いとはいえ研究室の主宰者。理研は彼女をかばいすぎだ。記者会見をした方がいい」と苦言を呈した。

再生医療関連の研究者が集まったある懇親会では、他のメディアがいなかったこともあり、研究者達の本音が垣間見えた。

理研のある研究者は、笹井氏について「iPS細胞への対抗心が相当あるようだ」と話し、「理研の信用が傷付くのが一番心配。相当影響がある」と眉をひそめた。東京都内のある研究者も、こう憤った。「海外の日本人研究者から『当分、日本人の論文は色眼鏡でみられる』と言われた。実際、ネイチャー系の雑誌にはなかなか通らないだろう。我々からしたらとんでもない迷惑ですよ」。

関西のある研究者は「マスコミも論文発表の時に騒ぎすぎた。私はいろいろ調べてみないと分からないとコメントしたのに、どこも使ってくれなかった」とこぼし、「笹井先生ほどの人が、なぜ事前に問題に気付かなかったんだろうね。分からない」といぶかしんだ。

調査委員会の中間報告

三月十三日朝には、CDBの竹市雅俊センター長に大阪の斎藤広子記者が単独取材し、その日の夕刊で内容を報じた。一連の問題の発覚後、竹市氏が論文の取り扱いに言及したのは初めてで、「論文発表前にデータを見て、個人的にSTAP細胞の存在を信じた。だが、科学には作法がある。論文の体をなしていなければ、(自分自身や著者らの)思いとは別に、取り下げざるを得ない」と沈痛な面持ちで語ったという。

理研の調査委員会の記者会見は十四日午後、東京都内で開かれ、約二百人の報道陣が詰めかけた。壇上には野依良治理事長の姿があったが、小保方氏ら論文の主要著者たちの姿はなかった。

野依理事長は冒頭で、「ネイチャー誌の論文が科学社会の信頼性を揺るがしかねない事態を引き起こしたことをおわび申し上げる」と陳謝。「科学者は実験結果やそこから導き出される結論に全面的に責任を負わなければいけない。とくに根拠となる自らの実験結果については客観的かつ十分慎重に取り扱う必要がある」として、STAP論文について「作成の過程において、重大な過誤があったことははなはだ遺憾。論文の取り下げを勧めることも視野にいれて検討している」と述べた。

次いで調査委員長の石井俊輔・理研上席研究員が、不正の疑いを指摘された六件の項目に関する調査の中間報告をした。調査委員会は、二月十三日から十七日までの予備調査を経て、十八日に発足したという。

六件のうち二件は研究不正ではないと判定され、四件は不正にあたる可能性があるとして調査継続になった。報告の概要を紹介する。

竹市雅俊氏

①　STAP細胞のカラー画像に不自然な歪みがある
↓ネイチャー誌側の編集過程で、「ブロックノイズ」と呼ばれる画像の歪みが生じた可能性があり、**不正ではない**。

②　STAP細胞を元に作ったキメラマウスの胎盤の画像が、別の実験の画像と酷似
↓若山氏が同じ胎盤を別の角度から撮った写真を小保方氏に渡し、小保方氏と笹井氏が論文用の図

を作成した。小保方氏と笹井氏は「執筆過程で構想が変わり、片方の図が不要になったが、削除するのを忘れたまま投稿した」、さらに笹井氏は「校正でも見逃した」と説明した。

③

理研の規程の「改ざん」の範囲にはあるが、悪意は認められず、**不正ではない**。

STAP細胞がリンパ球が変化してできたことを示した「電気泳動」の実験結果で、画像の一部を切り張りした跡がある

↓小保方氏と笹井氏が連名で提出した元画像や実験ノートの分析、聞き取りをした結果、別の画像の一部を縦方向に引き伸ばし、元の画像に挿入したうえに、切り張りの跡が見えないよう、コントラストを調整したと判断した。**（調査継続）**

④

実験手法に関する記述の約二百語が、二〇〇五年のドイツの研究チームの論文の記述と同じ

↓小保方氏は文章作成時に参考にした文献の「引用（元の記載）を忘れた」と説明したが、元の文献については「覚えていない」と説明した。**（調査継続）**

⑤

④と同じ記述の一部について、実際の実験手順とは異なる部分があった

↓笹井、若山両氏から、修正すべき点がある、と申告があった。若山氏から、該当部分の実験は小保方氏と若山研のスタッフが実施し、小保方氏が手順を執筆したが、若山研スタッフが実施した部分が実際と異なっていた、小保方氏がその部分の詳細を知らなかったためではないか、と説明を受けた。**（調査継続）**

⑥

STAP細胞の万能性を証明するテラトーマ実験などの画像四枚が、小保方氏の博士論文（二〇一一年）中の画像と酷似

↓両方の画像データの比較から、同一の実験材料を撮影したものと判断した。博士論文の

画像は、マウスの骨髄細胞を細いガラス管に通して得られた細胞を元に作製したテラトーマの画像であり、STAP論文とは実験の内容と時期が異なる。二月二十日に笹井氏と小保方氏から、画像を取り違えたため正しい画像と差し替えたい、と申し出があった。しかし、博士論文と同じ画像であるとの申告はなかった。小保方氏からは、それぞれの実験の過程で試料に同じ名前のラベルを用いていたため「混乱が生じ、画像を取り違えた」と説明を受けた。**（調査継続）**

「未熟な」小保方氏

石井委員長は説明を終えると、「これはあくまでも中間報告で、今後の調査を考えると著者にこの段階で弁明の機会を与えるのは適切でない。調査終了後、著者に弁明の機会を与えていただく事を切に願う」と当事者不在の理由を述べた。

ＣＤＢの竹市センター長は厳しい表情で「論文の信頼性を著しく損ねる誤りが発見された。速やかに撤回し研究をやり直すことが最も重要だ」と語った。特に、⑥の博士論文との酷似画像については「完全に不適切な図表。完全に論文の体を成していない」と断じ、ネット上でこの疑義が指摘された翌日の三月十日、小保方、笹井、丹羽の三氏に撤回を勧めたところ、三人が同意の意向を示したと明かした。この日（十四日）の朝刊でも、一部新聞が「小保方氏ら撤回同意」と報じていた。

一方、三氏が発表したコメントは、「取り下げる可能性についても（理化学研究）所外の共著者と連絡をとり検討して」いるという表現にとどまった。この「撤回同意」を巡っては、後日混乱が生じることになる。
小保方氏は調査に対し、「（データの切り張りを）やってはいけないという認識がなかった。申し訳ありません」と発言したという。会見では、「（本人は）未熟であったと反省している」（川合眞紀理事）、「科学者として未熟だった」（竹市センター長）、「一人の未熟な研究者が膨大なデータをとりまとめた。取り扱いがずさんで責任感が乏しかった」（野依理事長）――と、小保方氏の「未熟さ」が強調された。発表当初の関係者の賞賛ぶりを振り返ると異様なほどだった。

その「未熟な」若い研究者が、なぜ小規模ながら研究室を主宰する研究ユニットリーダーに採用されたのか。竹市センター長は「ＳＴＡＰにインパクトを感じて採用したが、過去の調査が不十分だったことを非常に強く反省している」と答えた。

すでにネット上で指摘されていながら、調査対象になっていない疑義も複数あったが、石井委員長は「今後の調査に関わる」として、理研が把握している疑義の詳細を伏せた。

「ＳＴＡＰ細胞が実はＥＳ細胞なのではないか」という指摘については、竹市センター長が「そういう問題が指摘されることは知っている。素人では判断できない。調査対象になると思うので、理研本部にデータを提供しているが、調査するかは調査委員会の判断になる」、川合理事も「専門家に解析を依頼し、調査委員会で調査すべきか判断しているところだ」と述べた。

ＳＴＡＰ細胞の再現性や存在の真偽にも質問が集中した。

理研は調査を開始した二月中旬、「研究成果に揺るぎはない」と説明していたが、川合理事は「完全に捏造という証拠は（現時点で）見えていないが、当初は少し楽観的に見ていたきらいがある。真偽のほどに研究者コミュニティから疑問が出ており、日々強くなっているのは事実」と見解をやや後退させた。川合理事らによると、理研内の複数の研究者が、弱酸性の溶液に浸して刺激を与えた細胞が変化し、万能性を示す遺伝子の一つ（Ｏｃｔ４）が働くことを確認した。だが、できた細胞がさまざまな細胞に分化する能力を持つかどうかの確認はできていないという。一方、「調査委は研究不正の有無を調べるのが目的」との理由で、ＳＴＡＰ細胞の真偽は調査対象としないことを明らかにした。竹市センター長も「第三者による検証を待つしか、科学的見解はない」とした。

この問題については、丹羽氏もようやく、記事化を前提とした電話取材に応じてくれた。会見場にいた私に代わり、下桐記者が電話をしてくれた。丹羽氏は今後、自身が中心となって検証実験に取り組む意向を明らかにし、「厳密に検証する方法を考えて進めたい」と話したほか、ＥＳ細胞の混入説についても「ＥＳ細胞の混入では胎盤はできず、新しい細胞があることを示している。論文の不備には科学者としての責任を痛感しているが、科学的な現象は別に考えてほしい」と強調した。

一方、主論文の責任著者であるチャールズ・バカンティ米ハーバード大学教授はこの日、「データが誤りであるという証拠がない以上、撤回すべきだとは思わない」としながらも、「重要な決断になるので、共著者全員と協議するつもりだ」とのコメントを発表した。理研には撤回に関する権限はなく、論文の取り扱いは共著者とネイチャーが協議して決める。著者が日米にまたがり、責任著者のバカンティ教授が反対しているとあっては、協議は難航することが予想された。

笹井氏も「論文撤回やむなし」

毎日新聞は、中間報告の発表を三月十五日付朝刊の一面トップで報じた。さらに十五日から十七日付の朝刊で、「激震　STAP細胞」と題した三回の連載を掲載した。

連載の「上」では、ずさんな論文が生み出された内幕を探り、著者間の連携が不十分だったことを指摘した。「中」では「予算獲得に勇み足」の見出しで、「演出」ともとれる理研の当初の記者発表の状況を振り返るとともに、文部科学省が発表前からSTAP論文の情報を把握し、下村博文・文部科学相の指示でSTAP研究への財政支援の検討を始めていたことなどを紹介。「下」の「ネットの検証　高度に」では、論文発表から一週間後には、海外の論文検証サイト「PubPeer（パブピア）」に告発の投稿があり、国内でもネット上で不正の疑義が一気に広がって、新聞など一般メディアが後追いした経緯をまとめた。

この間、論文撤回に関する著者らの意向を巡る複数の報道の確認や、連載の内容に関する問い合わせで、笹井氏とはたびたびメールのやりとりがあった。一部の報道では、小保方氏の研究室のパステルカラーの壁や割烹着が、笹井氏と小保方氏の記者会見用の「演出」で、研究室の壁は一カ月前に準備され、割烹着も「思いつき」だと書かれていたほか、一年ほど前から広告代理店が入って広報戦略のアドバイスをしていたという記事もあったが、笹井氏はいずれも否定した。

笹井氏によれば、割烹着は小保方氏が普段から実験で使っており、記者会見の日に着るかどうかは知らなかったという。また、壁の色は研究室主宰者に任せられており、小保方研のように部屋の機能別に色を分けたラボは、欧州では時々みられるという。ただし、iPS細胞との比較の仕方に問題があったという指摘には、笹井氏も「反省すべき点が多々あったと思う」と認めた。

八田記者や大阪の根本記者の取材でも「演出」といううわさの真偽が見えてきた。私たちは笹井氏の回答に留意しつつ、各方面に取材した内容に基づき、連載の内容や一つひとつの表現を慎重に吟味して原稿をまとめた。

一方、論文撤回についての笹井氏の見解や説明は、一週間の間にも微妙に変遷していった。理研の会見があった三月十四日早朝のメールでは、「今回のような場合の最終合意形成は、時間がかかると思います」としたうえで、「正直、事態の展開についてゆけないほど、めまぐるしさに困惑しています」と明かし、同日朝刊で笹井氏と小保方氏が撤回に同意したと報じた他紙の記事については、「正確ではない」として、次のように説明した。

――撤回の是非についてハーバード大学を含めて議論しているのは確かだが、「すべてはまだ相対的」であり、どんな場合に撤回すべきかは立場によって違う。ネイチャー側からは十三日、「撤回は今後の立証をほとんど不可能にするので、くれぐれも慎重に」という忠告を受けた。笹井氏はSTAP論文には支援する立場で参加したため、複数の共著者が撤回を主張するなら反対しないが、バカンティ氏のような主要著者の思いがもっと深いのは理解できる。小保方氏は両者の「板挟み」だが、いま現在、決断したかどうかは把握していない。

欧米の研究者にとって、根幹の部分で結論が間違っているのが見つかったか、世の中で一定の期間が過ぎても全く再現されないか、どちらかのケースに該当する場合以外、考えられないということだ――。

そのうえで笹井氏はこう述べた。

でも、私自身は、そんななかで小保方さんや研究所の若手にこれからも受けるべき分を越えたマイナスが続くなら、純粋に political（※政治的）な理由での retraction（※撤回）もやむを得ないというセンターとしての思いもあります。

責任著者、そしてCDBの副センター長でもある笹井氏の苦しい胸の内がうかがえた。翌日のメールでは、「撤回やむなし」という心境が初めて示された。

今回の論文、特にアーティクルに関しては、STAP細胞の本質的な性質の解析であるテラトーマの実験で、画像の取り違いという重大なミスがありました。いくら良く似たデータであっても、論文全体への信頼性 credibility の失墜は否めません。たとえ、論文の中心的な結論を大きく変えるものでなくても、世界的な最高水準の正確さを期待される理研の論文として、特に「大きな結論を主張する論文」として、不適であると言わざるを得ません。私もいろいろと思いを重ねましたが、今、冷静に考えれば、竹市先生の勧告のように潔く retraction（※撤回）することは、適切な判断だと思います。したがって、今の私の思いは、昨日の謝罪声明そのものです。

さらに同日夕方のメールでは、撤回に同意する別の理由として「STAPの真偽がここまで大きな命題である以上、一点の曇りもない立証を最初からできる体制と心づもりが必要とされると思うからです」と述べ、撤回後の、第三者が立ち会う再現実験の実施への期待をにじませた。

「小保方さんは少しおしゃれなだけで普通の女性です」

メールの最後には、心情を吐露する言葉もあった。「調査委員会が終わるまでなかなか何も発言できないもどかしさ」がこの一カ月間ずっとあったこと、笹井氏を「黒幕」とする記事が増え、ネット上でも笹井氏の研究室の論文について「あら探しをするという宣言も出てきた」ことに触れ、こう続けた。「ラボのメンバーも本当に困惑していると思います。気に入らない私の研究者生命を絶ちたい人たちが多くいるのでしょうか」。

一連のメールでは、研究室のメンバーや家族、ＣＤＢの若い研究リーダーへの精神的負担を心配する言葉と共に、再び小保方氏をかばい、気遣う言葉もみられた。ＣＤＢの国際広報室によれば、小保方氏は休養中で、理研の会見でも石井調査委員長が「精神状態があまりよくないと聞いている」と発言していた。小保方氏の状況を問い合わせた際の笹井氏の返信にはこう書かれていた。

小保方さんは、少しおしゃれなだけで普通の女性です。もともと特に目立ちたがり屋でもなく、みな言っていたように実験好きのハードワーカーでした。最初の二週間の賞賛の時期を含め、ずっと巨大なストレスとパパラッチと休みなく闘っておられ、はや一カ月半です。さすがに限界であるのは、人間なら、当然でしょう。

それにしても、笹井氏とこうした内容のやりとりをするなど、STAP論文の発表直後には予想もしなかった事態である。

私にとって笹井氏はそれまで、優れた研究成果を出してきたトップサイエンティストであると同時に、会えばいつも基礎科学の魅力を関西弁で生き生きと語ってくれ、科学取材の醍醐味を感じさせてくれる研究者の一人だった。一方、三月十日時点での小保方氏の博士論文との画像酷似問題の軽視や、若山氏への「説得」、さらに過剰なまでの小保方氏の擁護——といった態度には、戸惑いと疑問を感じずにはいられなかった。笹井氏への信頼が揺らぎつつある中でメールでの取材を重ねることに、心苦しさも覚えた。

しかし今、笹井氏が言っていた「負の連鎖」を止めるすべはなく、記者である以上、たとえ笹井氏にとって不利になる内容であっても、取材や報道を止めるという選択肢もなかった。

私は、笹井氏へのメールで、多忙な中での返信への感謝の言葉と共に、こう書いた。

さまざまな思惑が渦巻いていると思われる今だからこそ、普段以上に冷静に、客観的な事実を積み重ねて記事を作っていきたいと思います。（中略）ですので、今後もこうしたお問い合わせをさせて頂くことがあると思います。大変恐縮ですが、今の状況だからこそ、ご協力頂ければ幸いです。（中略）

今回の事態については、笹井先生もさぞお気落としのことと思います。

さまざまな臆測的な記事が出ていることも、ご心労に輪をかけていることとお察しします。

くれぐれもお身体ご自愛くださいますように。

月並みな言葉でも、せめて、個人として心配している気持ちを伝えたかった。

だが、疑惑の拡大はとどまるところを知らなかった。翌週には、山梨大学の若山研で実施したＳＴＡＰ幹細胞の予備的な解析で「極めて不自然な結果」が出ているという情報が舞い込んできた。それは、後にＳＴＡＰ細胞の存在を根底から揺るがす解析結果の予兆だった。

第四章　STAP研究の原点

植物のカルス細胞と同じように動物も体細胞から初期化できるはずと肉をバラバラにして放置するなど奇妙な実験を繰り返していたハーバードの麻酔医バカンティ氏。STAP細胞の原点は、彼が〇一年に発表した論文にあった。

バカンティ氏が二〇〇一年に発表した論文が原点

「細胞生物学の常識を覆す新たな万能細胞」として世界を驚かせたSTAP細胞は、どのようにして生まれ、一流科学誌ネイチャーで論文発表されるに至ったのか。ここで、時計の針を巻き戻し、研究の経緯を小保方晴子氏の足取りとともに紹介したい。

山中伸弥・京都大学教授がマウスの皮膚細胞にたった四種類の遺伝子を組み込んでiPS細胞を作製したと発表した二〇〇六年八月、チャールズ・バカンティ米ハーバード大学教授の研究室では、STAP細胞作製へとつながる研究がすでに始まっていた。

バカンティ氏は同大学の関連病院、ブリガム・アンド・ウィメンズ病院の麻酔科長。一九八〇年代後半から、麻酔医としての仕事の傍ら、組織工学（ティッシュ・エンジニアリング）の研究を始めた。組織工学とは、細胞と、細胞が育つ足場、成長を促すたんぱく質の三つを組み合わせて、組織の再生を試みる学問だ。バカンティ氏は軟骨を思い通りの形に培養することに成功し、一九九五年、英ＢＢＣ放送の番組でマウスの背中にヒトの耳の形の軟骨を生やした通称「バカンティ・マウス」が紹介されると、一躍世界の注目を集めた。

ＳＴＡＰ研究の源流は、バカンティ氏と弟のマーティン・バカンティ医師らが二〇〇一年に発表した一本の論文にさかのぼる。

「哺乳類の体のおそらくすべての組織には、数日間酸素や栄養の供給が途絶えたり、あるいは八十五℃の高温で煮沸したり、逆にマイナス八十六℃で凍らせたりするなどの過酷な条件にさらしても生き残るごく小さな細胞が休眠状態で存在し、それらは採取した元の組織の細胞に分化する能力がある」と主張する内容だ。バカンティ氏らはこの細胞を「spore-like cells（胞子のような細胞）」と名付けた（ＳＴＡＰ論文の発表直後、バカンティ氏は米カリフォルニア大学デービス校のポール・ノフラー准教授のインタビューに応じ、胞子様細胞とＳＴＡＰ細胞が「同一のものだと信じている」と述べている）。

チャールズ・バカンティ氏

全六ページのこの論文は、酷評されこそすれ、ほとんど顧みられることはなかった。ある研究者は「非常にいい加減で、読むに値しない」と突き放す。二〇一三年に発表されたレビュー論文でも「細胞を分離する方法や細胞表面のマーカー（細胞を検出するための目印）が記されていない」と指摘されている。

東京大学エピゲノム疾患研究センターの白髭克彦教

授は「組織や細胞の写真が張ってあるだけで、中身が真実かどうかを判断できる数値や統計データがどこにもない。細胞の写真も、見えているものが細胞という保証がない。これは論文というよりファンタジーだ」と話す。例えば、論文では、胞子様細胞を採取した元の組織を示す五枚の画像は明らかにイラストだ。通常の論文であれば、実際に採取した臓器の写真を使うという。また、ネット上では、この五枚は、民間企業が発売している医学資料集のCDから無断引用したものだと指摘されている。

しかし、バカンティ氏は、さまざまな細胞に変化する多能性を持つと信じ、組織工学をメーンの研究テーマに据えながら、細々と「胞子様細胞」の研究を続けた。

「スーパーで買ってきた肉から幹細胞を採ろうとしたり、バラバラにした肉をフラスコに入れて二カ月くらい放置して幹細胞が生えてくるのを待ったり……。突拍子もないことをいろいろやっていた。麻酔科は予算が潤沢で、彼には研究用として自由に使えるお金があったようだ」。当時のバカンティ氏をよく知る日本人研究者はそう振り返った。

バカンティ氏らは、胞子様細胞が直径五マイクロメートルほどと「小さい」ことを重要な鍵だとみていた。そこで、バカンティ研究室の小島宏司医師が、内径五十マイクロメートルほどの極細のガラス管に組織の破片を通し、粉砕しながら、小さい細胞を効率よく分離する手法を編み出した。小島氏は二〇〇六年、肺細胞からこの手法で採取した小さな細胞が、既存の万能細胞であるＥＳ細胞によく似た、ボール状の塊を作ることに気付いていたという。

ハーバード大学への留学

二〇〇八年のはじめ頃、一時帰国していた小島氏は、東京・四谷の天ぷら店で開かれた懇親会で、旧知の大和雅之・東京女子医科大学教授から一人の大学院生を紹介される。「ハーバード大の研究室を是非見学したい」と希望する、修士課程二年のその院生こそ、小保方氏だった。

小保方氏は二〇〇六年に早稲田大学理工学部の応用化学科を卒業後、早大大学院に進学。大学の卒業論文で取り組んだテーマは微生物の分離培養方法の開発だったが、進学時に再生医学を希望し、東京女子医大の岡野光夫教授、大和教授の門をたたいた。早大大学院に所属しながら、東京女子医大先端生命医科学研究所で修士課程の研究を進め、ちょうどオープンした早大と東京女子医大の連携研究教育施設で博士課程の研究を進めることが決まっていた。

天ぷら店での小島氏との出会いをきっかけに、小保方氏は二〇〇八年夏、早大の奨学金でハーバード大学医学部への留学を果たす。小島氏は、STAP論文の発表時、ハーバード時代の小保方氏について毎日新聞の取材に応じている。

小島氏によると、ボストンでの生活が始まって一カ月ほど経った頃、バカンティ氏が小保方氏を高く評価する出来事があった。骨髄を使う再生医学などの最新の論文をまとめ、研究室内のミーティングで発表するように、という指示を受けた小保方氏が、「一週間で二百本以上」の論文を読み込み、見事なプレゼンをしたという。

バカンティ氏の指示を受けた小保方氏は「胞子様細胞」の研究に携わることになった。小保方氏は、土日も含めほとんどの時間を研究室で過ごし、合間には再生医学の授業や一流研究者のセミナーを聴講していたという。

「ぜひ彼女の滞在を延長してほしい。彼女は素晴らしい研究者になりつつあるので、共同研究を続けたい」。論文発表直後に記者会見した早大の常田聡教授によると、バカンティ氏から電話で打診されたのは、小保方氏が渡米して数カ月経った頃だった。

当初半年の予定だった留学は、二〇〇九年八月末まで延長された。それも、後半の五カ月分の費用はすべてハーバード大学側が提供するという「破格の待遇」（常田氏）だった。小島氏によると、バカンティ氏は自らブリガム病院の事務に電話で交渉し、小保方氏の雇用やビザを手配。博士号もない学生を雇用するのは無理だと説明する事務のスタッフに、バカンティ氏はただ、「分かっている。だが私は彼女が必要なんだ」と言って電話を切ったという。「翌日、手配が整ったという連絡があり、大変驚いたのを覚えています」（小島氏）。

「人生何年分かにあたる刺激的な出会いの連続でした」

小保方氏は留学生活について、早大のニュースレターに寄せた体験記でこう記している。研究室には当時、同年代の女性が小保方氏を含め四人いて、米映画「チャーリーズ・エンジェル」をもじって「ドクター・バカンティズ・エンジェル」と呼ばれていた。バカンティ氏は、「愛とユーモアにあふれた」人物で、小保方氏にこんな助言を贈ったという。

「皆が憧れる、あらゆる面で成功した人生を送りなさい。すべてを手に入れて幸せになりなさい」

若山氏との出会い

論文発表時の記者会見などによると、極細のガラス管に、マウスのさまざまな組織の破片を通して小さな細胞を分離するという粉砕実験に取り組んでいた小保方氏は、ある日、採れた小さな細胞が培養中に塊を作ることに気付いた。さらに調べると、万能細胞に特有の遺伝子の一つ、Ｏｃｔ４が活発に働いていることが分かったという。「（当初は）大変不安定な実験系で、（Ｏｃｔ４の働きが）出たり出なかったり。周りの人に言っても『間違いだ』というような反応だった」（小保方氏）。

だが、小保方氏は実験を重ね、その細胞が体のさまざまな細胞に分化する能力を持つことをテラトーマ実験などで確認したとして論文をまとめ、著名な米科学誌に投稿した。ところが二〇一〇年春、一度は採用されかけたその論文が不採用となってしまう。

落胆した小保方氏らは、細胞の万能性をより高度な方法で証明する方針を決めた。受精卵にその細胞を注入して仮親マウスの子宮に戻し、全身に注入した細胞由来の体細胞が散らばった「キメラマウス」を作る実験だ。

「世界で一番上手な人に実験してもらって、それでできなかったらあきらめよう」

同年七月、小保方氏は小島氏、大和氏、常田氏とともに、神戸市の理化学研究所発生・再生科学総合研究センター（ＣＤＢ）に赴き、小島氏と大和氏の知人、若山照彦チームリーダー（当時）を訪ねた。若山氏は世界で初めてのクローンマウスを作製したことで知られ、マウス実験では世界トップレベルの技術を誇る。

元々、「失敗を恐れず、他の誰もできないことに挑む」のが若山研のポリシーだ。ハーバード大学の研究者に断わられたと聞いても、若山氏が拒む理由にはならなかった。「面白い。やってみましょう」。

初対面だった小保方氏と実験について打ち合わせた若山氏は、「博士過程三年にしては知識があり、相当、勉強している」と感じたという。

翌月、小保方氏は若山氏との共同研究を開始した。東京女子医大の大和氏の研究室で、小保方氏が骨髄などの体細胞をガラス管に通して小さな細胞を採取し、新幹線で神戸市の若山研まで運ぶと、若山氏がその細胞で実験をする。何度か繰り返したが、キメラマウスはできず、実験は一時中断した。

動物の体細胞から初期化ができるというアイデア

一方、その頃、小さな細胞の出自を巡る、大きな発想の転換があった。バカンティ氏らは当初、胞子様細胞は体内に元々存在する細胞だと考えていた。

ところが、実験の感触は違ったという。

「面白いことに（ガラス管を通す）操作を行うとその細胞は出てくるのに、操作をしないとみられませんでした。操作をすればするほど細胞は増えてきたので、アイソレーション（分離）ではなく、（新たに）できてきているのではないかと考えました」（論文発表時の小保方氏）。

しかも、脳や皮膚、筋肉、軟骨、骨髄など、マウスのあらゆる体細胞を試しても、似たような細胞が採取できたのだという。

八田記者による疑義発覚前の取材によると、留学時代から小保方氏のデータを見ていた東京女子医大の大和氏もまた、細胞がとれる頻度の高さに着目していたという。

大和氏によると、二〇一〇年十二月に米フロリダ州で開かれた学会で、バカンティ氏、小保方氏、大和氏ら関係者が一堂に会した。

「小さな細胞は、組織の中にあったのではなく、新たに作られたんじゃないか」。大和氏が隣のバカンティ氏に尋ねると、「私もそう思う」とバカンティ氏。「間違いなくそうだ」。

小島氏によれば、バカンティ氏はその会合で、翌年春に博士号を取得する予定の小保方氏に、ハーバード大学に博士研究員（ポスドク）として来ないか、と打診したという。

「学会の会場でバカンティ教授は、小保方さんに（ポスドクとして）給料はいくらほしいかと聞きました。彼女は冗談で『月に二万ドル』と言って皆を驚かせていました。しかし教授は真剣な顔で、『ハルコにはそれだけの価値があるし、私が保証するが七年以内には必ずハーバードの教授になれる』と断言したのです」

キメラマウスの「成功」

しかし、キメラマウス実験を実施するには、CDBの若山研にいるのが最も都合がよい。博士となった小保方氏は、二〇一一年四月、ハーバード大学にポスドクとして籍を置きながら、若山研の客員研究員として本格的な共同研究を開始し、時にボストンと神戸を往復しながら研究を続けた。小島氏によれば、渡航費や神戸で滞在する際のホテル代などの費用は、ハーバード大のブリガム病院から支出されていたという。

ガラス管に通すという「刺激」が新たな細胞を生み出していると確信した小保方氏は、細胞に刺激を与える方法を模索し、弱酸性溶液に浸すというより簡便な方法が、最も作製効率が高いことを見出したという。万能細胞に特有の遺伝子の一つ、Ｏｃｔ４が細胞内で働き出すと緑の蛍光を発するよう遺伝子操作したマウスを使い、さらに、おとなのマウスではなく、生後一週間の赤ちゃんマウスの細胞を用いるようになったのも、若山研に来てからだった。

若山氏も、キメラマウスの作製方法を巡り試行錯誤していた。

同年十一月、若山氏は、それまでとは違う作製方法を試みることにした。通常、キメラマウスを作る実験は、バラバラにした細胞を細い針で一個ずつ受精卵に入れていく。だが、バラバラにするのは細胞にとって負担が大きい。そこで、細胞の塊をカッターで四等分し、細胞二十個ほどの小さな塊をそのまま受精卵に入れることにしたのだ。細胞の負担は少ない反面、受精卵に刺す針は太くなるため、下手をすれば受精卵が破裂してしまう。顕微鏡下で受精卵を扱う作業に習熟し、高度なテクニックを持つ若山氏だからこそ採用できた方法だった。

細胞を入れた受精卵を仮親マウスの子宮に移植して約二十日後、仮親マウスの子宮を帝王切開で開けた若山氏が目にしたのは、全身が緑の蛍光を発する複数の胎児だった。緑の蛍光は、注入した細胞由来であることを示す。後にＳＴＡＰ細胞と名付けられる細胞の万能性が証明された——。論文が発表された当初、そう説明された瞬間だった。

「あり得ないことが起きた」と思った若山氏は、傍らで目に涙を浮かべて喜ぶ小保方氏に「おめでとう」と声を掛けながらも、二十日前の作業の一つ一つを懸命に思い返していた。マウスのケージを間違えたのではないか。誤って他の細胞を注入してしまったのではないか。

「ぬか喜びさせては申し訳ない、と思いました。それに二回目以降ができなければ論文にはできないので、いつも一回の成功では喜ばないようにしているんです」

だが、思い当たる節はなく、実験も再び成功した。さらに、キメラマウスの子を自然交配させると二世代目が誕生し、一世代目同様、異常はみられなかった。「一番びっくりしたのは僕かもしれない」と若山氏は振り返る。

簡単にできた幹細胞

キメラマウスの作製後、若山氏は、ＳＴＡＰ細胞の「幹細胞化」にも取り組んだ。ＳＴＡＰ細胞には万能性はあるが、ＥＳ細胞やｉＰＳ細胞のようにほぼ無限に増える自己増殖能がない。若山氏によれば、万能性と増殖能を併せ持つ幹細胞は、小保方氏が若山研に来た当初から作りたいといっていたものだったという。

「小保方さんが作っていて、いつまでもできなくて苦しんでいたので、僕がキメラ実験をやるときに残った細胞で作ったら簡単にできた。初めてキメラが生まれたときの細胞でできたんです」と若山氏は語る。使ったのは、ＥＳ細胞に適した培地で、これにＳＴＡＰ細胞を移して培養すると、ＥＳ細胞によく似た万能細胞（ＳＴＡＰ幹細胞）に変化したのだった。この細胞を使ったキメラマウスも生まれ、ＥＳ細胞と同等の万能性を持つことが確かめられた。

時期は不明だが、ＳＴＡＰ細胞が胎児だけではなく、胎盤にも分化する、という「発見」もあった。ある関係者は、そのときのことを次のように記憶している。

「小保方さんが持ってきた試料を見ると、確かに胎盤が光っているので皆『おおっ』と驚きました。でも、胎児の血液が流れ込んで光っている可能性もあるので、ちゃんと胎盤の切片を作って分析すべきだ、と数人が指摘しました。そうしたら彼女が後から『Ｏｃｔ４－ＧＦＰがポジティブ（陽性）でした』と報告してきたんです」

小保方氏の報告によれば、胎盤の組織でも万能細胞に特有の遺伝子（Ｏｃｔ４）が働き、緑の蛍光を発していたということになる。若山氏は、比較用に、ＥＳ細胞から作ったキメラマウスの胎盤も作り、小保方氏に渡した。だが、その切片の分析結果の報告は受けないまま、山梨大学に移ったという。

二〇一二年三月には、若山氏と小保方氏がそろって西川伸一・CDB副センター長（当時）のもとに研究の相談に訪れ、西川氏はここで、STAP細胞が間違いなくリンパ球からできていることを示すため、リンパ球の一種（T細胞）に特有の遺伝子の痕跡（TCR再構成）がSTAP細胞にあるかどうかを調べるよう助言した。西川氏は論文発表直後の取材で、このとき初めて会った小保方氏について「最初は『普通の子』という印象だったが、仕事はユニークだし、あの年で若山君の研究室を選んでいくところにもバイタリティーを感じた」と語っている。

また、同年五月ごろ、若山氏は、STAP幹細胞とは別の種類の幹細胞を樹立することにも成功した。胎児と胎盤の両方に分化する能力を残したまま自己増殖能を併せ持つ「FI幹細胞」だ。若山氏によれば、研究室内で小保方氏らと議論している中で、「胎盤にも分化する幹細胞を作ったらより研究の価値が高まるんじゃないか」という意見が出たことが樹立のきっかけとなったという。

誰も見ていなかった実験

こうして、STAP研究の主要なデータは、ほとんどが若山研時代に出そろった。だが、若山研の関係者によると、この間、小保方氏がSTAP細胞を作製する様子は、若山氏を含め研究室メンバーの誰も見たことがなかったという。小保方氏は若山研で、できた細胞の万能性を確認するため、マウスの皮下に移植し、さまざまな組織の細胞が詰まったテラトーマと呼ばれる奇形腫を作る実験もしているが、その様子も誰も見ていない。同じ研究室なのになぜ、という疑問がわくが、若山氏によれば、それには二つの事情があったのだという。

一つには、若山研の主な実験は、顕微鏡下で受精卵などを扱うマイクロマニピュレーターという特殊な装置を使うということだ。マニピュレーターが一人一台用意されたメーンの実験室には若山氏の席もあり、メンバーから口頭で生データの報告を受けながら実験を進める。一方、マニピュレーターを使わない小保方氏は、その部屋とは別の、細胞培養装置などが置かれた実験スペースでSTAP細胞の作製をしていた。できた細胞や組織の解析のため、若山研以外の研究室や、共有の実験装置が置かれた部屋に行っていることも多かった。

加えて、研究室に通う時間帯も、小保方氏は他のメンバーと少しずれていた。若山研関係者によると、マニピュレーターでの作業は集中力を要するため、若山氏を含むほとんどのメンバーは午前九時頃出勤し、午前中は実験、午後はデータのまとめや論文執筆などの事務的な作業にあてる日々を送っている。それに対し小保方氏は、夜遅くまで実験することも多かったが、朝の出勤時間は一定ではなく、昼から出てくる日もあったという。

若山研で一人だけ異なる研究テーマを持ち、実験も単独ですることが多かった小保方氏だが、「プログレスリポート」と呼ばれる研究室内の定例の会合には参加していた。最新の実験結果を披露し、今後の研究方針を議論する場だ。

バカンティ研での最初のプレゼンでバカンティ氏の心を摑んだように、ここでも小保方氏は、周囲を圧倒する発表をしていたようだ。会合で最初に発表したときには、「iPS細胞に代わる細胞を作る」と宣言したという。

当時の若山研メンバーの一人は「研究テーマが違うので余計にそう思えるのかもしれないが、データが豊富そうで、プレゼンも説得力があった。他の人とは違うと感じた」、別のメンバーも「実験をすごくやっているように見えた。自分の実験に自信があり、堂々としていた」と話す。

ただし、発表用の資料の作り方は、他の人と少し違っていた。日付もなく、一つひとつの画像の説明も書かれていないことがほとんど。後に不正と認定された博士論文と酷似するテラトーマ画像は、発表用資料でも使われていたが、その際も、実験に使った細胞の由来や具体的な作製方法は一切、記されていなかった。

しかし、若山氏は、小保方氏の発表をほめることはあっても、資料の不備を指摘することはなかった。「それまで見たこともないデータがボーンと出てきて、しかもそれがきれいな写真なので、こんなきれいな写真が出てくるなら、ちゃんとした裏付けがあり、確信を持てるまで何度も実験しているんだろうと思っていました」。

米国特許の仮出願

研究室内の会合に関する関係者への取材を重ねるうちに、小保方氏の意外な一面も浮かんできた。

この会合は非公開の自由な議論の場であり、発表内容について質問や指摘もあるのが普通だ。だが小保方氏は、議論中に突然怒り出すことが時折あったという。「今から思えば、小保方さんが知っているべきことについて指摘されたときが多かったような気がします」とある関係者は話す。

この関係者は、後に若山氏が論文撤回を呼びかける理由の一つとなった、STAP幹細胞に残る遺伝子の痕跡（TCR再構成）に関するやりとりが、特に印象に残っているという。

TCR再構成は、STAP細胞がリンパ球からできたことを示す証拠で、STAP細胞から作ったSTAP幹細胞にも当然、みられるはずだった。二〇一二年の中頃、八株のSTAP幹細胞について研究室のメンバーが調べたが、遺伝子の痕跡はどの株にもみられなかった。

「ところが、小保方さんが翌週にもう一度調べたら、数株でうっすらと痕跡が見えたんです。小保方さんはその結果を、プログレスリポートで発表しました」

若山氏は、STAP細胞を塊のままでなく、ばらばらにしてからSTAP幹細胞に変化させれば、はっきりとした遺伝子の痕跡を持つSTAP幹細胞ができるのでは——とアドバイスした。「そうしたら小保方さんは、『そんな大変なことをできるわけがない』と怒り出したんです」。

ある信頼する研究者にこのエピソードを話したところ、「もしその話が本当なら、小保方氏の研究者としての資質に疑問を感じざるを得ない」という感想が返ってきた。「さまざまな意見や批判を受けとめ、説得力のある証拠や、自分なりの科学的な解釈を提示するのは、研究者の義務のようなもの。一つひとつ答えるということが大事で、怒ってしまうというのはあり得ない。できないならできないで、その理由をロジック（論理）を立てて説明するものだ」。

ともあれ、新たな論文をまとめるためのデータは順調にそろっていった。

二〇一二年四月、英科学誌ネイチャーに、「体細胞を刺激によって初期化し、新たな万能細胞を作製した」とする最初の論文が投稿された。「新たな万能細胞」の名称は「Animal callus cells（動物カルス細胞）」だった。主に小保方氏が執筆してバカンティ氏が校正し、筆頭著者は小保方氏、責任著者はバカンティ氏だった。若山氏や小島氏も共著者に名を連ねた。

だが、論文は不採択に終わる。小保方氏らは、同年六月に米科学誌セル、七月に米科学誌サイエンスと、一流誌ばかりを選んで矢継ぎ早にほぼ同じ内容の論文を投稿するが、いずれも不採択に終わった。

四月二十四日には、ハーバード大学が中心となり、バカンティ氏、小保方氏らを発明者とする米国特許の仮出願もなされた。

特許は産業化の源とされ、例えばiPS細胞についても、研究と並行して激しい特許争奪戦が繰り広げられてきたことは記憶に新しい。

バカンティ氏らが実施した米国の仮出願とは、技術開発の過程で、完成できた部分ごとに書類を米国特許庁に提出すれば、その日が審査の優先日として認められる制度だ。優先日とは、簡単に言えば、競合する内容の出願があったとき、「どちらが先か」を審査する際の基準となる日だ。本出願の内容を他国で権利化する際も、最も早い仮出願の日が優先日と主張できる。明細書など書類一式をそろえた本出願はそれから一年以内にすればよく、権利期間は本出願の日から二十年間となる。完成した部分から優先日を確保するのに都合のよい制度と言える。

「論文の執筆過程で、笹井氏の思い入れは増幅していった」

さて、CDBでは二〇一二年四月下旬、複数の幹部がSTAP細胞研究について知る機会が訪れた。

若山研から倫理委員会に、ヒトの体細胞を刺激によって初期化する、すなわちヒトSTAP細胞の作製に向けた実験の計画が提出されたのだ。小保方氏が委員会に出席し、それまでのマウスでの成果の概要を発表した。いずれも論文発表直後、斎藤広子記者の取材に竹市雅俊CDBセンター長は、「すごく衝撃的な発見だと思ったことは事実だが、キメラマウスを作ったという決定的な証拠があり、一瞬で信用した。疑わなかった」と述べ、私が取材した西川氏も「疑ったことは一度もない。データをみれば明らかだった」と話している。

一方、倫理委員会に出席した外部委員の一人は、小保方氏の表情に、心の奥底の不安を感じ取ったという。

「割烹着を着てテレビに映っていた論文発表時とはかなりイメージが違い、内にこもっていてもがいているという感じでした。科学者は誰しも、『世紀の大発見』をする前は、自分がやっていることが本当かどうか分からず、不安なんです。失敗してどん底に落ち、成功すれば大喜びする。当時の彼女は、ちょうど揺れの底にいるように見えました」

小保方氏にとって二〇一二年は、論文が三度リジェクトされるという試練の年となったが、研究者として独り立ちする大きなチャンスを摑んだ年でもあった。倫理委員会での発表がきっかけとなり、CDBで研究室主宰者（PI）として正式に採用されることになったのだ。

CDBの自己点検調査によると、CDBは同年十月、新たなPIの公募を開始。十一月にあった公募人事に関する非公式の幹部会議で小保方氏の名前が挙がり、西川氏から小保方氏に直接、応募の可能性が打診された。

十二月二十一日、幹部らで構成する人事委員会で、小保方氏の面接が実施され、小保方氏はこれまでの成果を踏まえた今後の研究計画を発表した。キメラマウスの説得力はやはり絶大だった。「全員が感動した」。当時のある幹部はそう振り返る。

人事委員会は、竹市センター長から野依良治理事長に、小保方氏を研究ユニットリーダーに推薦することを内定した。公募には四十七人が応募し、小保方氏を含む五人が採用された。毎日新聞が情報公開請求で入手した小保方氏の推薦書からは、CDBがこの研究に寄せた期待のほどがうかがえる。

「iPSの技術は遺伝子導入によるゲノムの改変を伴うことから癌化などのリスクを排除できていません。（中略）従って、容易に入手できるヒトの体細胞を用いて、卵子の提供やゲノムの改変を伴わない新規の手法の開発が急務であります」

また、小保方氏の採用をきっかけに、STAP研究に強力な助っ人が加わることになった。笹井芳樹グループディレクター（当時）である。

人事委員会で初めてSTAP研究について知った笹井氏は、竹市氏らの依頼で、論文の作成を支援することになった。また、CDBは若手のPIにシニアの研究者二名を助言役（メンター）としてつける仕組みがあり、小保方氏の助言役は、丹羽仁史プロジェクトリーダーと笹井氏が務めることも決まった。

笹井氏は早速、小保方氏とともに論文執筆に取りかかる。もとにしたのは、サイエンスに投稿して不採択となり、小保方氏が改訂を進めていた草稿だったが、その稚拙さに驚いた笹井氏は「火星人の論文かと思った」と関係者に伝えたという。ネイチャーに再投稿する主論文（アーティクル）のたたき台は、わずか一週間後の十二月二十八日に完成。さらにレターと呼ばれる二本目の論文の執筆も着々と進められた。

ある関係者は、「論文執筆過程で、笹井氏の思い入れは増幅していった」と指摘する。二〇一三年二月一日、笹井氏は関係者へのメールで、小保方氏が弱酸性溶液に浸して刺激を与えたリンパ球の変化を顕微鏡下で録画する「ライブイメージング」を実施したことを報告。万能性に特有の遺伝子が活性化し、細胞が緑に光り始め、やがて塊を作っていく様を動画で目の当たりにした笹井氏はメールに「驚くほど高頻度に（変化する細胞が）出現し、感動的でした」と記したという。「彼がメールで『感動的』なんて言ったのは初めてだ」（関係者）。

同年三月、小保方氏は晴れて研究ユニットリーダーに着任した。ただし、小保方研の改装工事は同年十月末まで続き、小保方氏はそれまで笹井研に居候していた。一方、若山氏はすでに山梨大学に転出し、ＣＤＢの非常勤チームリーダーになっていたが、同月末にＣＤＢの研究室を閉じ、拠点を完全に山梨大学に移した。

論文の完成

二本のＳＴＡＰ論文は、小保方氏の着任早々の二〇一三年三月十日にネイチャーに投稿された。ＳＴＡＰ細胞（Stimulus-Triggered Acquisition of Pluripotency＝刺激惹起性多能性獲得細胞）という名称も、このとき初めて使われた。

ＳＴＡＰ細胞の作製方法や基本的な性質をまとめた主論文の「アーティクル」の責任著者は小保方氏とバカンティ氏、胎盤にも分化するＳＴＡＰ細胞の特異な万能性や、ＳＴＡＰ細胞から作った二種類の幹細胞の性質などをまとめた二本目の論文「レター」の責任著者は、小保方氏と若山氏、笹井氏の三人になった。バカンティ研の小島氏や、初期の議論に加わった東京女子医大の大和氏がアーティクル論文で、CDBの丹羽氏が両方の論文で共著者に加わった。

仮出願から一年後の二〇一三年四月二十四日には、米国特許庁への本出願の代わりに国際出願も行われ、笹井氏も発明者に加わった。それに先立つ三月十三日には、二度目の米国仮出願をしている。

特許業務法人津国の小合宗一弁理士によると、国際出願の際には、STAP幹細胞を作製する方法や、STAP細胞が胎盤にも分化する性質などが、発明項目の中に追加された。また、細胞に与える刺激の具体的な内容は、機械的刺激や超音波刺激、化学的暴露、酸素欠乏、放射線、極端な温度、粉砕、浸透圧低下……など多岐にわたった。

笹井氏は、二月上旬の合同取材と翌日の私への補足のメールで、STAP論文の採択に至る経緯を次のように説明している。

まず、小保方氏はCDBで若山氏と本格的に共同研究を始めてから、次のことに挑戦した。

① 万能細胞らしき細胞の出現を解析可能なレベルまで効率化する

② キメラマウスを作製し、本当に万能性を持つことを証明する

「小保方さんと若山さんの凄まじい集中力（と意地）」により、CDBでの約一年間で①②をほぼ完了した。その内容をもとに、二〇一二年春にネイチャーに論文を送ったが、「基本的に、信じてもらえないという反応」で不採択となった。キメラマウスの実験は完璧だったため、小保方氏いわく、「これ以上どうしてよいか分からない」という壁にぶつかった。

その後、西川氏や笹井氏、丹羽氏のアドバイスを受けるようになり、そこからは二つの点での挑戦をした。

③　すでに体内に存在していた幹細胞ではなく、新しく初期化された幹細胞であることの証明

④　STAPという現象が、アーティファクト（実験の手違いや他の現象の見間違えなど）でないというだめ押し

この後の経過については、笹井氏からのメールをそのまま引用しよう。

これ（③④）を、若山研以外のCDBの研究環境も最大限活かしながら、後半は私のラボでも実験しながら、二〇一三年三月に全く新たに生まれ変わった論文に仕上げた訳です。これは、一年前の論文の書き換えではなく、まったく一から書き直しました（こうした大きな論文をまとめる訓練を受けたことがなかったので、書き方は私が細かくご指導しましたが、論文の筋のアイデアはあくまで彼女自身のものです）。しかも、前回と違い、今回は二報分（※二本分）のネイチャーの論文としてです。これでもrejection（※不採択）から一年弱ですので、これまた小保方さんの研究集中力の凄まじさが判ると思います。もちろん、これは、CDBならではの研究環境が助けになったとは思います。

（中略）④は細かいことはいろいろありますが、大きな例で言えば、胎盤への分化能があることを見いだし、証明したことです。これはES細胞などのコンタミ（※混入）では

絶対にあり得ず、ＳＴＡＰが極めて独自の現象であることを如実にしめしました。

二〇一三年四月には、厳しいコメントや追加データの要求を受けながらも、なんとかrevise（※改訂）に入り、そこから二〇一三年十二月のaccept（※採択）まで、山のようなreviseのための実験（もう二つくらい普通の論文がかけるほどの量）を、小保方さんは私や丹羽さんとも相談しながら、着実にこなして、三回のreviseを経て、acceptになっています。

かくしてＳＴＡＰ論文は誕生した。その過程は、一人の名もない大学院生の、絵に描いたようなサクセスストーリーでもあった。

発表からわずか五カ月後にその論文が撤回されることになろうとは、関係者の誰一人として予測していなかったに違いない。

第五章　不正認定

「科学史に残るスキャンダルになる」。デスクの言葉を裏付けるように、若山研の解析結果は、他細胞の混入・すり替えの可能性を示唆するものだった。一方、調査委員会は、論文の「改ざん」と「捏造」を認定する。

共著者の誰もが見抜けないということがあるだろうか？

再び、ＳＴＡＰ論文の共著者である若山照彦・山梨大学教授が撤回を呼びかけた二〇一四年三月に時計の針を進めよう。

ＳＴＡＰ関連のニュースは尽きることがなかった。

三月十五日付の日刊スポーツは、小保方晴子・研究ユニットリーダーが博士号を取得した早稲田大学側に二〇一一年の自身の博士論文を取り下げる意向を申し出ていたことを報じ、毎日新聞など各紙は翌十六日付の朝刊でこの内容を報じた。

小保方氏の博士論文のテーマは、マウスの体から採取した幹細胞がさまざまな細胞に変化する可能性を示す内容で、同年に米科学誌ティッシュ・エンジニアリング・パートＡでチャールズ・バカンティ米ハーバード大学教授ら計七人の共著で発表した論文と重なるところが多い。

ちなみにティッシュ誌は組織工学の専門誌で、バカンティ氏も創刊に関わっている。

二月にインターネット上で、ティッシュ誌の論文の遺伝子解析の画像に上下を反転させるなどして使い回した画像があると指摘されたほか、博士論文全体の五分の一にあたる序章の約二十ページが、米国立衛生研究所（ＮＩＨ）のウェブサイトの文章とほぼ同じだったことも分かっていた。

バカンティ氏ら研究チームが、ティッシュ誌の問題の論文について、「画像の重複や誤った配置があった」として複数の画像を訂正していたことも分かり、三月十九日付夕刊で記事にした。


ところで、ネット上ではこの時期、ＳＴＡＰ細胞の真偽に関する論議が盛んだった。私自身は、ＳＴＡＰ細胞論文は撤回すべきと考えていたものの、真偽についてはまだ結論が出せる段階ではなく、むしろＳＴＡＰ細胞は存在する可能性が高いと思っていた。

その理由は、丹羽仁史・ＣＤＢプロジェクトリーダーの説明によるところが大きかった。二月下旬、「ニコニコ動画」の番組で、中武悠樹・慶應義塾大学助教が、ＳＴＡＰ細胞が胎盤にも分化することを明確に裏付けるデータは論文中に示されていない、と指摘していたものの、丹羽氏に問い合わせたところ、「実際に胎盤の切片を見て、ＳＴＡＰ細胞の寄与が確認できた」と回答していた。幹細胞研究のスペシャリストと呼ばれる丹羽氏が、嘘や間違いを言うとは思えなかった。ネット上では全身の細胞に分化するＥＳ細胞と、胎盤組織に分化するＴＳ細胞を混ぜ合わせたのがＳＴＡＰ細胞の正体では、という「推理」もされていたが、丹羽氏はこれも、「二つの細胞を一緒にしても密着した細胞塊はできない」と、否定していた。ここまで両者の見解が違うのは不思議だったが、記者としては判断を保留せざるを得なかった。

ＳＴＡＰ細胞でテラトーマを作製する際に、通常の方法ではできず、細胞増殖の「足場」となる高分子を一緒に移植する必要がある、という点にも真実味を感じていた。ＥＳ細胞から作るのであれば、わざわざそんな細工をする必要がないはずだ。

元々体内にあったごくわずかな多能性幹細胞を採取した可能性も考えてみたが、丹羽氏が言うように、ＳＴＡＰ細胞の作製効率が高いことから、その可能性も薄いように思われた。

また、論文の中身とは関係ないが、共著者の笹井氏、丹羽氏、若山氏は、すでに研究者として高い評価と信頼を得ている。捏造に加担するなどという危ない橋を渡るとは到底、思えなかった。もし彼らの知らないところで捏造行為があったとしても、一連の研究過程や論文執筆過程で、共著者の誰も見抜けないなどということがあるだろうか？

私は思いきって、ＣＤＢの竹市雅俊センター長にメールで問い合わせることにした。

竹市氏には、かつて大阪科学環境部に所属していたときにインタビューしたことがあった。竹市氏は、細胞同士を接着させているカドヘリンという物質を発見したことで世界的に知られ、ノーベル賞候補とも目されている。笹井氏同様に、基礎科学を心から愛する様子が話しぶりから伝わってきて、思い出に残る楽しい取材となった。

小保方氏がリーダーを務めるＣＤＢの「細胞リプログラミング研究ユニット」は、「センター長戦略プログラム」だ。竹市氏は、採用の際やその後も、進捗状況などを知りうる立場にあったはずだった。今回の問題発覚後、生データを竹市氏自らが確認したという関係者の話も聞いており、今回の論文に示された実験結果の生データや論文発表までの過程だけを材料にしたとき、一科学者としてどういうジャッジをしているのかを聞きたかった。私は、こうした内容を率直に書いて意見を求めた。

質問はもう一つあった。小保方氏の実験ノートについてだ。

理研の記者会見では、小保方氏がノート管理に関する理研のルールを順守していたかどうかについて、竹市氏は「確認していない」と述べた。一方、会見で説明されたように、「取り違えた画像」の正しい画像や生データが、すでに調査委やネイチャーに提出されているのが本当なら、データそのものは確かに存在するのだろう。私は、小保方氏の実験ノートは、一部存在しないか、必要な記述が欠けているなど、記録の付けかたも過去のノートの管理もずさんだったのではないかと想像していた。

論文発表当初、誰もが手放しで賞賛していた小保方氏の「真摯な研究姿勢」や「実験能力の高さ」と、論文のずさんさとのギャップがあまりに大きくて戸惑うが、もしかしたら彼女は、本当に実験が大好きで、実験能力も高いのかもしれない。しかし、必要なトレーニングを受けておらず、倫理観も乏しいために、ノートをしっかりつけて管理することができなかったのではないか——。メールには、こうした推測とともに、実態を教えてほしいと書いた。

おそらく最も多忙な日々を過ごしているはずの竹市氏だったが、約二時間後に簡潔な返信をくれた。STAP細胞に関する私の考え方については「深い科学的な考察をしていただいており、論理的に正しいと思います。ただ理屈は正しくても、実験によって再現されないと確証は得られません。これが実験科学者の態度です」とあった。竹市氏は記者会見でも、「第三者による検証を待つしか、科学的見解は出せない」と述べており、その方針は一貫しているのだろう。

実験ノートについては、こう書かれていた。「調査委員会はノートについても調査しておられると思います。個々の実験の生データは膨大で、時間をかけて詳細に検査しないと何かが確認できることはありません。したがって、ノートを中途半端にみるようなことは致しません。All or noneです」。残念ながら、小保方氏の実験ノートが実際にどうだったのかは、読み取れなかった。

メールの最後には、「問題が落ち着き、ゆっくりお話しができる機会が訪れることを楽しみにしています」という言葉も添えられていた。それがいつになるのかは分からなかったが、竹市氏の心の余裕が感じられ、何となくほっとした。

丹羽氏はミスリードしている？

一方、同じ頃、状況を問い合わせていたCDBをよく知る研究者からは、こんなメールをもらった。

ＳＴＡＰ細胞の存在は、唯一、論文によって担保されており、その信憑性が疑われている状況においては、存在についても極めて疑わしいと考えるべきだと思います。丹羽先生が実際にはＳＴＡＰ現象について再現できたと判断できる証拠を何も持っていないにも関わらず、自分は再現できると信じているといった情報を発信している事も混乱の一因になっていると思います。

メールには、「ＣＤＢでは笹井先生の力が強くなり過ぎ、誰も意見出来なかった」「丹羽先生も笹井先生に追随し、状況に拍車をかけた」という言葉もあった。後日、直接会って話を聞くと、研究者は論文の疑義に対する笹井氏や丹羽氏の対応に、憤りを感じているようだった。

丹羽氏が主張する「ＳＴＡＰ細胞の胎盤への分化」と「ＥＳ細胞とＴＳ細胞は接着しない」という二点についての見解を聞くと、研究者は「丹羽先生は胎盤への分化を組織切片で確認したと言っているが、論文で示されたデータではない。それにＥＳ細胞とＴＳ細胞は、ちゃんと混ざるし一つの細胞塊になりますよ。丹羽先生はとにかく『信じている』の一点張りなんです」と答えた。

「丹羽先生がそこまでＳＴＡＰの存在を主張するメリットは何なのでしょうか」

「ＳＴＡＰで研究費をとってプロジェクトを進めたいからではないでしょうか。笹井先生という有力な研究者と一緒にプロジェクトを進めることは、ＣＤＢ内での立場を固めるうえで有利です」

「仮に、ＳＴＡＰ細胞が捏造だったとして、笹井先生や丹羽先生はどこまで気付いていたんでしょうね」

「二人とも投稿時にはさすがに気付いていないでしょう。特に笹井先生は、さすがに気付いていたら出さない」

研究者はこれまで、笹井氏を科学者として尊敬していたという。「特に論文はライティングのお手本みたいで、必ず読んでいました。しかし今回の論文はアラが多い。図表だけでなく、文章にも明らかな間違いがあります」。

関係者の言葉を聞き、丹羽氏に直接インタビューしたい気持ちが高まったが、応じてもらえそうもなかった。取材のやりとりの中で、本人からこんなメールが来ていたからだ。

私が今何を発言すべきか、昨日来いろいろ考えたのですが、もはや何も語らずに検証実験に専念したいと思うようになってきました。

ここで発言をして、その事に対してマスコミの注目や科学界の議論を起こすよりも、黙々と実験できた方が私の性に合います。

四カ月後か一年後に検証実験の結果を公表する際には全てお話しします。


どうやら、「検証実験」の計画が近く発表されるらしかった。私は悩みつつも、八田浩輔記者とともに、三月二十日付朝刊の科学面のメーン記事「STAP疑惑　不正かミスか」で、論文調査の焦点をまとめた。真偽論争については、STAP細胞の作製からキメラマウス実験などによる万能性の証明までの一連の再現実験に少なくとも三カ月かかるという見通しを示し、「決着は当分先になりそうだ」と書いた。

バカンティ氏による謎の作製方法公開

三月二十日には、責任著者の一人、チャールズ・バカンティ米ハーバード大学教授の研究室のウェブサイトに、STAP細胞の独自の作製方法が公開された。論文や理研が発表した作製方法では、元になる体細胞を弱酸性溶液に浸して刺激を与えるが、発表された「改良版」では、その前に極細のガラス管に細胞を通して物理的な刺激も加えるという。わずか四ページで、著者名も記されていない。

ある研究者に感想を聞くと、「意図がよく分からないですね」と首をかしげ、「ガラス管を通すことでどう違ってくるのかというデータが全くないので、かなり疑わしいし、科学的な評価もしようがない。トレーニングを受けている科学者なら、ガラス管を通す場合と通さない場合とで比較できるデータを並べるとかするんだけど、それができていない。小保方さんが言われていたのと同様、彼らも『未熟』と言われても仕方がない」と話した。

論文の手法を否定するかのようなバカンティ氏らの作製方法の公開は、ある意味で問題の深刻さを浮き彫りにした出来事でもあった。

「昨日から、これは科学史に残るスキャンダルになる気がしてきました」

永山悦子デスクは翌日、取材班に向けたメールでこう書いたが、私も同感だった。

若山研による解析結果

そんなある日、取材先から不穏なメールが送られてきた。

「大きな情報を摑まれましたか？　若山研の結果はもう出たようです」

「若山研の結果」とは何だろうか。若山氏が保管する「ＳＴＡＰ幹細胞」の第三者機関での解析結果が出るのにはまだ早すぎるはずだが……。続いて同じ人物から「結果は限りなくクロに近いようだ」という情報も入ってきた。もしや、すでにネット上で可能性が指摘されているＥＳ細胞の混入を示唆する結果なのだろうか。だとしたら大変なニュースになる。取材班の緊張は一気に高まった。

すぐに若山氏に問い合わせたが、所属する山梨大学の強い意向で、もう取材対応はできない、という返事があった。取材の電話が殺到し、大学の広報が混乱するなどの悪影響があったうえ、理研時代の仕事にもかかわらず山梨大学の名前が出ることに大学側が困惑しており、「研究者には答える義務がある」という若山氏の主張はついに通らなくなったという。「若山先生が内々に結果を各方面に伝えたら、すごいプレッシャーをかけられたようだ」という噂話も聞こえてきた。

取材を進めるうちに、問題の解析は、第三者機関へＳＴＡＰ幹細胞を送る前に若山研で実施した簡易的な遺伝子解析であることが分かった。内容もほぼ摑み、記事化まであと一歩のところだった三月二十五日夜にＮＨＫが報じ、残念ながらスクープにはならなかったが、翌二十六日付朝刊で報じた。

結果はこうだった。ＳＴＡＰ細胞から樹立したＳＴＡＰ幹細胞のうち八株について簡易的な遺伝子解析をしたところ、二株について、ＳＴＡＰ細胞作製に使ったはずのマウスと異なる系統の遺伝子型が検出されたのだ。

実験に使うマウスにはさまざまな系統があり、細胞の遺伝子型を調べれば、どの系統か特定できる。例えば、ある赤ちゃんマウスの細胞からＳＴＡＰ細胞を作り、さらにそのＳＴＡＰ細胞からＳＴＡＰ幹細胞を樹立したとしよう。ＳＴＡＰ細胞とＳＴＡＰ幹細胞は、いずれも元の赤ちゃんマウスと同じ系統の遺伝子型を持つはずだ。

問題の二株では、元の赤ちゃんマウスは「１２９」という系統だったはずだが、一株からは「Ｂ６」という系統、もう一株からは「１２９」と「Ｂ６」の二つの系統のマウスを交配させて生まれたマウスの遺伝子型が検出されたという。（後に第三者機関で詳細な解析をしたところ、一株目も二株目と同じ「１２９」と「Ｂ６」の交配マウス由来だったと分かった。）

若山氏へのそれまでの取材によると、ＳＴＡＰ細胞の作製に使う赤ちゃんマウスは、若山研で飼育され、若山氏や若山研のスタッフから小保方氏に渡された。小保方氏が赤ちゃんマウスから脾臓のリンパ球を採取し、弱酸性溶液に浸して刺激を与えて約一週間培養すると、「STAP細胞」ができた。ただし、あくまで小保方氏の申告によって若山氏がそう認識していたということだ。そして今度は、若山氏が小保方氏から「STAP細胞」を受け取り、キメラマウスを作製したり、STAP幹細胞を樹立したりした。

STAP細胞は長期培養ができず、少なくとも若山研には、過去に作製した細胞は残っていない。当時のSTAP細胞そのものを調べることはできないが、同じ遺伝子型を持つはずのSTAP幹細胞が元の赤ちゃんマウスと異なる系統だったということは、STAP細胞の作製過程か、STAP幹細胞の樹立過程で、他の万能細胞が誤って混入したか、すり替えられた可能性が高まる。

しかし、今回の解析結果だけからは、混入したかもしれない万能細胞が、ES細胞だったのかどうかまでは分からない。CDBの竹市センター長も、「まだ予備的な解析の段階であるため、詳細な検証を若山教授と協力して進めていく」というコメントを出した。真相解明には第三者機関の解析結果を待つしかなさそうだったが、研究の信頼性やSTAP細胞の存在に疑問を投げかける結果であることは間違いなかった。

極秘研究の弊害

事態が深刻さを増す中、私たちは状況の進展を追いつつも、「STAP細胞の真偽」と「STAP問題の背景」について、多方面に取材を進めた。後者については、匿名で取材に応じてくれたＣＤＢのあるＰＩ（研究室主宰者）の話は興味深かった。
「ＳＴＡＰ研究はＣＤＢ内でも極秘のプロジェクトだった」とＰＩは語った。ＰＩによると、小保方氏が若山研の客員研究員だった頃は彼女の存在や研究の内容は「誰も知らなかった」。若山氏によるキメラマウスの作製後、幹部の知るところとなったが、万能性の確実な根拠となるキメラマウスができていることで、「皆がびっくりして完全に信じた」という。

若山研の解析結果

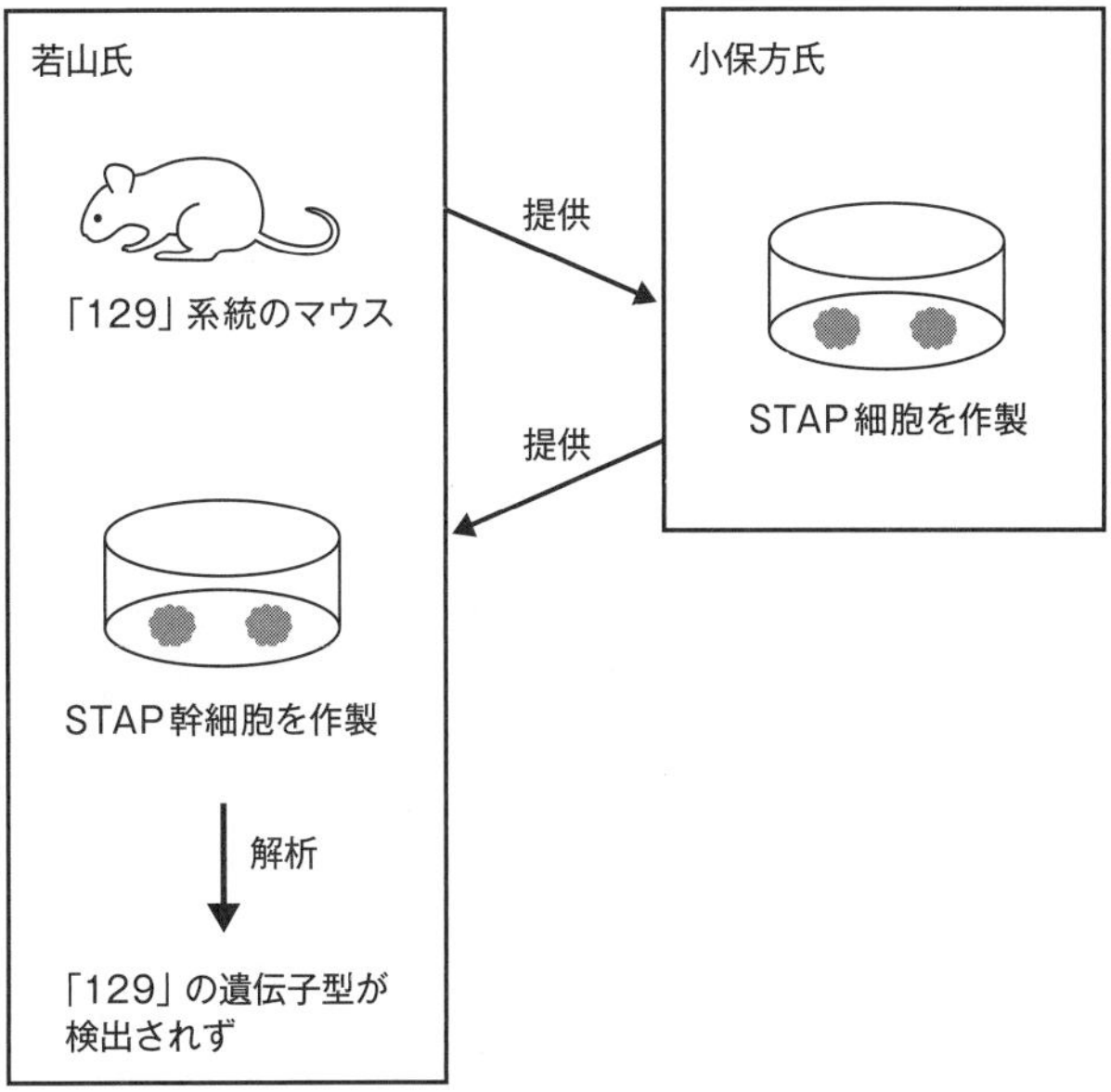

しかし、小保方氏は研究ユニットリーダーに決まった後も、他のＰＩは誰もが発表する機会のあるＣＤＢ内部の定例セミナーで一度も登壇せず、二〇一四年二月に予定されていた発表も、論文の疑義が出たために流れてしまった。
なぜ、ＳＴＡＰ研究は極秘になったのか。ＰＩはそれが、笹井氏の方針だったとみていた。
「とにかく極秘にするというのが笹井先生のやり方。共同研究者にすら論文が出るまでは自分のデータを見せない。その悪い面が出てしまった」

　論文の疑義が浮上した後の主要共著者達の様子も聞くことができた。二月下旬、CDB内で開かれたPI達が集う懇親会で、小保方氏や笹井氏、丹羽氏は、「自信満々」な様子だったという。笹井氏は目を輝かせてSTAP研究の将来性をとうとうと語り、研究者仲間に「一緒にやろう」と声を掛けたという。「その頃、ネット上は疑惑でいっぱいの状態。どうしてあんな自信が出てくるんだろうと不思議だった。科学者は何でも疑う懐疑的な人種で、丹羽先生や笹井先生はその最たる人たち。それなのに手放しで信じてしまっていて、一種洗脳されているようにも感じられた」。

　一方で、笹井氏を弁護し、心配する言葉もあった。「『黒幕』なんて言われているが、そう腹黒い人ではなく、ある意味で被害者の一人だ。こんなことでつまずいたらもったいない。もっと理研の対応が早ければ、笹井先生もここまで傷付くことはなかった」。

　東京で記者発表された理研調査委員会の中間報告は、CDB内部でも中継され、多くの研究者達がリアルタイムで視聴した。笹井氏も、最前列の真ん中の席で、会見の模様を見守ったという。「後ろから見ただけだが、だいぶやせたんじゃないか。心労は計り知れない。プライドの高い笹井先生にとって、今回のことはちょっとダメージが大きすぎるのでは」。

　八田記者が取材した、CDBの創設にかかわったある研究者も、「STAPの件は発表前からすごく閉鎖的だった。笹井、小保方、若山、丹羽だけで極秘に進めていた」と話した。「ネタがネタだけに、（競争の激しい）幹細胞分野ではある程度仕方がない面もあるのかもしれないが、CDBらしくない」。

　この研究者によれば、CDBは本来、研究室間の壁がなく、風通しがいい「理想的な環境」

だった。年に一回のリトリートという会議ではPIが各自の研究内容を発表し、「どこで何をやっているのかを把握できた」。若手の積極登用も成功してきたという。

「極秘研究」の弊害は何か。「内輪だけでやると客観的な評価が固まらない。学会で発表していれば、あるいはCDBの中でのセミナーに出ていれば、そこで反論や矛盾点をつかれ、もまれる。その機会がなかったのはある意味で不幸なことだった」。

研究者は、小保方氏のことを論文発表まで知らなかったという。「（指導的役割を果たす）メンター達は彼女を高く評価していたという。でもメンター以外の評価は聞いていますか？　CDBのポスドク（博士研究員）に聞けば必ずしも評価は高くない。CDBの他の若手リーダーほどの評判はなかった」。

「STAP細胞の真偽」に関しては、当初信じていた研究者たちも、急速に懐疑的になっている様子だった。笹井氏の「秘密主義」について語ってくれたPIは、「笹井先生は、四人くらいが再現できていると話していたようだが、たぶん光る細胞レベルの話だろう」。八田記者が取材した京都大学の関係者は、「今さらだけど（STAP細胞は）やはりES細胞ではないか、という疑いが自分の中で強くなってきた。そもそも小保方さんらが作ったとされる（STAP細胞由来の）キメラマウスが生きていれば、STAP細胞の証明になり、疑いは晴れるのに、それを出せないでいる。出てこない時点でおかしい」と語った。

「私の研究者人生に大きな打撃」

三月下旬、当初は四月中旬ごろと予想されていた調査委員会の調査結果が、思いのほか早く出そうだという話が聞こえてきた。私は、約二週間ぶりに笹井氏に問い合わせのメールを送り、若山研によるSTAP幹細胞の簡易解析や、バカンティ氏らによるSTAP細胞作製方法の公開について見解を聞いた。質問の後に、こう記した。

記者として幾つかの看過できない疑問があり、やはり笹井先生に直接、詳しいお話を伺えればと思っております。
また、研究とは直接は関係のないことかもしれませんが、笹井先生が現在も小保方さんを深く信頼されているのでしたら、その根拠をより詳しく伺いたいと思っています。
私のような若輩者が差し出がましいことを申し上げるのは大変恐縮ですが、客観的状況やこれまでの取材内容に鑑みますと、このままではSTAP細胞問題は、笹井先生の今後の研究者人生に大きな悪影響を及ぼしてしまうのではと危惧しております。

二日後の深夜、帰宅してメールチェックをすると、笹井氏から長文の返信がきていた。
笹井氏はまず、STAP幹細胞の簡易解析について「私はよく存じませんが」と断った上で、「もともとSTAPの研究を多様な条件で検討していた一つのラボの『プログレスリポート』レベルの齟齬の話であり、論文のような話ではない」と断じ、こう続けた。

断定的に、若山の理解＝正しい（正義）、小保方＝間違い（悪）、という構図を言うのは、あまりにもナンセンスではないでしょうか？　逆も十分あり得ますし、次に必ずやるはずの「キメラ作製」のときに毛色が違うことが明らかになるマウス系統をわざわざ意図的に小保方さんが取り違える意味が全くわかりません。その二人の間の意思疎通の悪さ、ミスコミュニケーションを含め、ラボのdiscussion（※議論）テーブルで話すべきことで、公共放送でこの扱いは全くおかしな話だと思いました。かなり作為的な決めつけや断定が、若山さんなのか、その周囲なのか、メディアなのかわかりませんが、本来の検証の枠を越えた場外乱闘で、ヒールを仕立てているような不気味さを否めません。

「公共放送での扱い」とは、簡易解析の結果を最初に報じたＮＨＫのニュースを指すのだろう。珍しく感情的な文面に少し驚いた。バカンティ版のＳＴＡＰ細胞作製方法についての回答は、要約すると次のような内容だった。

――バカンティ研は元々、ガラス管を通して刺激を与える方法を好んでやってきたが、この方法だと処理できる細胞の量が少ない。小保方氏は細胞を大量に処理できる弱酸性溶液に浸す方法を新しく開発し、それをバカンティ研にも教えていた。バカンティ研は両者を組み合わせた方法を今回発表したが、「組み合わせないとできない」と言っているのではなく、彼らの手では「両者を組み合わせる方がよりうまくいく」というのを示したに過ぎない。

今回のように大きな論文を作成するのには三年ほどかかるが、論文を書き上げるまでには作製方法を統一して全体の実験をまとめる必要がある。簡単に言えば、二〇一四年初頭の論文のための作製方法は「二〇一一年バージョン」であり、バカンティ研でも小保方研でも、改良版を当然検討しているはず。バカンティ研は彼らの「二〇一四年バージョン」を発表したのではないか。優劣は判断しかねるが、それこそ今すぐ小保方氏に両者を試してもらうのが、小保方氏の時間とエネルギーの有益な使い方だと思う。それができないのは非常に残念としか言いようがない――。

そのうえで、笹井氏はこう続けた。

私ができることは、STAPの検証研究（理研内外）に最大限協力することとです。私自身は、自分の研究者の目としてみた確信として、STAP現象そのものはリアルなものを思っています（※原文ママ）。自分の目が確信したものを「ない」ということは、たとえ、自分の実験でなくても、研究者である限り、できません（もしそうするなら、研究者を辞めるときだと思います）。もちろん、実験事実は事実として、その解釈の仕方が別のデータと合わせることで、変わることはありえるでしょうが。

（中略）

中途半端なコメントばかりで、申し訳ございませんが、将来、もう少しオープンに話せるときまでの参考として、お聞き留めいただけますれば幸いです。

メールには追伸もあった。

最後に……

今回の件が、私の研究者人生に大きな打撃を与えたのは、おっしゃる通り、間違いないでしょう。ご心配いただき、申し訳ございません。この先挽回できないかもしれないほどのものかもしれません。

私自身の自己組織化の研究は、自分の研究者としての独自性に立脚して、自分の研究者人生（それがどのくらい、どのような形であるかは、わかりませんが）をかけて、それが尽きるまで「与えられた自分の使命」としてやるべきことを精一杯進めるつもりです。私にとって、自己組織化はＳＴＡＰとは全く別の次元の「生命らしさを表す不思議」であり、使命感をもっております。

一方、ＳＴＡＰの研究は、これまで自分自身の研究外の話として、気持ちを切り離して協力してきました。あくまで、次世代の基礎研究の革新的な萌芽を、論文化し世に問ううえで必要になる「writing（※執筆）面での手伝い」のために、もともと足りない時間を割いてでも、可能な助力をしてきました。その結果の論文で見つかった過誤について、どういった責任を私が負い、どのような負い目を担うべきなのかは、今後の調査委員会のご見解を率直に受けながら、考えてゆきたいと思います。

週刊誌等の理解しがたいゴシップネタですから、私自身は無視していても、いろいろな意味で私自身の研究展開にマイナスに働くこと（研究室の士気や人事も含め）もあるでしょう。正直、この津波のようなドリフト状態を生み出すエネルギーが、いつまでどのように続くのか私には見当もつきませんが、今は、調査に協力し、また出来る範囲で通常の自分の研究を、ラボメンバーを励ましながら胸を張って進めるしか、私のできることはありません。それでも、私の研究が必要ないと言われるなら、その時にそれと向き合って、自分はどうするのかを考えるしかないでしょうが、今は、自分のやるべきことを一日一日踏みしめて行きたいと思います。

疑義発覚後の目まぐるしい展開と連日の関連取材で、疲労がたまっていたせいもあるかもしれない。私はメールを読みながら、涙があふれてくるのを抑えられなかった。無性に悲しくなったのだ。論文には深刻な過誤があり、STAP研究の信頼性はもはや崩れている。この状況で、なおかつ「研究者人生への挽回できないかもしれない打撃」を認識していながら、なぜ笹井氏は、STAP細胞への「確信」をこうまで主張し続けるのだろうか……。私には、笹井氏が出口のない密室に自らを閉じ込めてしまったように思えてならなかった。

画像の切り張りは「改ざん」と認定

調査委員会の最終報告があったのはその三日後の四月一日だった。報告内容の感触を摑むため、東西の科学環境部は総掛かりで取材にあたり、多数の取材メモがメールで飛び交った。

前日の深夜には、不思議な出来事もあった。小保方氏にメールで取材を申し込んでいた大阪の根本毅記者に本人から返信があり、次いで電話でも連絡があったのだ。根本記者によると、小保方氏は「一日以降になるが取材に応じたい」と話した一方、「体調が相当悪い」とも漏らした。だが、直接連絡がとれたのはその一度だけで、後日、根本記者がメールや電話で取材の打ち合わせをしようとしても、返事は一切、なかったという。

東京都内で開かれた記者会見は、午前に調査委員会、午後に理化学研究所本部という二部構成で、報道各社から約二百人が参加した。注目度の大きさに鑑み、会見場には社会部からの応援を含む七人で臨んだ。本社の科学環境部でも、コメント取材などのため五人以上が待機し、当日番デスクも、通常は夕刊・朝刊で一人ずつのところを、それぞれ二人と三人という、異例の手厚い体制だった。

午前の会見では、まず委員長の石井俊輔・理研上席研究員が、次のように結論付ける調査結果を報告した。

小保方氏による二件の研究不正行為があった。若山、笹井両氏については、研究不正行為はなかったものの、その責任は重大である。丹羽氏は、論文作成の遅い段階で研究に参加しており、不正行為は認められなかった。

小保方氏による二件の研究不正行為は、中間報告で調査継続となっていた四件のうち、画像の切り張りと、博士論文中の画像と酷似するテラトーマ画像について認定された。八田記者が会見を聞きながら夕刊一面用の原稿を書いた。まずこの内容を詳しく紹介しよう。

一件目は、「電気泳動」という遺伝子の実験結果で、画像の一部を切り張りした跡が見えるというものだ。電気泳動は、遺伝子情報を担うDNAの複数の断片が混ざったサンプルを、ゲルと呼ばれる寒天中のレーンの端に流し込み、文字通り電気をかけて泳がせる実験だ。短いDNA断片ほど速く、長い断片ほど遅く泳ぐので、断片ごとに泳動距離が違ってくる。そうすると、各DNA断片を示すバンドと呼ばれる横棒が、レーンのところどころに現れ、サンプル中に含まれていたDNAの種類が分かるのだ。同じサンプルでも、寒天の状態や電気のかけ方によってDNAの泳動距離は変化する。だから、基本的に別々のゲル画像を切り張りすることはできないし、仮に切り張りせざるを得ない場合でも、挿入したレーンの両脇に白線を入れるなどして分かるようにするのがルールだ。

実験の目的は、STAP細胞がリンパ球（T細胞）から変化してできたことを示すことだった。T細胞とSTAP細胞のレーンを比較し、T細胞に特有の遺伝子の特徴（TCR再構成）を示すバンドが、STAP細胞のレーンにも現れていれば、STAP細胞がT細胞由来であるという主張の根拠になる。

調査報告によると、小保方氏は、論文に掲載された一枚の画像の元画像として、二枚のゲル画像を調査委に提出した。小保方氏の説明によると、論文に掲載しようとしたゲル1では、T細胞のレーンのバンドが明瞭ではなかったため、もう一方のゲル2の画像からT細胞のレーンのみを切り取って挿入したということだった。調査委が調べると、泳動距離の違いを調節するため、ゲル2のレーンの挿入前に、ゲル1が縦方向に約一・六倍に引き延ばされていることが分かった。TCR再構成を示すバンドの位置が、隣のSTAP細胞のレーンのバンドの位置と合うように挿入されたとみられ、切り張りの跡が見えないよう、コントラストの調整もなされていた。

調査委は、この切り張りが「TCR再構成のバンドを綺麗に見せる図を作成したい」という目的で行われたデータの加工であり、目視で位置調整をしたらしき挿入方法も「科学的な考察と手順を踏まないものだった」として、「改ざん」にあたる研究不正と認定した。

笹井氏、若山氏、丹羽氏の三人は論文投稿前、小保方氏から加工済みの画像を示されており、「容易に見抜くことができるものではなかった」ことから、研究不正はなかったと判断された。

テラトーマ画像は「捏造」と認定

二件目は、ＳＴＡＰ細胞の万能性を証明するテラトーマ（奇形腫）実験などの画像四枚が、小保方氏の博士論文（二〇一一年）中の画像と酷似していたという問題だ。中間報告でも説明されたとおり、調査開始から間もない二月二十日、笹井氏と小保方氏から、画像を取り違えたため正しい画像に訂正したいと申し出があった。笹井氏によれば、「正しい」テラトーマ画像は、二〇一二年七月に得られた画像があるものの、申し出の前日に小保方氏に撮り直させたという。その後、博士論文との酷似が判明したが、小保方氏と笹井氏は、「博士論文のデータでも投稿論文に使用できると理解していたため、申告しなかった」と釈明したという。

博士論文はマウスの骨髄細胞を極細のガラス管に通して得られた細胞を用いており、脾臓のリンパ球を弱酸性溶液に浸してできたＳＴＡＰ細胞を使ったとするＳＴＡＰ細胞論文とは、実験内容が全く異なる。小保方氏は「実験条件の違いを十分に認識しておらず、単純に間違えて使ってしまった」と説明したという。

調査委員会がＳＴＡＰ論文の問題の画像四枚を分析すると、博士論文から直接転載したのではなく、別の資料の画像をコピーして使ったことが分かった。また、同じ画像は、小保方氏らが二〇一二年四月に英科学誌ネイチャーに投稿し、不採択に終わった論文中でも使われていた。驚いたことに、不採択の論文中に掲載された、問題の四枚を含む九枚の画像――試験管内でさまざまな組織の細胞に分化させる実験の画像（三枚）と、二種類の方法で染色したテラトーマ実験の画像（計六枚）――は、いずれも博士論文中の画像と酷似していた。

つまり、小保方氏は、最初の投稿時ですでに博士論文と酷似する九枚を「取り違え」て使っており、さらに二〇一三年三月にネイチャーに再投稿する際には、九枚中五枚を差し替えていたわけだが、小保方氏は「差し替えの際も画像の取り違えに気付かなかった」と説明したという。

また、小保方氏の実験ノートは三年間で二冊しか存在せず、記述も不十分だったため、これらの画像データの由来を科学的に追跡することはできなかった。

調査委員会は、テラトーマ画像がＳＴＡＰ細胞の万能性を示す極めて重要なデータであり、小保方氏の行為は「データの信頼性を根本から壊すものであり、その危険性を認識しながらなされたものであると言わざるを得ない」として、「捏造」にあたる研究不正と認定した。

テラトーマ実験は、小保方氏が若山研にいた当時に実施されており、調査委員会は、研究室主宰者であり、共同研究者でもある若山氏と、論文執筆を指導した笹井氏について、「データの正当性や正確性、管理について注意を払わなかった」ために結果的にこのような捏造を許したとして、「責任は重大」と指摘した。

ずさんな研究実態

調査継続だった四件のうち、不正ではないと認定された二件についても、その理由を簡単に説明しよう。

二件はいずれも、実験手法に関する記述の約二百語に関する問題で、一件はその部分が二〇〇五年のドイツの研究チームの論文の記述と同じで、盗用の疑いがもたれたこと、もう一件は笹井氏と若山氏から、記述の後半部分が実際の実験手法と異なっていたという申し出を受けたことだった。

一件目については、執筆した小保方氏が、「詳しい文章を参考にしたが、出典を記載し忘れた。元の文章は持っておらず、出典も覚えていない」と説明。二件目については、若山氏が、この実験は若山研のスタッフにより実施され、記述と異なっていた部分の実験の詳細を「小保方氏は知らなかった」と説明したという。

調査委員会は、出典を記載せずに他の論文をコピーすることは「あってはならない」としながらも、論文中で他の四十一カ所の引用論文の出典は明記しており、出典がないまま引用したのはこの部分のみであること、さらに実験の手法やコピーした文章の内容がごく一般的であることから、「出典を忘れた」という小保方氏の主張に「一応の合理性が認められる」とした。二件目についても、小保方氏が、記述が正しいかどうかを若山氏やスタッフに確認せず、共著者も十分に確認しなかったために誤った記述になったと認め、二件とも「小保方氏の過失によって引き起こされたもので、研究不正とは認められない」と結論付けた。

不正と認定された二件の画像は、ＳＴＡＰ細胞の万能性や由来を示す、論文の根幹をなす実験の結果だ。質疑応答では「調査委員会としてＳＴＡＰ細胞の存在に疑いがあると認識しているのか」という質問が出たが、石井委員長は「ＳＴＡＰがあるかどうかについては科学的な研究・探索が必要で、それは調査委のミッションを超える。この調査委員会の目的は不正があったかどうかで、そこは分けて考えてほしい」と答えた。

後に話題となる小保方氏の実験ノートのずさんさも、初めて明らかになった。眞貝《しんかい》洋一委員によると、二〇一〇年十月から二〇一二年七月までの一冊と、それ以降の一冊の計二冊が、CDBを訪問した三月十九日に渡された。二冊しかないのかどうかは把握していないという。正確な日付もないページが多いと言い、石井委員長は「これまで若い研究者数十人を指導してきたが、ここまで内容が断片的だったのは経験がない」「他人がみても分からない記載があり、（ノートをたどって）緻密にデータの由来を確認するのは難しい」と述べた。また、パソコンの提供も求めたが、小保方氏は研究室でデスクトップ型パソコンを使っておらず、ノート型の私物しか持っていなかったため、任意でデータの提出を受けたという。

二月十九日に「撮り直した」というテラトーマについては、腫瘍の塊ではなく、薄くスライスした切片を確認したのだという。眞貝委員は「サンプルがどれだけ残っているか小保方さんに話は聞いた。正確には覚えていないが、テラトーマ自体は残っていないと聞いた」と話した。実験ノートからは、テラトーマ実験を実施したことは読み取れるものの、どの切片に対応するかが分かるような詳細な記載はなかったという。

ネット上で多数の疑義が出ているなかで、調査対象の六件を選んだ理由については、石井委員長が、予備調査の開始段階では三件で、予備調査中にさらに三件増えたことを明かしたものの、「（理研の）事務局から報告を受けて調査した」と述べるにとどまり、委員の渡部惇弁護士は「（調査委員会には）不正の項目を決定する権限はなく、あくまで調査主体は理研だ」と説明した。

小保方氏は調査委員会の結論に反論

午後の記者会見には、石井委員長のほか、野依良治理事長、川合眞紀理事（研究担当）、米倉実理事（コンプライアンス担当）、竹市雅俊CDBセンター長が出席した。

野依理事長は「科学社会の信頼を損ねる事態を引き起こしたことに対し、改めてお詫びを申し上げます」と謝罪し、深々と頭を下げた。不正の原因については「若手研究者の倫理観、経験の不足と、それを補うべき立場の研究者たちの指導力の不足、また両者による相互検証の欠如が不正を引き起こした」と述べ、論文二本のうち不正画像の含まれる主論文の取り下げを勧告すること、懲戒委員会を経て関係者の厳正な処分をすること、検証実験を実施することなど、理事長主導による当面の対応を示した。

配布された資料の中には、調査対象となった主要著者たちのコメントがあった。急いで目を通し、はっとした。小保方氏のコメントが、他の著者と違い、調査委員会の結論に真っ向から反論する内容だったからだ。「驚きと憤りの気持ちでいっぱいです」「このままでは、あたかもSTAP細胞の発見自体がねつ造であると誤解されかねず、到底容認できません」として、研究不正の認定については「『悪意のない間違い』であるにもかかわらず、改ざん、ねつ造と決めつけられたことは、とても承服できません」と綴られていた。近く理研に不服申し立てをする意向だという。

電気泳動の切り張り画像は「見やすい写真を示したいという考え」から掲載したにすぎず、元データをそのまま掲載しても結果は何も変わらない、テラトーマ画像の「取り違え」は「単純なミスであり、不正の目的も悪意もありませんでした」と主張した。

一方、若山氏は「データの正当性、正確性を見抜けなかったことに自責の念を覚えております」、丹羽氏は「心よりお詫び申し上げます」などの短いコメントで、笹井氏は釈明を含む長文のコメントながら、基本的に遺憾と謝罪の意を伝える文面だった。

川合理事は小保方氏のコメントについて「私が報告書を手渡しして解説した。小保方さんは少し動揺していたし、読んだ直後の感想だろうと思う」と述べた。

午前の会見に引き続き、STAP細胞の真偽に関する質問が出たが、石井委員長は「(STAP細胞の有無は)分からない。調査委員会はそこまで判断していない」と強調した。次いで竹市氏が「調査結果から分かるが、すべてのデータが否定されたわけではなく、例えばSTAP細胞からキメラマウスができることへの疑義は提出されていない。STAPがあるかないかは、何の結論も出ていない。ゼロから検証した方が良いということから検証実験を始める」と述べ、検証実験計画の概要を説明した。実施責任者は丹羽氏、総括責任者は相澤慎一・CDB特別顧問で、四月一日からおおむね一年かけ、予算は一千万円以上だという。

置き去りにされる不正検証

質疑応答で次第に浮き彫りになったのは、STAP細胞の有無の検証には積極的に取り組む一方で、論文の検証や過去の試料の解析による不正の全容解明には消極的と思える理研の姿勢だった。

論文では、STAP細胞の万能性を確かめるため、キメラ作製の前にテラトーマ実験を実施していたが、計画の概要書にはテラトーマ実験が含まれていなかった。調査委員会が捏造と判断したのがテラトーマ画像だったことからも、実験は必要だと思われたが、竹市氏は、「この実験は、ＳＴＡＰがあるかどうかを調べるのが最大の目的。キメラマウスの方が（万能性の）証拠として確固たるものだと考えている」、川合理事も「理研の職員が新しい現象を見付けたと発表した以上、真偽をできるだけ早くはっきりさせることは理研の責務だ」と述べた。

「論文で書かれていたことが本当に行われていたのかどうか、キメラマウスの元になった細胞が本当にＳＴＡＰ細胞だったのかどうかなどを、今の調査委員会とは別に、理研が主体的に検証することは重要ではないか」という質問もあったが、竹市氏は「過去にさかのぼって調べることはやれないことはないし、ＣＤＢでもなぜこの問題が起きたのかを検証したいと思っているが、失われてしまった材料では検証できないことが想像される。あいまいな結論を出すよりは、ＳＴＡＰ細胞があるのかを検証した方が早い」と答えた。

調査委員会が調査対象とした六件以外にネット上で指摘されている多数の疑義については、川合理事が「指摘がどれほど確度があるかどうかを調べ、最終的にはご報告できると思う」と述べたものの、具体的な計画は示さなかった。

石井委員長の実験ノートに関する説明や、竹市氏の発言からは、過去の試料の中には失われたものも多く、存在していてもどの実験に対応する試料か追跡できない状況がうかがわれた。ただし、それが本当に調査を妨げるほどの状況なのか、そもそも試料の残存状況を誰がどう調べているのかも判然としなかった。

例えばＳＴＡＰ細胞由来のキメラマウスの組織について、「実験ノートからフォローしないと確認にならず、そういう意味では確認していない」（石井委員長）と言い、ＳＴＡＰ幹細胞は「数は不明だが小保方さんに（あることを）確認した」（竹市氏）というものの、試料の全貌は竹市氏も把握していないという。

記者の数が多い会見では、まず質問であててもらうのが難しい。私も午前の会見では一度もあたらず、午後の会見の後半でやっとチャンスが巡ってきた。まず、実験ノートと照合できるかは別として、小保方氏からＳＴＡＰ細胞由来のキメラマウスや光る胎盤が提供されたのかを尋ねたが、石井委員長は「私たちはそういう聞き方をしていない。確認できるものに絞って確認した」と答えるばかりだった。小保方研究室には一度調査に入り、五～六時間かけて調べたという。

続けて小保方氏の採用の経緯についても聞いた。竹市氏は「公募をして研究テーマを書いてもらい、将来の研究計画についてプレゼンもしてもらい、過去の業績も調べる。すべての過程を行ったが、その時点では問題を感じるようなことはなかった」と述べた。小保方氏については「非常に優れている」と感じたという。

今振り返れば、あの時点で気付くべきだったと思うところはないのだろうか。「残念ながら、そのタイミングはなかった」というのが竹市氏の答えだった。

調査委の中間報告時と同様、小保方氏をはじめ主要著者の姿がないことについては、川合理事がこう説明した。

「調査中は遠慮してもらっていた。理研として（取材対応を）禁止するものではないが、素人の若い女性にとっては尋常じゃない状態になっていたのも事実。心身ともに職員の安全を担保される状況でなければ、出てもらうことは難しいと考えている」

竹市氏によれば、小保方氏は「精神的な問題など」で毎日は出勤しておらず、必要に応じて出勤している状況だという。

会見は、午前・午後合わせて四時間超に及んだ。

「承服できません」

毎日新聞はこの日の模様を、四月一日付夕刊一面トップと翌日の朝刊で大々的に報じた。

朝刊では、一面トップで「崩壊　STAP論文」と題した連載を開始。「密室が生んだ捏造助言役　責任果たさず」の見出しで、STAP研究がCDB内でも異例の極秘研究で進められ、研究チーム以外の批判の目にさらされることなく発表に至った背景を多面的に描いた。

二面では、STAP細胞が存在するかどうかの現状と検証実験計画についてまとめた。弱酸性溶液で刺激を与えた細胞で万能細胞に特有の遺伝子（Oct4）が働き、緑色に光るところまでを理研が再現できているものの、万能性の証明となるテラトーマ実験とキメラマウス実験の再現報告はなく、存在の立証はできていない——というのが現状だった。

比較的大きなスペースを確保できたこの記事の中で、私は永山デスクと相談のうえ、STAP幹細胞の遺伝子に、「分化しきった体細胞からできた」証拠となる目印が見付からなかったという「TCR再構成」の問題についても初めて紹介した。問題が浮上した三月上旬には記事化を見送ったが、その後の取材で、やはり報じるべき問題だという認識に至っていた。

三面では、一面から続く連載記事で、共著者の中に論文中の実験や解析に全く関わっていない「サインだけした」と証言する共著者がいることを紹介した。私が独自取材したこの共著者は、「自分は論文中のデータに一切貢献はしていないし草稿も見ていない。共著者の一人に頼まれて（論文投稿に必要な著者としての）サインをした。それだけ長くディスカッションしていたのだから大丈夫だろうと思ってしまった」と明かした。それまで草稿も見ずに共著者になったことはなかったが、「今回はそれだけ特別な論文なのだろうと思った」。しかし、論文は疑惑だらけになり、「今から思えば迷うべきだったかもしれない」と後悔の言葉を口にした。

ＳＴＡＰ研究の背景に「密室性」があったうえに、十分な検討の機会がないまま発表されたことを指摘した記事はそれまでなく、大きな反響を呼んだ。

同じ面で、理研の「特定国立研究開発法人」指定が先送りになったという記事も掲載された。理研の新法人指定の方針は、ＳＴＡＰ細胞論文の発表翌日というタイミングで、下村博文・文部科学相が明らかにしていた。世界トップレベルの研究成果を生み出すことを狙い、海外からも優秀な人材を確保する柔軟な給与設定ができる制度で、理研と産業技術総合研究所が候補になっていた。

斎藤有香、大場あい両記者の取材によると、ＳＴＡＰ論文疑惑で指定への疑問の声が挙がり、文科省は四月中旬までの閣議決定を目指し、理研に速やかな調査を求めてきた。中間報告から半月という速さで最終報告が公表されたのも、理研の新法人指定を予定通り進めたいという文科省と理研の思惑があった。だが、一日夕、野依理事長と面会した下村文科相は「今月中（の閣議決定）は難しい」と告げた。文科省幹部は取材に対し、「ＳＴＡＰ問題はタイミングが悪すぎる」と吐き捨て、別の幹部も「新法人の制度をつくろうと文科省が汗をかいたのに、最後に経済産業省所管の産総研だけが指定される事態は避けたい」と語気を強めたという。

野依理事長との会談後の記者会見で、下村文科相は「問題が理研の体質的な部分から起きたのか、外部の第三者の有識者による調査をして、新たな法人に該当するかどうかをみたい」と述べた。

社会面では、大阪市内で報道各社の取材に応じた小保方氏の代理人の三木秀夫弁護士が語った内容を、大阪科学環境部の畠山哲郎記者がまとめ、小保方氏のコメント全文も掲載した。

三木弁護士によると、小保方氏は三月三十一日、最終報告について理研から説明を受けたが、概要を聞くうちにみるみる顔が白くなり、「承服できません」と反論したという。「驚きと、怒りと、憤りの感情が見て取れた」と三木弁護士は語った。

論文撤回を巡っては、竹市センター長が中間報告時の記者会見で「撤回を提案すると、小保方さんは心身ともに疲れ切った状態で、うなずくという感じだった。それで了承したと判断した」と説明した。だが、三木弁護士は「本人に撤回の意向はない。再現できないという指摘についても「結果が出るまでに半年、一年かかるものを、なぜすぐにできないと言うのか」と不満を述べているという。

また、小保方氏はストレスから体調を崩し、「精神的にも不安定で、感情がすぐ高ぶる状態」で、関係者が常に付き添っている。ただし、小保方氏自らが説明するための記者会見の開催も検討しているという。

四月二日付夕刊では、調査委の不正認定を受け、チャールズ・バカンティ米ハーバード大学教授も再び反論したことをニューヨーク支局の草野和彦記者の取材で報じた。バカンティ氏は、所属する同大の関連医療機関「ブリガム・アンド・ウィメンズ病院」を通じて声明を寄せ、「（論文の）科学的な内容や結論には影響しない」「科学的発見が全体的に正しくないという説得力のある証拠がなければ、論文を撤回すべきではない」と述べ、論文撤回は不要だとする従来通りの主張を繰り返した。

この際、バカンティ氏は、ＳＴＡＰ細胞の再現実験に取り組んでいた香港中文大学の李嘉豪教授がバカンティ研究室が発表した「改良版」の作製方法を試し、万能性に関連する遺伝子が少し働き出したというデータを公表していることに「喜ばしい」と述べ、「科学的事実はいずれ明らかになる」と自信も示していた。しかし、李教授は三日、研究者向けの情報交換用ウェブサイトに「個人的には、ＳＴＡＰ細胞は存在するとは思えず、これ以上この実験に人手と研究資金を投じることは無駄になる」と投稿し、実験を中止する考えを明らかにした。

三日付朝刊の連載の「中」では、ネイチャーなど有名誌への掲載を過度に重視する近年の日本の研究風土を指摘した。五日付の「下」では、大学院教育の課題として、政府の方針でこの約三十年で博士課程入学者数が三倍まで増えた反面、学生一人当たりの指導教員数が足りないなど、博士の「粗製乱造」になっている実態や、日本の若手研究者全体の実力低下が指摘されていることを紹介し、ＳＴＡＰ問題の背景を分析した。

「個別ベースの機会をつくりたい」と笹井氏

理研の記者会見後、私は笹井氏や丹羽氏にメールで改めて面会による取材を申し込んだ。不正の調査が終了した今なら可能なのではないか、というわずかな期待があったからだが、やはり応じてもらえなかった。ただし、丹羽氏は返信で、七日に検証実験の記者会見に出席する予定を明かし、「私が何を何処まで話せるかは分かりません。ただ、科学的質問には可能な範囲でお答えしたいと思っています」と答えてくれた。

笹井氏のメールは、調査委員会の報告への感想から始まっていた。

「正直、心痛の極みは続いております。自分が指導した人が、私が指導した部分以外とはいえ、捏造呼ばわりされて、慚愧に耐えない思いです」という言葉からは、小保方氏による研究不正行為の認定に、笹井氏も相当のショックを受けた様子が伝わってきた。

検証実験についても言及し、「ぼちぼち、世界的にもＳＴＡＰの部分再現のブログレベルの報告や噂は出だしています」としつつも、「私たちはそれに便乗するつもりはない」として、理研が実施する検証実験がキメラマウス作製を目指す「厳密なレベル」で行うものだと強調した。今後の取材対応については次のように書かれていた。

私自身は何らかの形で、今回の混乱と責任の謝罪会見はしたいと思っておりますが、理研の立場で行うので私に決定権がなく、今日時点で、それがいつ許されるかは判りません。ただ、そうしたofficial（※公的）なものの後に、謝罪会見的なものとは別に、もっと落ち着いた個別ベースでのお話しを須田さんとする機会をつくるのがより真意を伝えやすいようには思いますが、いかがでしょうか？

何もなかなか自由にならず、すいません。

若山氏にも、会見で分かったことについて幾つか尋ねるメールを送った。

小保方氏の実験ノートが三年間で二冊しかなかったことについては、若山氏は「全く知りませんでした。僕も驚いています」としてこう説明した。

——実験ノートを書く訓練は、学部の学生、博士課程までにするはずで、博士研究員（ポスドク）に書き方を指導したり確認したりすることは、本人のプライドを傷付けてしまうのであまりしない。僕が直接指導する学生やポスドクならまだしも、「ハーバード大のバカンティ教授の優秀なポスドク」である小保方さんに「見せなさい」と言うことはできなかった——。

緑色発光動画の種明かし

スマートフォンの小さな画面の中で、緑色に光る細胞が素早く動き回っている。一月の記者会見で披露されたその動画は、マウスのリンパ球に弱酸による刺激を与えた後、一週間培養している間の細胞の変化を顕微鏡下で録画し、高速で再生したものだ。つまり、STAP細胞誕生の瞬間、のはずだった。

私は東京都内のホテルのラウンジで、CDB出身のある若手研究者に取材していた。近く開かれるはずの丹羽氏や小保方氏らの記者会見の前に、なるべく多くの研究者にSTAP問題への見解を聞いておきたかった。

「日本のサイエンスのダメージは半端ないですよ。僕はもうSTAP現象を信じていません。再現実験なんて、賽《さい》の河原の石積みみたいなものです」

目の前の研究者は、今回の騒動に憤りをあらわにしていた。私が、ネット上で免疫系の研究者らに指摘されている、「STAP細胞動画＝マクロファージによる死細胞の貪食画像」説について聞くと、早速スマートフォンで動画を見せながら解説してくれた。

マクロファージはアメーバ状の免疫細胞で、活発に動き回りながら、病原体や異物、死んだ細胞を飲み込み、食べていく。「この細胞をずっと見ていてください。ほら、緑に光り始めると一瞬、完全に静止するでしょう？　これは細胞が死んだからだと言われています。それからまた動き出すけど、それはマクロファージに飲み込まれ、引きずられているだけなんです」。

目を凝らすと、研究者が言うように、マクロファージらしき透明な物体の輪郭も見えた。不思議なもので、一度そう聞いてしまうと、動画はもう、マクロファージが死んだ細胞を次々食べていく様子にしか見えない。

では、細胞が緑色に光って見えるのはなぜか。論文では、ＳＴＡＰ細胞の作製実験には、万能細胞に特有の遺伝子（Ｏｃｔ４）が活発に働くと緑の蛍光を発するように遺伝子操作したマウスの細胞を使っていた。弱酸の刺激によって「初期化」され、Ｏｃｔ４が働き出すから緑色に光り出す。それが小保方氏らの説明だった。疑義が浮上した当初から、死んだ細胞が自ら蛍光を発する「自家蛍光」という現象ではないかという指摘があった。しかし、自家蛍光なら緑色以外の色の蛍光も発するので、フィルターを掛ければ簡単に見分けられる。研究者は、自家蛍光以外の可能性として、細胞が死にゆく際に、遺伝子情報を担うゲノムの制御機能が壊れ、本来は抑制されているべき万能性関連遺伝子も働き出す可能性を指摘した。

「もしかしたら、光るだけではなく、たんぱく質レベルの解析でもＯｃｔ４が検出できるかもしれません。でも、その細胞が万能性を持つかは全く別問題です」

つまり、テラトーマやキメラマウスができて初めて、万能細胞と言えるというわけだ。Ｏｃｔ４が働く緑色の細胞塊ができたとしても、その段階では「ＳＴＡＰ細胞の部分的な再現」などとは呼べない。

「ずさんなデータ管理に博士論文の大量コピペ。小保方さんには根本的な仕事に対する真摯さを感じられません。丹羽先生や若山先生といった、実データに基づいて、今までめちゃくちゃ良い仕事をしてきた人たちが、この論文に取り込まれ、責任を追及され、貶《おとし》められているのは我慢できないですよ」

ＰＩになると自分では実験しなくなる研究者も多いが、丹羽氏や若山氏は今も手を動かして自分でデータを出す。だからこそ、研究者コミュニティからの信頼も厚いという話は、それまでもたびたび聞いていた。

「特に丹羽先生は、オースティン・スミスをはじめ幹細胞分野の海外の大御所たちとも仲がよい。この分野では、丹羽先生が入っているというのはかなり強いです。査読も甘かったと思うけど、査読者も間違いないだろうと思ったんじゃないでしょうか」

オースティン・スミス氏は英ケンブリッジ大学教授で、ＣＤＢの外部評価委員会の委員長を務める。論文の査読者名は通常、伏せられるが、スミス氏はＳＴＡＰ細胞論文で査読をした一人という噂もあった。

ＳＴＡＰ研究が極秘プロジェクトだったことについての意見を聞くと、彼も笹井氏の秘密主義を認めたうえでこう語った。

「どう考えても、発表前にもっと慎重に議論すべきだったし、論文も入念にチェックすべきだった。それなのに、限られた著者の間だけでしか情報共有しなかった。著者にはバイアスがかかるから、やはりチェックが甘くなると思います。尊敬していたＣＤＢの先生方が見抜けなかったこと以上に、発表前に批判的な議論を経ていなかったことが残念でなりません」

膿《うみ》を出すなら出すで、理研には徹底的な調査をしてほしい——。取材の最後、彼はそう言い残した。

第六章　小保方氏の反撃

「ＳＴＡＰ細胞はあります」。小保方、笹井両氏が相次いで記者会見をした。
こうした中、私は理研が公開しない残存試料についての取材を進めていた。
テラトーマの切片などの試料が残っていることが分かったが。

検証実験の計画

理研調査委員会の最終報告の翌週以降、それまで公には沈黙し続けてきた理研ＣＤＢの共著者たちが、相次いで記者会見した。

トップバッターは丹羽仁史プロジェクトリーダーだった。四月七日に東京都内で、ＳＴＡＰ細胞の検証実験計画を発表する記者会見があり、実施責任者として、研究を統括する相澤慎一・ＣＤＢ特別顧問とともに出席した。

冒頭で相澤氏が検証の意義を語った。「理研ＣＤＢはＳＴＡＰ現象、ＳＴＡＰ細胞が存在するかについて、是非これを明らかにしたい立場にある。研究社会、社会一般に対してもこれを明らかにする責務がある。将来、科学の歴史の中で振り返ったとき、批判に応えられるような形で検証をさせて頂きたい」。

論文不正の調査で「不正は認められない」とされたものの、論文の共著者である丹羽氏が検証実験を実施することには批判の声もあった。それを意識してか、相澤氏は「丹羽仁史は細胞研究、多能性研究の分野で世界的に認められた研究者で、彼が自ら手を下して行った実験は、その結果がどのようなものであれ、世界の研究者の信頼を得られると確信して、彼を実験責任者に選んだ」と述べた。次いで丹羽氏が「共著者の一人として、このような事態になったことを心よりお詫び申し上げる」と謝罪し、検証計画について説明した。概要は次の通りだった。

今回の計画では、ＳＴＡＰ現象が存在するかどうかを一から検証する。論文によれば、ＳＴＡＰ現象とは、分化した体の細胞が刺激を与えることによって初期化し、万能性を獲得する現象だ。ＳＴＡＰ細胞を発生が少し進んだマウスの受精卵（胚盤胞）に注入すると、元の受精卵由来の細胞とＳＴＡＰ細胞由来の細胞が全身で混じったキメラマウスが生まれる。その際、胎児だけでなく胎盤にもなるのがＳＴＡＰ細胞の特徴だ。

ＳＴＡＰ細胞から、万能性と自己複製能を併せ持ち、ＥＳ細胞に似た「ＳＴＡＰ幹細胞」ができる。ＳＴＡＰ細胞からＳＴＡＰ幹細胞が得られることも初期化の証拠の一つにはなるが、基本的には、キメラマウスによってＳＴＡＰ細胞の万能性が確認できれば、ＳＴＡＰ現象の証明は完了したと言える。

キメラマウスの作製は、細胞の万能性を評価する最も厳密な方法だ。テラトーマができるとか、培養皿の中でさまざまな細胞に分化することは、傍証と位置付けられる。キメラマウスさえできれば、それをもって完全な万能性が獲得できたと判断できる。

論文と同じように、万能性に関連するＯｃｔ４という遺伝子が働くと蛍光を発するよう遺伝子操作したマウスを使う。マウスの脾臓からリンパ球を採取し、弱酸性溶液で刺激を与えてから培養皿に移して培養する。ハーバード大学のバカンティ教授がガラス管を通過させる手法と酸処理の併用を提唱しており、この方法も試す。

分化した体細胞が初期化されて新たにＳＴＡＰ細胞ができたことを証明するには、いったん分化したことを示す標識が必要だ。論文では、その標識に、リンパ球の一種であるＴ細胞の遺伝子につく痕跡（ＴＣＲ再構成）を使った。

だが、実はこの方法にはいろいろな弱点もある。論文では、心筋や脳、肺、筋肉、脂肪組織、線維芽細胞、肝臓、軟骨細胞でも酸処理をするとＳＴＡＰ現象によってＯｃｔ４が働くところまで確認されている。そこで、今回の検証では、細胞が肝細胞や心筋細胞など特定の体細胞に分化すると蛍光を発するように遺伝子操作したマウスを使って、リンパ球以外の体細胞からＳＴＡＰ細胞を作り、「分化した細胞を初期化した」という証明を試みる。

例えば、分化した肝細胞で蛍光を発するようにしたマウスから肝臓の細胞を取り出し、酸処理してＳＴＡＰ細胞を作り、さらにキメラマウスを作ると、ＳＴＡＰ細胞由来の細胞はキメラマウスの体内でも蛍光を発する。キメラマウスで、蛍光を発する細胞が確認できれば、一度分化した細胞が初期化されて万能性を持った、ということが証明できる。同じ方法は、ｉＰＳ細胞の研究でも使われたことがある。

ＳＴＡＰ細胞ができれば、その細胞からＳＴＡＰ幹細胞を樹立したり、ＳＴＡＰ幹細胞を使ってキメラマウスが作れたりするかどうかも検証する。

検証は約一年をめどに進め、四カ月後をめどに一度中間報告をしたい。細胞培養に関わる実験は私（丹羽氏）が、キメラマウスの実験は相澤氏が担当する。

丹羽氏によるES細胞説への反論

説明の中で、丹羽氏は幾つかの科学的見解を示したが、その一つが、STAP細胞の正体はES細胞なのではないか、という疑義についての反論だった。丹羽氏の見解を少しかみ砕きながら紹介しよう。

——STAP現象やSTAP幹細胞について、ES細胞を混ぜれば同じ現象を作り出せるという疑義もあった。私はかれこれ二十五年間ES細胞を研究しているが、私の知る限り、ES細胞は受精卵に注入しても、決して胎盤にはならない。ES細胞の約二%の集団は胎児にも胎盤にもなるという報告があるが、その集団に特徴的な遺伝子を目印にして回収してから受精卵に注入する必要がある。この目印なしには胎児と胎盤の両方に分化する細胞だけを集めることはできないし、集めた細胞を培養皿の中で維持することもできない。

特殊な環境で作製したiPS細胞も両方に分化するが、その報告は二〇一三年九月と極めて最近だ。ただし、いずれの報告も、私自身が試したことはない。

胎児と胎盤の両方に分化するという一点だけでも、既存の知見をもって説明することはできない。STAP現象はそれを説明しうる一つの仮説であり、検証されるべき仮説だと言える——。

また、TCR再構成を標識に「分化した体細胞の初期化」を証明するという論文の方法の「弱点」については、次のように解説した。

論文では、生後一週間のマウスの脾臓から、まず「ＣＤ４５」というたんぱく質を指標にリンパ球を集める。そのうち十〜二十％がＴ細胞で、Ｔ細胞の中でも遺伝子に痕跡を持つのは十〜二十％。つまり集めたリンパ球のうち、ＴＣＲ再構成を持つ細胞は一〜四％しかない。集めたリンパ球の集団からＳＴＡＰ細胞ができる過程を考える。ＣＤ４５を指標に集めた細胞のおおよそ半分がＢ細胞、二十％がＴ細胞、二十％が病原体や死細胞を食べるマクロファージで、それ以外の細胞も若干含まれる。全体の約七十％が酸処理で死に、生き残った三十％の細胞の約半分が初期化されてＯｃｔ４が働き出すというのが論文の主張だ。

注意してほしいのは、ＳＴＡＰ細胞の塊は、さまざまな種類の細胞の集団からできており、各種の細胞が混在した性質を残しているということだ。この中には遺伝子に痕跡を持つＴ細胞がいてもほんの一部に過ぎない。

さらに、ＳＴＡＰ細胞の塊を十〜二十個の細胞の小さな塊に切り分けて受精卵に注入し、キメラマウスを作る。ＥＳ細胞での実験の経験から考えると、十〜二十個のＳＴＡＰ細胞のうち、キメラマウスの体になっていく細胞はおそらく数個程度だ。その数個の中で、遺伝子に痕跡を持つＴ細胞があるかどうかはかなり確率論的な問題になることは我々も理解していた。

同じことがＳＴＡＰ幹細胞の樹立過程でも言える。ＴＣＲ再構成がＳＴＡＰ幹細胞の段階でどこまで残るかというのは、現在いろいろと問題として指摘されている。三月六日に発表したＳＴＡＰ細胞作製のプロトコル（実験手技解説）の中で示したように、ＳＴＡＰ幹細胞八株にはＴＣＲ再構成がなかった。

このような観点から考えると、論文の手法に沿ってリンパ球から初期化がどのように起こるかを検討するのは重要な課題だが、それだけをもってＳＴＡＰ現象が存在するか否かを厳密に検討することは極めて困難だ。

プロトコルを書いている丹羽氏がＳＴＡＰ細胞を作ったことがないとは

この解説に内心驚いたのは私だけではないだろう。「ＳＴＡＰ細胞塊」が、さまざまな雑多な血液細胞に由来する集団であることは何となく理解していたが、その中で、ＴＣＲ再構成を持つＴ細胞からできたＳＴＡＰ細胞が占める割合が丹羽氏の言うほど少なく、検出できる確率も低いとは知らなかった。「体内に元々あった未分化な細胞ではなく、分化しきった体細胞を初期化した」というＳＴＡＰ細胞の重要なコンセプトを証明するのにあたり、研究チームはそもそもなぜ、それほど確率の低い方法を採用したのだろうか？

質疑応答に入ると、やはり、検証計画そのものより、丹羽氏のＳＴＡＰ研究への関わりや見解について質問が集中した。

丹羽氏によると、今回の論文に関わったのは二〇一三年一月からで、論文の作成や投稿後の査読者からのコメントへの対応について、専門的な助言をしてきた。参加した時点ですでにほとんどのデータは存在しており、「それをどのようにまとめあげると科学的に説得力があるか」という観点で助言したという。その際、「実験ノートや生データまでさかのぼって確認はしていない」。

ＳＴＡＰ現象については「まさにできていく過程を目の前で確認した」という。論文発表後の二月、小保方晴子・研究ユニットリーダーがマウスの脾臓からリンパ球を採取し、酸処理をする過程を「三回くらい確認した」とし、「(万能性に関連する遺伝子の)Ｏｃｔ４が発現するまでは見た。その後、若山さんがキメラマウスを作り、胎児と胎盤に寄与したという部分には絶対的な信頼を置いている。それらの現象が本当につながるのか(をみたい)」。

だが、若山氏はすでに、小保方氏から「ＳＴＡＰ細胞」として渡され、キメラマウス作製に使った細胞について、「何だったのか分からなくなった」と述べている。丹羽氏がキメラマウス実験にいささかの疑念も持っていないのは奇妙に感じられた。

約一カ月前に発表されたＳＴＡＰ細胞作製のプロトコルで、丹羽氏が責任著者となった理由については「あのときに理研の対応は限界に達していて、再現できない理由を責任をもって流す役割を担うことを決めた。一から十まで自分で検証できていたかというとそうではない」と語った。内容は「論文の記載と基本変更はない。どのような点に注意すべきか、二月までにあった質問を検討し、小保方さんと議論した上で、改めて伝える必要があることを記載した」。

「そもそもプロトコルを書いている丹羽先生が、ＳＴＡＰ細胞を作ったことがないというのはおかしいのでは」というもっともな質問には「実験方法の補足説明において、あの時点で広報窓口として対応できるのは私しかいなかった。自分ができたことのないプロトコルをなぜ発表したのかという批判は甘んじて受ける」と答えた。

論文発表以降、国内外で万能性の確認を含めた再現実験に成功したとの報告はない。それを考えれば当然のこととはいえ、「ＳＴＡＰ細胞の詳しい作り方」をまとめた当事者であり、『今なお自ら実験することで信頼が厚い』と聞いていた丹羽氏の口から「作ったことがない」と聞くと、戸惑いを覚えずにはいられなかった。

なぜ残された試料の分析を優先させないのか

私は相澤氏に、気になっていた残存試料の解析について聞いた。若山研の簡易解析で不自然な結果が出ていることもあり、検証実験よりそちらのほうが大事なのでは、と思っていたからだ。残っている試料を解析する必要性について尋ねると、相澤氏は「ＳＴＡＰ現象があるかないかという観点で、今残っているものが答えを与えるとは考えていない」と否定した。

「それはなぜでしょうか」

「例えば、ＳＴＡＰ幹細胞が凍結保存されているが、それを融かしてきて、キメラマウスができたとしても、ＳＴＡＰ細胞があったことの証明にはならないんですよ。ある人たちはＥＳ細胞が混ざった細胞だからそうなるだけでしょうと言う。一番の問題は、ＳＴＡＰ細胞、ＳＴＡＰ現象があるかどうか。ＳＴＡＰ幹細胞由来のキメラマウスも残っているが、それを調べても、ＳＴＡＰ細胞があったことの証明にはならないから、この検証では調べないと言っている。しかし、ネイチャー論文の全体を（調査委員会が対象とした）六項目以外に調べる立場からは意味があるでしょう」

同席した坪井裕理事が補足した。

「残った試料を使ったＳＴＡＰの実証についてどういうことがやれるかは、理研の改革推進本部でも検討していこうと思っている。現時点ではやらないとは決めておらず、この検証計画と違う形で何ができるかは検討したい」

「その検討結果、つまり、どんな試料が残っていてどのような解析をするかは発表するのですか」

「どのようにできるかは検討してお答えしたいということです」

お世辞にも積極的とは言えない口ぶりだった。私は再び相澤氏に聞いた。

「ＳＴＡＰ細胞由来のテラトーマの切片も残っていますよね？　切片の解析をすることで、ＳＴＡＰ細胞がどういうものかはある程度、検証できるのではないでしょうか」

「繰り返しになりますが、ＳＴＡＰ細胞があるかという観点からは、その切片をみても何の意味もないと思っています」

丹羽氏にも質問した。以前、メールで尋ねた内容と重なるが、公の場で確認したかった。

「ＥＳ細胞の混入説は考えにくいと説明がありました。ＳＴＡＰ細胞は細胞塊で解析しているので、ＥＳ細胞だけではなく、ＥＳ細胞と（胎盤に分化する）ＴＳ細胞の両方が混入している可能性はどのようにお考えでしょうか」

「若山先生からインジェクション（受精卵への注入）の状況をうかがったが、小保方さんからもらった細胞は極めて均一な細胞集団と聞いています。その一方で、私自身、ＥＳ細胞とＴＳ細胞を混ぜたことがあるが、この二つはわずか数日で見事に分離します。おそらく発現しているカドヘリン（細胞を接着させる分子）が違うんだと思う。そういう観点からすると、お互い均一に密着してかつ均質に混ざり合った細胞塊を両者で作ることは、少なくとも私の経験からは極めて困難だというのが私的な見解です」

「見た目では区別がつかないのでは。分離する前の状態では」

「でも分離する前はほとんど接着しないですね」

「それはどのような培地でも同じような状況になるんでしょうか」

「さすがにそこまでは観察していません。でもそれぞれの分化能を維持したまま培養を続けることはかなり困難ではないかと思います」

次の質問は、相手を怒らせるかもしれなかったが、思い切って尋ねた。

「ライブイメージング（動画）で、死んだ細胞をマクロファージが食べている様子ではないか、という指摘もありますがどのようにお考えでしょうか」

「じゃあ、そうであるということをどうやって証明できるのでしょうか。確かにそういう意見もあるのはいいと思うんですが、その両者を区別するのがどのようにすればできるのか、私にはぱっと答えが出ません」。丹羽氏はムッとしたように見えた。

「ライブイメージングを見たとき、対照実験も一緒にしたのですか。それとも、これがSTAP細胞だというものしかご覧になっていないのでしょうか」

「蛍光がない細胞から出発して、Oct4を発現して蛍光を獲得しながらまとまっていく状況は見ました。あのような視野が、極めて効率よく複数観察されたと記憶しています」

ここまでで、司会の加賀屋悟広報室長に質問を遮られてしまった。

この後、自身の責任を問われると、丹羽氏はこう答えた。

「このような事態になったことについて、常に自問自答を繰り返しています。一方で（防ぐのが）難しかったとも思います。その責任を果たすためにも検証することを決意しました。この現象があるのかないのかを、研究者の責任として検証します」

また、四月一日の調査委員会の最終報告を受けて小保方氏が出した徹底抗戦とも読めるコメントについては、「（小保方氏の）コメントは六項目についての判定結果が、（STAP細胞の存在を）根底から否定しているように見えることを否定しているのです。その気持ちは分かる。

もし完全に否定されているのでは、検証もないわけですから」と理解を示した。

　ＳＴＡＰ現象の存在に確信を抱いているのを隠さない丹羽氏に対し、相澤氏は慎重な姿勢を崩さず、「再現できると信じてやるわけではない。できるかどうかはやってみないと分からない」と強調した。

　ＳＴＡＰ現象によらず、ある事実や現象が「ない」ことを証明するのは至難の業だ。相澤氏もその点を「再現できれば答えは簡単だが、できなかった場合、どのようにしてできなかったと言えるのかは極めて困難。この検証プロジェクトの重要なテーマだ」と認めた。

「小保方氏に助言を求めるか」と聞かれると、「今は得られる状況にないが、小保方さんしか知らない情報を持っている可能性があり、可能であれば協力を得たい」と述べた。

「できなかった場合、我々としては、小保方さんが実験できる状況に戻ってもらいたい。検証するチャンスを与えないまま、ないと判断するのは厳しい」と、最終的には、小保方氏自身による実験の実施が必要だという見解も示した。

　毎日新聞は記者会見の内容を一面と新総合面で報じた。私は、ＳＴＡＰ幹細胞由来のキメラマウスの存在など会見で新たに判明した内容を踏まえ、「理研は残された試料の分析を優先させることが求められる」と書いた。分析の結果、仮にＥＳ細胞の混入などが明らかになれば、元々ＳＴＡＰ細胞が存在しなかった可能性が出てきて、約千三百万円を投じるという検証実験が無駄になる恐れがあるからだ。「研究成果のどこまでが真実だったのか」と「ＳＴＡＰ細胞があるのかないのか」。私の中では、二つの命題の後者にばかり熱心な理研の姿勢への不信感が、膨らみつつあった。

小保方氏の不服申し立て

一方、大阪ではこの日、小保方氏の代理人の三木秀夫弁護士が、「画像の捏造、改ざんという二件の研究不正があった」と結論付けた理研の調査委員会に対し、八日に不服申し立てを行い、九日に記者会見することを明らかにした。本人は「心身の状態が不安定なため」、大阪府内の病院に入院したという。

翌日、私は大阪に向かい、大阪科学環境部の根本毅キャップらとともに、小保方氏の不服申し立ての内容に関する三木弁護士と室谷和彦弁護士の説明会に参加した。

理化学研究所の「科学研究上の不正行為の防止等に関する規程」は、「研究不正行為」を次のように定め、「ただし、悪意のない間違い及び意見の相違は含まない」としている。

① 捏造：データや研究結果を作り上げ、これを記録または報告すること
② 改ざん：研究資料、試料、機器、過程に操作を加え、データや研究成果の変更や省略により、研究活動によって得られた結果等を真正でないものに加工すること
③ 盗用：他人の考え、作業内容、研究結果や文章を、適切な引用表記をせずに使用すること

不服申立書で小保方氏らは、不正認定された二件はいずれも「良好な結果や真正な画像が存在する」のでこの規程にあたらず、認定は妥当ではないと主張した。

「改ざん」と認定された「電気泳動」画像の切り張りについては、分化した細胞を初期化し

た証拠となる遺伝子の痕跡（TCR再構成）が、元々の二枚のゲル画像で実証されており、「画像を見やすいように操作を加えたからといって、結果自体は何らの影響も受けない」とした。片方のコントラストを調整したのも、DNAのバンドを見やすくするためで、結果に影響はないという。さらに、小保方氏が「投稿論文へのゲル写真の適切な掲載方法について教育を受ける機会に恵まれず、また、（英科学誌）ネイチャーの投稿規定も知らなかった」「表示方法が不適切だったことを反省し、訂正の原稿をネイチャーに提出した」と釈明した。

調査委員会は、一方の画像から一つのレーンを挿入する際、画像の長さを調節するだけだとバンドの位置にズレが生じることから、挿入方法が「科学的な考察と手順を踏まないものだった」と指摘したが、申立書ではこれについても、一方の画像が左方向に二度傾いており、一方を縦方向に約八十％に縮小してから傾きを補正すると、各バンドの科学的な関係性を崩すことなく挿入できるとし、「弁明の機会が与えられないまま、ズレが生じると決めつけられた」と反論した。

「捏造」と認定されたSTAP細胞の万能性を証明する「テラトーマ実験」の画像が、小保方氏の博士論文中の画像と酷似していた問題については、申立書ではまず、「捏造とは存在しないデータや研究結果を作り上げ、これを記録または報告すること」という解釈を示し、そのうえで、「掲載すべき画像は現に存在し、調査委員会に提出されて」おり、「論文に掲載する時点で、誤った画像を掲載してしまったという問題にすぎない」と主張した。

代理人が小保方氏に聴取したところ、論文に掲載された画像は、若山照彦・CDBチームリーダー（当時）とチャールズ・バカンティ米ハーバード大学教授に報告するために作製したパワーポイント（パワポ）資料に掲載したもので、「博士論文の画像を切り張りしたのではない」。資料は小保方氏が二〇一一年十一月二十四日に最初に作成し、その後、ラボミーティング用に何度もバージョンアップしたらしい。ただし、三木弁護士によれば「どの時期のパワポの画像を使ったかは特定できていない」という。

博士論文の画像は、マウスの骨髄の細胞をガラス管に通して採取した細胞を使ったテラトーマの画像で、小保方氏は球状の塊をつくるこの細胞を「スフィア（sphere）」と呼んでいた。スフィアは、生体内に元々存在する細胞で、体外で新たに作り出すSTAP細胞とはコンセプトが異なる。ところが驚いたことに、申立書には、この細胞もSTAP細胞だという前提で、「当時、STAP細胞は sphere と呼んでいた」と記されていた。つまり、小保方氏は、二つを同一視しているということだ。この点について、三木弁護士は「定義は変わったが中身としてはスフィアとSTAP細胞が全く違うという認識はない。（小保方氏は）広い意味では同じだと言っている」と述べた。

申立書はそのうえで、二〇一二年六月九日に撮影された、論文の記載通りのSTAP細胞によるテラトーマ画像と、疑義が指摘された後の二〇一四年二月十九日、「データの正確性を確保する目的」で撮り直したテラトーマ画像という二枚の「正しい画像」が存在するとし、掲載した画像がそれとは異なる画像であることを知りながら、あえて掲載する必要も動機も「全くない」、「画像取り違えが悪意によることは経験則上ありえない」と断じた（その一方で、三木弁護士は、正しいとされる画像が、論文の記述通りの実験によるものかどうかについて、「小保方氏はそう主張しているが、はっきりした客観的証拠はない」と認めた）。

さらに、調査委員会の最終報告が、中間報告から約二週間と「短期間」であり、その間の小保方氏への聞き取りは一回だけで「反論の機会を十分に与えることなくなされた」と指摘し、調査委員全員を外部委員にし、元裁判官や弁護士など法律に詳しい委員を半数以上入れて再調査すべきだと訴えた。

理研の調査委員会は四月一日の記者会見で「（小保方氏の）体調については最も考慮した」と説明したが、三木弁護士によれば、小保方氏は「体調には配慮してくれず、イエスかノーかを答えるだけでよいと言われた」と話したという。

小保方氏の記者会見当日の翌九日、毎日新聞は朝刊で、小保方氏の不服申し立ての内容と、専門家の受け止めを一面と三面でまとめた。日本分子生物学会研究倫理委員長の小原雄治・国立遺伝学研究所特任教授は「今回のような切り張りはサイエンスの世界では改ざんと判断される。これが当たり前にされていたなら他のデータも信用できなくなる」、研究倫理に詳しい御園生誠・東京大学名誉教授は「申し立てには無理な主張も入っている印象だが、理研は小保方氏の反論を真摯に受け止めて対応する中で、問題点がさらに明確になるのではないか」とそれぞれコメントした。

また、東京科学環境部の清水健二・遊軍キャップは、過去の研究不正では、不正認定を受けた研究者が訴訟を起こすケースもあるという記事をまとめ、「争いが長期化する可能性もある」と指摘した。

小保方氏の記者会見

九日、大阪市内のホテルの記者会見場は、三百人を超す記者やカメラマンが詰め掛け、異様な熱気に覆われた。毎日新聞は、東西の科学環境部と大阪社会部から多数の記者が参加する手厚い体制で臨んだ。会見は午後一時から。東京本社版の夕刊では、新聞各社が締め切り時間を延長し、夕刊一面トップで小保方氏の表情と冒頭の模様を伝えた。

小保方氏が公の場に姿を現すのは一月以来だ。しかも状況は激変している。小保方氏が登場すると、一挙一動に全視線が集中した。

小保方氏は紺のワンピースに真珠のネックレス姿。少しやつれたように見えたが、それは一月末の記者会見と雰囲気の異なる髪型とメイクのせいかもしれなかった。

冒頭で小保方氏は用意した文面を手に切実な表情で訴えた。

「私の不注意、不勉強、未熟さ故に多くの疑念を生み、理化学研究所及び共同執筆者の皆様をはじめ、多くの皆様にご迷惑をおかけしてしまったことを心よりお詫び申し上げます。また、責任を重く受け止め、深く反省しております」と謝罪した上で、「生物系の論文の基本的な執筆法や提示法について不勉強なままでの作業になり、それに加え私の不注意も加わり、結果的に多数の不備が生まれてしまったことを大変情けなく、申し訳なく思っております。それでも私はSTAP現象がいつか必ず誰かの役に立つと信じ、研究を続けてきました。多くの研究者の方々から見れば、考えられないようなレベルでの間違いだと思いますが、この間違いによって論文の研究結果の結論に影響しない事と、なにより実験は確実に行われておりデータも存在していることから、私は決して悪意をもってこの論文を仕上げた訳ではないことをご理解いただきたく存じます」。言いおえると深々と頭を下げた。

次いで室谷弁護士がスライドを使って不服申し立ての内容を改めて説明したが、その間、小保方氏は傍らに設置されたスライドをほとんど見ず、無表情のまま前方を見据えていたのが気になった。

これだけ大人数だと、一度も質問できなくてもおかしくはない。質疑応答に移った瞬間に手を挙げたのが功を奏し、最初に質問できた。冒頭で、三木弁護士が小保方氏の体調への配慮を求めたこともあり、詰問調にならないよう気を付けながら聞いた。

「まず三点ほど。一つ目はパワーポイントのテラトーマ画像が、どの段階から小保方さんが取り違えたのかお聞きしたい。二〇一一年十一月に最初にパワーポイントを作成されたときは何の細胞にどんな刺激を与えて作製した細胞というふうにスライド中で説明されているんでしょうか」

「二〇一一年のラボミーティングで用いたパワーポイントは、さまざまな細胞にストレストリートメントを与えると幹細胞化するという観点からまとめられたもので、テラトーマ画像にどのストレスを与えたかの記載はありません。ただざまざまな体細胞にさまざまなストレスを与えると幹細胞化するという現象について次々と述べられていて、その中の一部としてテラトーマ・フォーメーション（形成）のデータが載せられています」

「具体的な実験の結果として掲載したのではなくて、多能性幹細胞ができることの一例として画像を使われたんですね？」

「そうです」

「二〇一二年十二月に、同じ画像を若山研のミーティングで、バージョンアップされた資料でも使われていると思いますが」

「確認しないと分かりませんが……」

「二月十九日にテラトーマのサンプルの撮影をし直されたということですけど、テラトーマはいつ、だれが、どこで実験した結果で得られたものですか」

「私が、若山研で、正確な日付は確認しないと分かりませんが、酸処理によって得られたSTAP細胞から作られたテラトーマの切片を、染め直して撮影されたものです」

「今のご説明は、実験ノートにも書かれているんでしょうか」

「はい」と答えた後、小保方氏は少し言いよどみ、「第三者が見たときに十分な記載になっているかどうかは分かりませんが、私にはトレースできるレベルで書かれています」。

「それは理化学研究所の調査委員会に出された実験ノートに書かれているんですね?」

「はい、そのはずです」

「三つ目なんですが、申立書で、取り違えた経緯が分かりにくかったんですけど、なぜ論文作成されるときに、元のデータでなくパワーポイントから画像をもってきたんでしょうか。例えば急いでいたとか、何らかの事情があったんでしょうか」

「そうですね、本当に申し訳ございませんとしか言いようがないですけど、何度も何度もパワーポイント内でデータをまとめバージョンアップしていましたので、そこに載っているデータを安心しきって、論文のフィギュア(画像)に載せて使ってしまった。本当にその時に元データをたどっていれば絶対このようなことにならなかったので、後悔と……毎日反省しております」

「パワーポイントから論文に使われた画像は、このテラトーマ画像だけですか」

回答までに数秒間の間があった。「どの画像をパワーポイント画像から使ったかどうかは分かりませんが、その他のデータに関しましても元データをこのたび確認して調査しておりますので、パワーポイントに大きく写真としてまとめたものを直接使ったものに関しては、はい、これだけだと思います」

「STAP細胞はあります」

小保方氏の口調は丁寧だったが、内容には失望せざるを得なかった。一つ目の質問に対し小保方氏は、パワーポイント資料に掲載したテラトーマ画像は、元の細胞や作製方法を明記しておらず、具体的な実験結果ではなく、「さまざまな細胞に刺激を与えると多能性幹細胞に変化する」現象の、いわば概念図だったと説明した。ところが三つ目の質問では、資料の画像は「何度もバージョンアップ」していた、つまり最新の実験結果にどんどん差し替えていたので、過去の実験結果だとは気付かず「安心しきって」使ったという。最初の説明通りなら、小保方氏は差し替えの際も具体的な実験条件を把握していたとは考えにくく、それを論文にも使ってしまったというのはあまりに乱暴だ。若山氏が、STAP論文の撤回を呼びかけた理由の一つが、このパワーポイント資料だったことからしても、到底納得できる答えではなかった。それに、なぜ論文作成の際に元データをたどらなかったのか、という肝心な説明が抜けている。

テラトーマ画像に関しては、理研の調査報告で、小保方氏が「取り違え」を申告した際、博士論文にも同じ画像が載っていることを申告しなかったことが指摘されている。小保方氏はその後の質問で、その理由をこう説明した。

――すべてのデータをチェックしたが、実はテラトーマの生データがなかなか見つからず、「ものすごく古いデータ」までさかのぼると、学生時代に撮った画像だと気付いた。博士論文にも載っていたので、まず、早稲田大学の先生に、博士論文のデータを投稿論文に載せるのは間違ったことではないという確認をした。その段階で、理研の上司にも「大変な取り違えをしていた」と報告したところ、すぐにネイチャーに修正依頼を出すよう指示を受け、ネイチャーに正しい画像の存在を含め連絡した。その後、調査委員会にも間違いを発見したとは言ったが、あの当時、私の認識では、博士論文は個人の作品であり、外部に発表する投稿論文ではないので（申告をしなかった）。調査委員会にそこまで報告する必要がないと判断したわけではなく、「気が回らなかった」というのが正直なところだ――。

会見は二時間半に及んだ。小保方氏は「私は学生の頃からいろんな研究室を渡り歩き、研究の仕方が自己流で走ってきてしまった。本当に不勉強で、未熟で、情けなく思っている」と声を詰まらせた一方で、研究成果の真偽については、「ＳＴＡＰ細胞はあります」と言い切り、「二百回以上成功している」「今回の論文は〝現象論〟を示したもので、（ＳＴＡＰ細胞作製の）〝最適条件〟を示したものではない。さらにたくさんのコツやある種のレシピのようなものが存在しているが、新たな研究論文として発表できたらと考えている」などと述べた。

論文の撤回をする考えがないかを聞かれると「撤回は、国際的には結論が完全な間違いであったと発表することになる。正しい行為ではないと考えている」と語気を強めて否定した。

ＳＴＡＰ細胞が実験中に混入したＥＳ細胞だったという説については「ＳＴＡＰ細胞を作製していたころ、研究室ではＥＳ細胞の培養は一切行っていない状況だった。混入は起こり得ない状況を確保していた」と述べ、「ＳＴＡＰ細胞である科学的な証拠」として次の三つをあげた。

・ライブイメージング（酸処理後に細胞が変化していく様子の動画）で、光っていなかった細胞で（万能性に関連する遺伝子の）Ｏｃｔ４が働きだし、光り出す。その光が自家蛍光でな

いことも確認している
・（キメラマウス実験で）胎児と胎盤の両方に貢献するという特徴を持っている
・ＥＳ細胞とは異なり、培養環境を変えない限り、増殖能が非常に低い

調査委員会が、小保方氏の実験ノートが三年間分で二冊しか提出されず、画像がどの実験の結果なのか追跡できなかった、としていることに対しても、「実験ノートは四、五冊ある」とし、二〇一二年六月に撮影した「正しいテラトーマ画像」に関する記述として「写真を撮った前日に『テラトーマの切片を染色した』というような記述がある」と説明した。テラトーマの切片や、ＳＴＡＰ細胞由来の光るキメラマウスの胎児と胎盤も保存してあるという。キメラマウスに関しては、相澤・丹羽両氏の会見でＳＴＡＰ幹細胞由来の生きたキメラマウスがいることが判明していたものの、ＳＴＡＰ細胞そのものに由来する胎児と胎盤が残っているというのは初耳だった。本当なら重要な事実だ。

科学的な疑義に対する説明は説得力なし

小保方氏はまた、「ゼロからではなく、マイナス百からと思って研究に向き合っていくチャンスがあれば」と語り、「もし研究者としての今後があるのなら、このＳＴＡＰ細胞を誰かの役に立つ技術にまで発展させていくという思いを貫き、研究を続けたい」と涙ぐむなど、研究生活に復帰する意欲も見せた。

冒頭の私の質問でそうだったように、全体を通して謝罪を繰り返す場面は多かったが、科学

的な疑義に関する説明は説得力に欠けた。

「改ざん」と認定された画像の切り張りに関しては、「見栄えを良くしようという意図を持っていればそれだけで批判を免れないと思うが」と問われ、「提示法について私が不勉強なまま自己流でやってしまったことを本当に反省している。本当に申し訳ございません」と謝ったが、「（都合の悪いデータを隠そうという）疑念を起こさせる行為だったが、そういう不適切さを認めるか」と重ねて聞かれると「結果自体は正しく提示されているので問題がないと考えていた」と答えた。だが、過去の研究不正では、本来は一枚の画像を使って示すべきものを、説明なく複数の画像を張り合わせた場合、改ざんとみなされている。

再現性についても同様で、「インディペンデントにやって頂いたこともある。その方は成功している」、「細かなコツを全てクリアできれば必ず再現できると思っている」と述べたものの、小保方氏とは独立に成功したという人の個人名やコツは明かさなかった（後日、理研は毎日新聞の取材に、万能性の確認を含めた「インディペンデントな成功例」の存在を否定した）。

ＥＳ細胞混入説に関連し、若山氏が山梨大学で保管していた「ＳＴＡＰ幹細胞」の遺伝子型が、元のＳＴＡＰ細胞作製に使ったはずのマウスと異なっていた問題では、「私自身まだ直接、若山さんと話をしていないので、詳細は分かりかねる」と回答を避けた。

会場からの質問は尽きず、最後は三木弁護士が打ち切る形で終わった。エネルギーを使い果たしたのだろうか。小保方氏は立ち上がった瞬間にふらつき、テーブルに両手をついて体を支えた。「小保方さん、最後に一言あれば」という記者の呼びかけに、何事か口にしながら頭を下げたが、シャッター音が鳴り響き、その声は聞き取れなかった。

共著者たちはどう見たか

終了後、大阪本社に戻り、早速、共著者の若山氏、丹羽氏、笹井氏にメールや電話で会見の感想を尋ねた。若山氏からはメールで次のようなコメントが寄せられた。


ミスを認め謝罪したことで、すこし前進したと思います。

今後は正直に、ウェブなどで疑問にもたれている他の問題に答えてほしいです。

今回は調査委員会が行った六項目だけです。

それ以外に指摘されている不審な点を明確にしなければ、この論文は、あまりにもミスが多いので、だれも信用してくれません。

ゼロからやり直すという気持ちなら、撤回に賛成してくれてもいいのではないかと思います。

理研や他の研究者が再現出来たらいいのですが、それを何年も待つのは情けないです。


電話取材に応じてくれた丹羽氏は、「会見を全部は見てはいないが、言いたいことを言ったのではないか」と語った。小保方氏が会見中、共著者への謝罪の言葉を何度も口にしたことについては「こちらこそ、力及ばず申し訳なかった。もちろん（ミスは）あってほしくはなかったし、なんでこんなことになったのかとは思う。自分が何かできなかったのか、今も悩んでおり、正直なところ、小保方さんを責める気持ちはない」と心情を吐露した。

小保方氏が「ある」と明言した「STAP細胞由来のキメラマウスの胎児と胎盤」についても確認すると「隠しても仕方ない。あります」と認めた。

笹井氏からは、紙面に反映できなかったものの、翌日、次のような返信があった。

会見は、今の彼女のお気持ちと考えを率直に語っておられ、私の知っている平素の小保方さんのお考えや発言と同じ感を受けました。特に作ったとか演出とかの感じではありません。慎重ですが、率直だと思います。こうした会見を彼女がする事態になった責任は、私の指導不足にあるのも事実であり、大変心を痛めました。

私への責任追及の厳しいご質問は仕方ないと思っております。小保方さんの会見の程度ではすまないと理解しております。

会見の模様はテレビ各局が生中継し、当日の各紙夕刊、翌日の各紙朝刊でも大きく取り上げられた。

「二百回成功」の意味とは

毎日新聞朝刊では、一面と三面、社会面のほか、会見の概要をまとめた特集面で報じた。三面は「科学的説得力なく」の見出しで小保方氏の主張のポイントを、主要著者の考え方の表とともにまとめた。

社会面では、小保方氏が所属する神戸の理研CDBの研究者の様子を伝えた。関係者に取材した記事によれば、ＣＤＢの一室では研究者ら数十人が集まり、インターネット中継で会見を視聴した。時折、苦笑する研究者もいたという。ＣＤＢのある研究者は「生データに手を加えたり、論文の重要な画像を取り違えたりするのは考えられない。不正を認めた調査委員会の結論は間違っていない」と冷ややかに話した。ＳＴＡＰ細胞の作製に二百回以上成功したという小保方氏の発言には「どの段階を成功と言っているのか。二百回の作製には最低数年はかかる」と疑問を呈した。

こうした声を直接聞いたのだろうか。笹井氏に「科学的な部分でのご説明は十分ではなく終わったことは残念でした」と返信したところ、「科学面については、あの体調ではあの程度しか無理だったろうとは思う」とする再度の返信に、小保方氏の発言を擁護するような説明も添えられていた。

――二百回という数字が一人歩きしているが、実験の仕方によっては、例えば三条件で八種類ほどの体細胞サンプルで三回実験を繰り返すこともある。それだけで七十二回のＳＴＡＰ細胞の作製（ただし、万能性に関連する遺伝子Ｏｃｔ４の発現を見るまで）になるので、極端とは言えないかと思う。（万能性の確実な証拠となる）キメラマウス作製実験までをやったという意味ではなかったのでは――。

小保方氏の弁護団も、記者会見の五日後、会見での「二百回以上作製」を含む幾つかの発言に関する「補充説明」を発表した。小保方氏から聞き取った内容をまとめたという。「二百回」についてはおおむね次のような内容だった。

――私はＳＴＡＰ細胞作製の実験を毎日のように行い、一日に複数回行うこともあった。マウスから細胞を取り出していろいろな刺激を与える作業にはそれほどの時間はかからず、並行して培養していた。培養後に多能性マーカー（万能性に関連する遺伝子）が陽性であることを確認してSTAP細胞が作製できたことを確認していた。多能性は、試験管内でさまざまな細胞に分化させる実験や、テラトーマ実験、キメラマウス実験などで複数回、再現性を確認している。

STAP細胞の研究開始は五年ほど前で、二〇一一年四月には、弱酸性溶液に浸して作製できることを確認し、二〇一一年六月から九月ごろには、リンパ球だけでなくいろいろな細胞で、酸処理を含むさまざまな刺激でSTAP細胞作製を試み、この間だけで百回以上は作製していた。二〇一一年九月以降は、論文に記載した、脾臓から採取したリンパ球を酸処理してSTAP細胞を作製する実験を繰り返していた。これを用いて遺伝子の解析やテラトーマ実験などをするので、たくさんのSTAP細胞が必要で、この方法だけでも百回以上は作製した。

このことから会見で二百回と述べた——。

つまり、笹井氏がメールで言っていた通り、小保方氏の言う「作製」は、Oct4が働くのを確認した段階までを指しているようだ。ただし、STAP細胞を作るには一回あたり数匹の赤ちゃんマウスが必要だ。若山氏に確認したところ、作製に使ったマウスは購入したのではなく、若山研で繁殖させたもので、「ごく単純に考えると、二百回、メスが子を産んだはずだが、僕の繁殖コロニーはそこまで大きくはなかった」という。

補充説明には、若山氏が保管していたSTAP幹細胞のマウスの系統が元のマウスと異なっていた問題についての釈明もあった。

——STAP幹細胞はSTAP細胞を長期培養した後に得られるものだ。長期培養をしたのも保存をしたのも若山先生なので、その間に何が起こったのかは私には分からない。現在ある

ＳＴＡＰ幹細胞はすべて若山先生が樹立されたものだ。若山先生の理解と異なる結果を得たことの原因が、私の作為的な行為によるもののように報道されていることは残念でならない——。

ＳＴＡＰ幹細胞を若山氏が樹立したことは本人も認めているが、その元となったのは、若山氏は小保方氏から受け取った「ＳＴＡＰ細胞」である。若山氏に全責任を押しつけるかのようなこの釈明には、首をかしげざるを得なかった。

残存試料を解析することで何が分かるか

小保方氏の記者会見後、私は主に、研究で残された細胞などの試料に関する取材に力を入れていた。理研は残存試料の状況を公表する気は皆無のようだったが、複数の記者会見や取材の中で、少しずつ状況が明らかになっていた。それまでに判明した残存試料は次の通りだった。

・ＳＴＡＰ細胞由来のキメラマウスの胎児と胎盤（おそらくホルマリン固定液で保存）
・ＥＳ細胞に似た増殖能を持つＳＴＡＰ幹細胞
・胎盤に分化する能力を残し、増殖能も併せ持つＦＩ幹細胞
・ＳＴＡＰ幹細胞由来の生きたキメラマウス
・ＳＴＡＰ細胞由来のテラトーマの切片

これらを解析することで、何がどこまで分かるのだろうか。

菅野純夫・東京大学教授（ゲノム医科学）は「試料から（遺伝情報を担う）ＤＮＡを少量で

も抽出できれば、元になったマウスの系統や性別、TCR再構成の有無などの大切な情報が得られ、実験の過程の検証に役立つだろう。検証実験と並行して試料の分析を進めればいいのでは」と話した。

ある研究者は、テラトーマの切片に着目していた。実はSTAP論文のテラトーマ画像は、「捏造」と認定された三枚以外の画像も、テラトーマではあり得ないほど成熟した小腸や膵臓の組織のように見える、と不自然さを指摘されていた。この研究者は「切片を顕微鏡でみれば、テラトーマかどうか分かるはず」と話した。「私は、小保方さん自身はおそらく組織学的な知識は乏しく、小腸や膵臓にしてもどこかで入手した画像を適当に張っているのではないか、と疑っています。一方、笹井先生はES細胞の専門家で、かつ医師免許も持っており、あの図のおかしさは当然気付くべきです。写真の取り違え以上にずさんな点であると感じています」。

笹井氏は理研のバッジをつけて会見に

小保方氏の記者会見から一週間後の四月十六日、笹井氏が東京都内で記者会見に臨んだ。会見の知らせが入った前日、私は笹井氏に改めて取材を申し込んだ。会見では質問の回数も内容も限られる。半ば諦めつつ、会見の後、神戸に戻る前に少しでも時間がもらえないか頼んだ。

その日の夜、笹井氏からやはり断りの返信があった。メールにはこんな言葉もあった。

明日の会見はどこまで荒れたものになるのか、科学的な部分で落ち着いた感じになるか、全く不明ですが、科学的にゆっくりした議論も必要なのは間違いないですし、そうしたことが可能になるとよいとは思いますが、多分今回は難しいでしょうね。
明日もできるだけ率直にお答えしたいと思いますが、理研の立場の範囲ではあろうかと思います。

最後の一文が気になり、すぐに返信した。

個人的には、笹井先生には、理研のお立場より、科学者としてのご自分を何より優先させて答えて頂きたいと思っています。
小保方さんの会見が批判されているのは、科学者としては誠実さや論理性に欠けると感じる人が多かったためではないか、と思うからです。
取材した範囲では、多くの科学者の方達も、笹井先生が会見でSTAP細胞について何をどのように発言されるかに注目しています。
生意気なことを言ってすみません。明日はよろしくお願い致します。

「最後のキーマン」の記者会見には、小保方氏のときとほぼ同じ、三百人以上の記者らが詰め掛けた。笹井氏の濃いグレーのスーツの胸に、これまでの取材では見たことのない理研のバッジがあった。笹井氏は冒頭で「多くの皆様に混乱や失望、ご迷惑を与えたことに対し、おわびしたい」と陳謝し、深々と頭を下げた。

最初の四十五分間、笹井氏は、STAP論文作成での自身の役割などを説明した。「研究論文プロジェクトには四つの段階がある。第一段階は研究の着想や企画、第二段階は実験の実施、第三段階は実験データの解析と図表類の作成、第四段階は論文の執筆やまとめ。私は第四段階から参加した。今回の問題の中心となっているアーティクル論文（主論文）は二〇一二年春にネイチャーに投稿され、厳しいコメントと共に却下されたが、私は論文の文章の書き直しや複数の図表の組み合わせなどの論理構成を手伝った」。

竹市雅俊・CDBセンター長からの依頼で、二〇一二年十二月下旬から書き直し作業に入ったとし、「私は論文投稿までの約二年間の最後の二カ月、最終段階で参加した。アドバイザーとして参加していたので著者に加わらないつもりだったが、バカンティ教授や若山さんからの要請で加わった」と話した。

論文の過誤を見抜けなかったことについては「科学論文でこうした問題はあってはならず、慚愧の念に堪えない」としながらも、「多くのデータはすでに図表になっており、残念ながら生データや実験ノートを見る機会はなかった。小保方さんはあくまで独立したＰＩ（研究室主宰者）で、私の研究室の直属の部下ではない。『ノートを見せなさい』というようなぶしつけな依頼は難しかった」「複数のシニア研究者が複雑な形で参加する特殊な共同研究で、二重三重のチェック機能を発揮することができなかった。文章全体を俯瞰する立場として責任は重大と思っている」と述べた。

小保方氏には、二〇一二年十二月の採用面接で初めて会ったという。「プレゼンを聞き、詳細な議論を行い、独創性や研究の準備状況を中心に審査した。通常の人事採用と同じで偏りはなかった」。

疑問の募る笹井氏の答え

また、笹井氏は、「ＳＴＡＰ現象を前提にしないと容易に説明できないデータ」として、次の三つを挙げた。

①ライブイメージング（酸処理後に細胞が変化していく様子を顕微鏡下で観察した動画）……酸処理後の細胞の入った培養皿をセットした後、自動撮影するので、途中で細胞を追加するなどの人為的なデータ操作は実質不可能

②特徴ある細胞の性質……ＥＳ細胞より小型で、核も小さく、細胞質がほとんどない。遺伝子の働き方もＥＳ細胞などと異なるうえ、増殖能が低く長期培養できない

③受精卵に注入し、全身にＳＴＡＰ細胞由来の細胞が散らばるキメラマウスを作る実験の結果……ＥＳ細胞と異なり、細胞の塊を注入しないとキメラができないうえ、ＥＳ細胞は分化しない胎盤にも分化する。ＥＳ細胞や胎盤に分化するＴＳ細胞を混ぜても、うまくくっつかず、一つの細胞塊にはならない

笹井氏は、「これらは一個人による人為的な操作は困難なデータ」であり、ＳＴＡＰ細胞が「検証する価値のある最も合理的な仮説」だと主張して、こう付け加えた。「しかし、仮説には常に反証仮説が立てられ、吟味することが必要だ。今後の理研での確実な立証には、客観性の担保された状況で、第三者が実証することが非常に重要だ」。

笹井氏は質疑応答でも、反証仮説という言葉を繰り返し使った。

「ES細胞の混入は、（反証仮説として）研究者として真っ先に考えることの一つ。ES細胞では証明できないということを何度も確認している。キメラマウス実験で、受精卵の発生の初期段階の細胞塊を採ってきて入れたのではないか、という説もあるが、『世界の若山』が見間違えるはずがない。これまでのところ、反証仮説として説得力の高いものは見出していない」

「ES細胞とは遺伝子の解析結果のパターンも異なる。混ざり物なら簡単に分かる。私たちがSTAP細胞と呼んでいるものが、今までに知られていない細胞であるのは確かだ」

笹井氏があげた三つのデータの信憑性を問う質問も出た。例えば①のライブイメージングについて、「死んだ細胞を見ているのでは」という指摘には、「細胞が死んだ場合、ある特殊な色素が取り込まれるが、その色素が取り込まれない細胞が蛍光を発するのがみられた」と反論。③のSTAP細胞が胎盤にも分化する特殊な万能性の「確かな証拠」については「私よりも専門家の丹羽先生に、（胎盤に分化する）TS細胞とは異なるパターンで分化しており、TS細胞では起きない現象と言われた」と話した。

そのうえで、「私にとってSTAPという現象は、今でも信じられないけど、それがないと説明できないという不思議な現象。その真偽をはっきりさせたいという科学者として非常に強い思いをもっている。検証実験で白黒をはっきりとつけるのが何よりも大事だ」と検証実験の重要性を訴えた。

自分自身の目で研究中に確認した「生データ」を聞かれると、

・テラトーマの六枚組の画像のうち、「捏造」と認定されていない三枚については「フォーカ

スがしっかりしていなかったので」、小保方氏と一緒に切片の画像を撮り直した
・ライブイメージングの撮影中に、リアルタイムの画面を見た
・試験管内でSTAP細胞をさまざまな種類の細胞に分化させる実験では、一日に複数回、小保方氏と一緒にどのように分化しているのかを見た

――の三例を挙げたが、「それ以外の部分は若山研で以前、ネイチャーに投稿しているので、元データは見ていない」という。「テラトーマにしては成熟しすぎていて不自然」と多くの研究者に指摘されている画像は笹井氏が撮影に携わったという説明で、不自然さになぜ気付かなかったのか、疑問が募った。

万能性の最も厳密な証明であるキメラマウス実験については「そこは若山さんが見ている」「実験を行うときは研究室の主宰者に管理責任が生じる」と述べるなど、暗に若山氏の責任の大きさを指摘した。

さらに、「私自身は純粋なアドバイザーとして、若手の独創的な成果を世界に発信する手助けをした。自分の仕事として考えたことはない」と語り、自身が責任著者となったレターと呼ばれる二本目の論文は不正と認定されなかったことに言及して「後半部分の疑義は晴れた」と述べるなど、責任回避ととれる発言が目立った。

会場からは、丹羽氏や小保方氏の会見を踏まえた科学的な疑義に関する質問も多かった。

例えば、成熟した体細胞であるT細胞からできたことを示す遺伝子の痕跡（TCR再構成）はSTAP幹細胞でみられず、丹羽氏も会見で、STAP幹細胞やキメラマウスではTCR再構成が非常にまれにしかみられないと説明した。これに関して、論文の論理構成が元々、脆弱

だったのではないか――という質問に対して、笹井氏は「論文を読んでもらえば分かると思うが、T細胞の件は一、二行くらいしか書かれておらず、証明の付加的な説明の一つ。体細胞であるということを、ちゃんと証明できる細胞を使って実験し、効率高く（STAP細胞が）できる。ライブイメージングでみるように、非常に少なかった細胞から増えてくるのをみたときに、細胞の変換が起きているのではないか、ということを論じた上で、その一つの傍証としてTCR再構成をつけたという理解だ」。

笹井氏との応酬

質問は一人二問に限られていたが、質問のチャンスが巡ってきたのは開始から三時間ほどたったころだった。私は、論文発表に至るまでの共著者での議論のあり方や、すでに報じていたようにSTAP研究が「異例の極秘プロジェクト」になった理由について質問した。論文のずさんさが見過ごされた経緯を明らかにしたかった。

「笹井先生は先ほど、仮説には常に反証仮説が立てられ、その吟味が必要だとおっしゃいました。真っ先に思いつく反証仮説がES細胞の混入だと。そういった反証仮説について、研究段階でどのような議論をされていたのでしょうか」

「丹羽さんが専門なので、丹羽さんと議論する中で、これがもしES細胞の混入だとすると、あり得るんだろうかという話をいつもしていました」

「丹羽さんと笹井さんとの間でしていたんですか」

「そうですね。論文を書き上げる段階だと、若山さんが（CDBから山梨大学への）引っ越しであまりに忙しかったので、三度ほど面会やメールでのチェックはあったんですが。反証といいますか、若山研でのデータがアーティファクト（実験の手違いや他の現象の見間違え）であると議論することになるので、そうしたことを彼に面と向かっては言っていなかったと思うんですけど、丹羽さんや小保方さんとは議論はしました」

「若山先生も（山梨大学への研究室の移転後は）再現できていない状況だったと思いますが、それについて若山先生から問い合わせを受けたりしたときに再現性についてさらに深く検討をすべきだとは思わなかったのでしょうか」

「山梨大学に行かれてから、向こうの立ち上げで非常にお忙しかったこともありますし、理研の方でその間に来ていただいて議論のすりあわせができていればよかったのですが、論文改訂に向けた実験があまりにもヘビーであったため、また、小保方研の工事中だったとか、いろんな理由で実現していませんでした」

「つまり、若山さんも含めた反証仮説の深い議論はできなかったということですね。二つ目の質問です。小保方さんはＰＩ（研究室主宰者）になってから、通常はＰＩの方がするＣＤＢ内のセミナーでの発表を一度もしていなかったと聞いています。笹井さんが小保方さんを囲い込んでしまって、論文作成においても二人三脚でほとんど進めていたために、なかなか外からの意見が言いにくい時期もあったとも聞いています。研究チーム以外の批判的な議論が一度もされなかったのは、笹井先生の方針でできた状況だったのでしょうか」

「小保方さんについては、小保方研究室が工事とかで時間がかかったこともあって、（ＰＩとしての実質的な業務が）二〇一三年の秋からスタートしているんですが、その後、順番でだいたい二年に一回、一人のＰＩが自分の研究について話すという機会が回ってきます。私の理解では彼女の順番は二月だったと思うが、二月になったときにこの疑義の問題が出て、彼女が発表することが、調査委員会への資料作成等の繁忙さからできなくなった。それ以前に彼女に正式な順番が回ってきたことは無かった。あとは、彼女の発表についてですが、若山研、人事委員会、ＰＩの共著者、それから私の研究室と関係の深いもう一つの支援ユニットでは、プレゼンテーションをして頂いたことはあります。あとは、（論文投稿後の）改訂の時に遺伝子解析をかなりヘビーにやりなさいという指摘があり、その関連の人たちとは非常に突っ込んだ形で議論をしている。ただ、ＳＴＡＰを惹起する酸処理の条件とか、そうしたところはお話しできなかったんですが、それ以外のところは議論していました」

「できた細胞の分析については話す機会があっても、作り方は議論する場がなかったということですか」

「そこに関しては、バカンティ教授の意向が非常に強く、許可なしに情報を広げることについて非常に難しい状態だった。アーティクルの部分が中心になるが、若山さんにしても私にしてもそちらの責任著者ではないので、私たちの判断で、根幹に関わる部分について自由に情報を発信したり広めたりするのは難しかったということです」

「酸処理は小保方さんが理研に来てから開発された方法ですよね？」

「はい」

「なのにバカンティ先生の意向が通るのは不思議な気がしますが」

「バカンティ教授は着想の部分と、まあその……小保方さんの雇用もバカンティ教授の直接雇用だったので、責任著者として情報管理をしたいという意向だったと思います」

一連のやりとりで判明したのは、ＳＴＡＰ細胞の作製方法やＥＳ細胞混入の可能性という根幹に関わる議論が、理研のごく一部の共著者間に限られており、万能性の証明で最も重要な役割を果たした若山氏とすら、議論ができていなかったということだ。他の質疑応答も踏まえると、各共著者が責任を感じにくい環境になっていた状況が浮かび上がった。

笹井氏は、小保方氏の「研究者としての資質」についてはこう語った。

——豊かな発想力があり、これはと思ったときの集中力は非常に高い。それは採用時の全員が一致するところで、私は今もそう思っている。同時にトレーニングが足りなかったところ、科学者として非常に早いうちに身につけるべきだったのに身につけていなかった部分が多々あることが、論文発表後に明らかになった。例えばデータ管理で、結果的に取り違えをするようなある種のずさんさがあったと思う。両極端が一人の中にある。私が一番、アドバイザーとして、あるいはシニアの研究者として自戒というか後悔しているのは、私や理研の研究者仲間が一生懸命、彼女の強いところを伸ばしたと思うが、弱い部分を慮って、そこを強化してあげる、若い研究者はそういうところがあるということを認識した上で、背伸びさせるだけではなく、足元をきちっと固めてあげることができなかったことは、自分の足りなかったところでは、と非常に辛く思っている——。

一部で報道された小保方氏との「不適切な関係」は否定した。

CDB崩壊の足音

三時間二十分という長時間にわたり、常に理路整然と説明する笹井氏にはある意味で圧倒されたが、謝罪よりも釈明の弁が目立ち、検証実験の意義を強調することに終始した点は残念に感じられた。若山氏の責任を強調したこと、研究の最終段階だけに関わったと繰り返したことも「責任回避」という印象を強めた。また、主張の大半は丹羽氏や小保方氏と重なり、理研所属の三人と、理研を離れた若山氏との違いがより一層、明確になった。

終了後に電話取材した須田年生・慶應大学教授（幹細胞生物学）はこの会見について、「論文の共著者は皆が責任を持ち、協力し合うもの。これだけ主張がずれているのは、研究段階から現在まで、共著者間のコミュニケーションが足りていなかったのだろう。一人ずつ会見する状況が象徴的だ」とコメントした。また、笹井氏が挙げたＳＴＡＰ細胞の三つの「物証」については、日本分子生物学会の中山敬一・九州大学教授が清水健二・遊軍キャップの取材に「今回の説明では新しい証拠が示されておらず、ＳＴＡＰ現象以外の可能性を排除できるとは思えない」と疑問を投げかけた。

会見中、名前が繰り返し挙げられた若山氏に感想を尋ねると、公式コメントに添えて、「僕の責任も大きいです。反論しません」という返信があった。一方、畠山哲郎・大阪科学環境部記者の三木弁護士への取材によると、小保方氏はこの日、「尊敬する笹井先生が、私の過ちのために厳しい質問にお答えされている姿を見て、申し訳ない気持ちでいっぱいになりました」と話したという。

毎日新聞では、一面、三面、社会面で、これらのコメントと共に会見の模様を伝えた。私は三面で、会見の様子に加え、事前の取材を踏まえ、残った試料の状況や分析の必要性をまとめた。

会見翌日、ある国立大学教授はメールでこんな感想を寄せてくれた。

科学的な主張は、私にとっては説得力が無かったですね。示されたデータがまともだとする彼の根拠を探そうとしましたが、それはついに分かりませんでした。

特に、この期に及んでなぜ、小保方さんの出したデータを普通の人が出したデータと同列に考えられるのかが不思議議です。捏造のある論文の一部にでも真実を探そうという行為はどれほど虚しく、非生産的な事かは歴史が証明しています。作製が簡単と言われていたSTAP細胞が、もはや発表された手法ではひどく作製が難しい事も認め、論文の撤回も必要だと認めている段階で、今日の会見はおかしい。

彼らの責任は、仮説に戻ったSTAP現象を、自らの興味を満足させる為に追求、検証する事ではなく、なぜ、これほどまでに多くの人を巻き込んだ大騒動が起こったのかを正直に記述する事だろうと思います。STAP現象を「さらに追求する事」を宣伝する事は罪であり、ますます人々を混乱に陥れているという事が理解できないのでしょうか。「STAPあるある詐欺」と呼びたいですね。

国立大の若手研究者も次のように指摘した。「実際に生データをご覧になっていらっしゃらない上で、あの出所も不確かなデータを『有望』とおっしゃられても、全く納得がいきませんし、おそらく笹井先生ご自身も本音はその様に思っていらっしゃるでしょう。今回は、政府関係か世論か、とにかく科学者以外のコミュニティの緩解を主目的とした会見であり、科学者にとっては非常に不誠実なコメントに終始したという印象です」。

個人的に密かに危惧していたことだが、笹井氏が一科学者としてより、理研CDB幹部としての立場を優先させた（と受け止められる）主張をしたことで、理研外部の科学者からの批判の声はますます高まったように思われた。
同じ日、ある関係者からはこんなメールが届いた。

CDBの行く末は、私が予想する通り、政府や政治家の間でかなり深刻な決定がされているように思います。一つの時代と研究所が終焉を迎えるプロセスは、須田さん達には日本の科学を考えるいい材料だと思いますので、小保方さんだけではなく、今後のCDBをしっかり見て行って下さい。

STAP問題によってCDBの歴史が終わる——。このメールの内容が現実になる日が来ようとは、私にはまだ、想像もできなかった。

第七章　不正確定

理研CDBの自己点検検証の報告書案を、毎日新聞は入手する。そこには小保方氏採用の際、審査を一部省略するなどの例外措置を容認していたことが書かれていた。そうした中「キメラマウス」の画像にも致命的な疑惑が。

笹井氏に個別に疑問点をあてる

四月下旬、私は「STAP細胞が検証に値する最も有望な仮説」だという笹井氏や丹羽氏の主張の根拠について、改めて取材した。

例えば、「胎盤にも分化するSTAP細胞の特殊な万能性」について改めて専門家の意見を聞いたが、丹羽氏や笹井氏が述べた、キメラマウスの胎盤の切片で「これまでにないパターンでSTAP細胞から分化した細胞が観察された」という点に関しては、「表現が曖昧なうえ論文でも明確なデータが示されていない」という見解が聞かれた。

四月十六日の記者会見前、会見後の個別取材の可能性を示唆していた笹井氏に再度取材を申し込んだが、「謝罪会見はしたものの、調査委員会報告書では重大な指導責任を指摘されており、指導責任の見立てによってはもちろん懲戒委員会の対象にもなり得る」ためやはり難しいという返事が返ってきた。

ただし、科学的な面についての質問にメールで答えることは可能だという。早速メールで幾つかの質問を送ると、すぐに返信があった。一方、同様の質問を送った丹羽氏からは返信はなかった。

質問の一つは、細胞が発する「緑の蛍光」についてだった。STAP細胞作製実験では、万能性に関連するOct4という遺伝子が働くと緑色の蛍光を発するよう遺伝子操作したマウスの細胞を使っている。しかし、死ぬ細胞が蛍光を発する「自家蛍光」という現象ではないか、と指摘がある。色は光の波長で決まり、自家蛍光の場合は緑色だけでなく広範囲の波長の光を含むので、細胞が発する蛍光がどんな波長を持つかがこの問題の鍵となる。

記者会見で、笹井氏は「死細胞の自家蛍光とは別」、小保方氏も「自家蛍光でないことを確認している」とそれぞれ説明したが、明確なデータを示していなかった。「Oct4の蛍光の波長領域の光だけをみる方法だけでなく、全体の波長特性があれば、自家蛍光かそうでないかは一目瞭然だと聞く。自家蛍光の疑義を晴らすには、そのような生データを公開されるのが最も早いのではないか。生データの有無と、公開の見通しについても教えてほしい」と質問すると、笹井氏はこう回答した。

――ご指摘のように、死細胞の自家蛍光は波長帯域が広く、緑だけでなく赤色蛍光も見える。従って、緑色（の蛍光を見る）フィルターが主で、赤色フィルターではほとんど蛍光が見えないというチェックの仕方も平常的に行う。（光を波長ごとに分ける）スペクトル解析は一つの方法だが、自家蛍光はある程度自然にも存在するので、一番良いのは、遺伝子解析など別の解析法で確認することだと思う。今回、新しく行う検証ではこうした追加解析も考慮にいれるのではないか――。

ＳＴＡＰ細胞由来のテラトーマの画像で、小腸や膵臓に分化したという画像が成熟しすぎていて不自然だという指摘についても、若山氏と笹井氏に尋ねた。テラトーマはＳＴＡＰ細胞をマウスの皮下に注射してできた良性の奇形腫だ。中には体のさまざまな組織の細胞が混ざっており、万能性の根拠の一つとなっている。若山氏はメールで「臓器の切片の仕事をしたことがなく、ネットで騒がれている指摘は理解しているが、それが本当かどうか分からない」と述べた。一方、笹井氏は次のように反論した。

――これらの画像は私自身が顕微鏡下でサンプルを実際に見て観察しているが、奇形腫の細胞塊の一部だった。ＳＴＡＰ細胞からできた奇形腫は、ＥＳ細胞由来に比べて全般的に大きさは小さいが、組織の局所的な構造がはっきりしている点で、成熟の度合いは高いと感じた。こうした組織形成は、いわば奇形腫内の自己組織化と言える。ＥＳ細胞のテラトーマで膵臓が出来にくい（これも本当かどうかは分からない）からといって、ＳＴＡＰ細胞のテラトーマでも同じであるべきというのは、論理的ではない。ＥＳ細胞では試験管内で分化させる実験でも膵臓の細胞はできるし、生体内で出来ないと決めつけるのはいかがなものか。また、ネイチャーに提出した訂正では、これらの図は差し替えていない――。

「推理小説だけが盛ん」と笹井氏は言うが

メールの末尾に次の見解もあった。

私の現在の見解は、四月一日の私の声明と基本的に同じです。論文の詳細をretrospective（※遡及的）に断片的な解析をしても、STAP現象の立証にはならない。一旦、撤回して、予断なき検証を行うことが、一番建設的であるという思いです。そうした再現実験が成功し、第三者も再現できる環境が整ったところで、いろいろな科学的議論を深め、conversion vs selection（※転換なのか、それとも生体内に元々あった細胞の選別に過ぎないのか）なども研究コミュニティとして真面目に議論を闘わせるのが健全だと思います。

そうでないと、皆が、まるで「推理小説」のような議論で終始してしまうからです。

一読して疑問を感じた。笹井氏は、STAP論文には調査委員会が対象にした六件以外にも多数の疑義があり、STAP細胞そのものの捏造説すらあることを当然知っているはずだ。にもかかわらず、これまでの記者会見で記者側から何度か指摘のあった過去の検証の意義を理解していないのだろうか？　私は返信でこう書いた。

最後の部分ですが、私も過去の検証が、STAP細胞の真偽を科学的に議論するのに役立つとは思っておりません。

しかし、他の細胞の混入、あるいはすり替え説の疑いを検証したり、研究がどのように実施されてきたかを調べたりするのには必要なことではないでしょうか。

それをしないと、仮に検証実験が失敗に終わったとき、真相がうやむやになってしまい、社会の信頼を根底から失うことになりかねません。

もしそうなれば、理研にとってもCDBにとっても、取り返しがつかないことになるのでは、と心配しています。

同じ趣旨で、生データやレフェリーとのやりとりを公開することも、やはり必要だと思っています。


笹井氏からはさらに返信があった。「本音」として記されていたのは以下の内容だった。


私が一つ判らないのは、どうしてもっと「一定期間（例えば三カ月）の間に小保方さん本人に再現をしてもらうこと、さらにプロトコール化（実演写真付き）や講習を実施」をしてもらうことの声が、マスコミからも大きくならないのか、ということです。インターネットなどでの声では、そうした声はかなりあるのですが。

結局、一番再現に近い、また再現に責任がある人、が、ラボから遠ざかった状態でいることが、この問題を非常に複雑にしてしまっていると思うのです。欧米では、当然、そういった論調になると思うのですが。日本では、ブログベースの無責任な「枯れすすき論」のような推理小説だけが盛んで、そうした声が、強くならないと思われますか？（本人の心身の疲労への国民的配慮だけでしょうか？）

須田さんは、なぜ、そうした声が、非常に違和感を持っています。

そうした声が強くなれば、理研も小保方さんご本人もポジティブに考えると思うのですが
……

再現実験で失敗する可能性が大きいと思っていれば、こうは書けないはずだ。笹井氏は今なお、小保方氏を心から信頼し、ＳＴＡＰ細胞の存在にも揺るぎない確信を持っているのだろう。笹井氏の記者会見が、ＣＤＢ幹部としての回答に終始したと感じていた私には、少し意外な内容ではあった。私はこう返信した。

おっしゃること非常によく分かります。

確かに、小保方さんが公の場で再現してみせたら、状況は一気に好転するでしょうね。私も実現するのであればぜひ、と思います。

小保方さんの会見でも、記者からそういう提案がありました。

小保方さんの答えはこうでした。

「どのような手法で公開実験が可能なのか分からないが、もし私が実験している様子を見たいと言う人がいれば、ぜひどこにでもいって（実験したい）。この研究を少しでも前に進めてくれる人がいるのであれば、できるだけ協力していきたいと考えている」

一方、作製のコツについては、「今回の論文は〝現象論〟を示したもので〝最適条件〟を示したものではない。さらにたくさんのコツやある種のレシピのようなものが存在しているが、新たな研究論文として発表できたらと考えている」ということでした。

会見を取材した私には、小保方さんの後者の回答は非常に不可解でした。

研究者としてまさに瀬戸際の、絶体絶命の状態にあるのですから、「論文に間違いがあったけれど結論には影響しない」という自らの主張の根拠として、ＳＴＡＰ細胞を自分や第三者が再現するのは最重要課題のはずです。

私なら、作製の成功効率に自信があれば、「ぜひ公開実験をしたい」と会見で言いきります。「コツやレシピ」もすぐに公開します。「次の論文」なんて、夢物語のようなことは言えません。将来の訴訟対応、という解釈もできますが、それを考慮しても納得しにくい回答でした。

誰かがある意図を持って動いている

理研の新たな問題が発覚したのは、笹井氏から回答がきた四月二十四日の夜だった。調査委員会の委員長を務めた石井俊輔・理研上席研究員が二〇〇八年に責任著者として発表した論文で、画像データの順番を入れ替える（切り張りした）誤りがあり、訂正の手続きを取ったという文書を公表したのだ。ネット上では、石井氏らが二〇〇四年に発表した別の論文を含む論文二本について、画像の切り張りや使い回しが指摘されていた。毎日新聞でも同様の情報を得ており、東京科学環境部の渡辺諒記者を中心に詰めの取材をしているところだった。石井氏は文書で、二〇〇四年の論文については「問題はないと考えている」としたうえで、「疑念を抱かせてしまったことをおわび申し上げる」と謝罪した。

石井氏は二十四日夜、委員長の辞任を申し出た。理研は翌日にこれを受理し、石井氏の論文の疑義について予備調査を始めた。毎日新聞は二十五日付の朝刊と夕刊、翌日の朝刊で、渡辺記者と大場あい記者、つくば支局の相良美成支局長らの取材により、この問題を報じた。

皮肉なことに、疑義が指摘された画像は、ＳＴＡＰ論文で改ざんと認定された画像と同じ「電気泳動」実験の結果だった。石井氏は二十五日、毎日新聞などの取材に、「不正の判断基

準は時代とともに変わっている。十年前には許されていたことが、今は許されなくなってい

る」と釈明し、「自分（の論文）は一枚の画像の中の順番を入れ替えただけ」と、小保方氏による切り張りとの違いを強調した。実際、石井氏の研究分野ではちょうど二〇〇四年ごろから、画像を切り張りした場合は線を入れるなど明示するよう求める指針が専門誌などで紹介されるようになっていた。一方、理研内でも二〇〇四年に論文の画像の切り張りが明らかになり、石井氏も一員だった当時の調査委員会はその論文の撤回を求めている。

記事では、「二〇〇八年の論文は石井氏が実験データも示し、整合性はとれているようだが、自分の論文の切り張りは問題なくてSTAP論文の切り張りは不正と言うのはかなりきつい」（日本分子生物学会幹部）、「調査委メンバーがそのような状態では、生命科学全体の信頼を失墜させかねない由々しき事態だ」（研究倫理に詳しい御園生誠・東京大学名誉教授）などのコメントも紹介した。

埼玉県和光市の理研本部では二十五日、急遽野依良治理事長をはじめとする幹部が集まり、四時間にわたって対応を協議した。四月に発足した外部有識者で構成する理研の改革委員会の岸輝雄委員長も、この日の会合後の記者会見で「（石井氏の論文が）完全に不正と判断されれば、調査委員会全体が大問題だと言わざるを得ない」と懸念を口にし、五月の連休後を目指していた改革案の取りまとめの時期が遅れる可能性を示唆した。

驚いたことに、調査委員会メンバーの疑義はさらに広がっていった。石井氏以外にも、委員を務めた研究者三人の過去の論文にも図の切り張りや流用があるとの指摘が、各所属機関に寄せられていることが分かったのだ。通報を受けた理研と外部委員の所属する東京医科歯科大学は予備調査を始めた。

この記事が載って間もなく、八田浩輔記者の複数の取材先から、次のような指摘があった。

――調査委員の論文の疑義を一部検証してみたところ、たいしたことのない問題で、中には明らかに何の問題もないものもあった。告発者は文章を全然確認していないか、悪意があると推測する。この告発者はおそらく小保方氏、又は共同研究者などの味方的な立場か利害が一致する立場の人ではないか。そういう人が理研や調査、ネット検証者に打撃を加える目的で全然疑義のない、またはたいしたことのないものを集めて報道機関やブロガーに訴えているのかもしれない。おそらく調査委員の不正は認定されないだろう――。

告発者の意図は知りようもなかったが、石井氏以外の三人の論文については、すぐに疑義が晴れた。

テラトーマ画像捏造の重要性

ちょうどその頃、私は笹井氏が入院したという風の便りを聞き、すぐに見舞いのメールを送った。


ご入院されたと耳にしたのですが、本当でしょうか。会見のとき比較的お元気そうに見えたので安心していたのですが……。

もし事実でしたら、心よりお見舞い申し上げます。

二月以降、大変なご心労だったと思いますので、何よりもまず、体をゆっくり休めてください。一日も早いご回復をお祈りしております。

幸いすぐに返信があった。それによると、入院していたのは記者会見前で、「過労とストレス」、さらに持病の「急性増悪の併発」もあって三月下旬に緊急入院し、退院は四月上旬だったという。

「今は、体調を保つためにセーブしながら仕事をしている」といい、まもなく訪れるゴールデンウイークの四連休について「理研もお休みですし、私は溜まっている四つほどの論文（幹細胞の自己組織化）の執筆をがんばるつもりです。須田さんもお疲れを取るため、ご休養やレジャーで良い休日をお迎えください」とあった。

緊急入院とはよほど深刻な状況だったのだろう。いかにもタフそうな普段の笹井氏を思い浮かべると意外であり、心配にもなったが、自身の研究への意欲があると分かって少し安心した。追伸には、思いがけず調査委員会メンバーの切り張り問題についての見解があった。

それにしても、調査委員会のゲル（※画像）の切り貼り問題での不正ラインの double standard（※二重規範）の存在は、ますます如実になりつつあります。

厳密な基準とされるものが、過去十年間にどのくらいの研究者に徹底され、浸透していたのかを無視して、百点だけを合格点にするような無理のある議論に問題の根幹があるように思います。個々の研究者は、「私はちゃんとしているから、誰々だけが悪い」とかでなく、研究コミュニティ全体が現実をしっかり受け止めて、未来志向的に「改善」するシステム案をしっかり持ってゆくことが一番重要なように思います。

ゲルの切り貼りは、それ自体の問題性より、それを無制限に許すことにより、時に非常に大きな嘘の改ざんを許しかねない「危険性」があるため、もともと「李下に冠を整さず」として「切り貼りは（例外を除いて）しないことをマナーとしましょう」としたものです。倫理の問題と実質的な不正の範疇を、「故意」という余りにも微妙な言葉で解釈しようとする今の基準に無理を感じるのは、（石井委員会の問題からも）正直な実感です。

笹井氏の見解に納得できる部分もなくはないが、私は個人的には、テラトーマ画像の捏造の方がより深刻な不正であるという印象を持っていた。石井氏の辞任で切り張り問題にばかり注目が集まるのはいささかよくないのではないか、という思いもあり、返信には率直にこう書いた。


連休中も論文執筆とは、さすが笹井先生ですね。

自己組織化の新しい成果が発表されるのを楽しみにしております。

（中略）

切り張りに関して、笹井先生のご指摘を大変興味深く拝読しました。

研究のルール自体も変遷してきているようですよね。

ただ、個人的には、私は元々切り張りよりテラトーマの方に強い興味があります。

実験の重要性という観点でも、テラトーマの方が大事かと。

委員の先生方の切り張り疑惑で、テラトーマへの関心が薄れてしまうとかえって問題では、という気もします。

それでは、お身体くれぐれもご自愛ください。

ところで、主要著者の主張が出そろったこの時期は、二月以降の騒動を振り返る良い機会でもあった。毎日新聞朝刊には、記者が自身の見解を述べる「記者の目」という欄がある。「STAP細胞問題」をテーマに上下の二回で記事を組むことになった。

五月八日付朝刊の「上」では、大阪科学環境部の根本毅キャップが、入社前に大学院で生命科学を専攻していた経験を踏まえ、「研究は、ジグソーパズルのピースを埋めるようなものだ。勝手にピースを作ってしまう人が交じったら、パズルは台無しだ。偽物がいくら本物そっくりだったとしても一緒にパズルを解く人の間に不信感が生まれ、共同作業は成り立たなくなる」と、研究不正行為の意味を分かりやすく説いた。また、「STAP細胞自体が本当なのかを知りたい」として、小保方氏本人に再実験をしてもらうべきだと主張した。

翌日の「下」は私が書いた。これまでの経緯や共著者間で異なる疑義への対応を振り返り、調査対象にならなかった多数の疑義がある以上、理研が取り組む検証実験でSTAP細胞作製に成功しても論文の疑義は解消せず、逆に失敗しても「STAP細胞はない」と断定できないと指摘した。そのうえで、「検証実験と並行して、STAP研究の過程で何が起きたのかを徹底的に調べ、公表してほしい」と主張し、その材料の具体例として、STAP細胞由来の残存試料▽実験装置や小保方氏らのコンピューターに残る生データ▽実験ノート▽ネイチャー投稿論文の原稿と画像・図表類の原図、査読者とのやりとり——を挙げた。最後はこう締めくくった。

「理研が誠実な科学者集団ならば、うやむやにせず、冷静な科学の目で自ら真実を明らかにしてほしい、と心から願う。それは、STAP細胞に大きな期待を寄せた社会や、地道な実験に日夜励む、不正とは無縁の研究者に対する責務でもあるはずだ」

キメラマウスの画像も捏造の新疑義

――ＣＤＢが独自に論文の全図表を精査したところ、大半の図表で問題が見付かった。中には「致命的な疑義」も複数含まれる――。

深刻な情報を耳にしたのは、石井氏の委員長辞任からまもない時期だった。

すでにネット上で疑義が多数出ているとはいえ、小保方氏らの所属機関であり、生データにあたれる可能性も高いＣＤＢが独自に精査した結果をまとめるとなれば、その意味は重い。何とか毎日新聞独自に報道したい内容である。

関係者に何度か話を聞く中で、報告書に含まれる疑義の内容が浮かんできた。

「致命的な疑義」は、論文の根幹となるキメラマウス実験の結果だという。なるほど、と思った。キメラマウスは、小保方氏が若山氏に渡した「ＳＴＡＰ細胞」を使って、若山氏が作製した。小保方氏の実験ノートの記録がずさんだったとしても、画像の生データに付随する撮影年月日などの情報と若山氏の実験ノートを照らし合わせれば、論文中の画像の由来をたどることができる。

疑義の一つは、論文で「ＳＴＡＰ細胞由来」「ＥＳ細胞由来」とされたキメラマウスの画像が、いずれも元データでは「ＳＴＡＰ細胞由来」だったというものだ。理研の調査委員会によれば、論文中の画像を含む図表類は、小保方氏と笹井氏が作成しており、それは若山氏への取材でも裏付けられていた。「(図の作成者は) ＳＴＡＰ細胞とＥＳ細胞を区別していなかったということではないか」と関係者は語った。

愕然とする話だった。キメラマウスの作製は、STAP細胞の万能性を調べる上でテラトーマ実験以上に重要な実験だ。疑義が事実だとすれば、実験の信用性はなきに等しい。

CDBの独自調査については、大阪科学環境部の斎藤広子記者が竹市雅俊・CDBセンター長に取材し、竹市氏が調査を開始したことを認めたことから、四月三十日付朝刊で報じた。

調査の結果には一切、踏み込んでいないにもかかわらず、理研にとっては決して歓迎できない記事だったようだ。三十日夜、東京都内であった改革委員会第六回会合後の記者ブリーフィング終了後、他社の記者が「今日一部の報道で、CDBが独自にすべてのデータを調べるとあったが」と尋ねたとき、理研の広報スタッフは平然とこう答えた。

「この点については、毎日新聞に抗議をしています。竹市先生は、何も喋っていないところを記事に書かれたような状況らしいので。センター長が答えたという事実はないということです」

「記事が誤報だったとでも？　大阪の同僚には理研から抗議があったなんて聞いていませんが」

私の剣幕に驚いたのか、別のスタッフが慌てて「少しお待ちください」と別室に駆け込み、しばらくして出てくると「抗議したかどうかは確認していませんでした。申し訳ありません」と謝ってきた。他社の記者に対して誤解を与えるような説明をされたのには憤りを感じたが、それは、理研が調査結果の扱いに神経質になっていることの裏返しでもある。

理研の不可解な対応は続いた。

清水健二・遊軍キャップによる五月五日付朝刊の記事によれば、理研の野依良治理事長が四月下旬、約三千人の所内研究者に、過去約十年間に書いた全論文について自主点検するよう指示した。対象の論文数は二万本以上になるとみられるという。取材先のある研究者は「貴重な研究時間を割くだけの意義があるとは思えない」とあきれ顔だったが、私も同感だった。

実験ノート公開の狙い

理研調査委員会の不正認定に対する小保方氏の不服申し立てから約一カ月が経とうとしていた。焦点は、小保方氏の不服申し立ての扱いがどうなるかだった。大場あい、斎藤有香両記者がゴールデンウイークの連休中も関係者への取材を続けた。そして、五月七日、調査委は再調査をしない方針を決め、毎日新聞は翌日の朝刊で報じた。

小保方氏側は四月二十日と五月四日、主張の詳細を説明する理由補充書を提出していたが、その内容は、改ざん・捏造の定義や画像取り違えの経緯に関する反論が大半で、小保方氏が「調査委に渡した二冊以外にもある」としていた実験ノートなどは提出されなかったことが分かっていた。

一方、大阪では吉田卓矢、畠山哲郎両記者が、ほぼ連日、小保方氏の弁護団への囲み取材を続けていた。

調査委の方針を受け、弁護団は五月七日、「到底承服できない。拙速で粗雑な扱いに深い失望と怒りを感じる」とのコメントを発表した。また同日、理由補充書の一部として、小保方氏の実験ノートの一部を報道陣に初めて公開した。吉田記者の署名記事によると、公表部分は二〇一二年一月二十四日の記載だった。「テラトーマ解析について」としてマウス二匹の図があり、「テラトーマＰＦＡ固定」などと記されている。これとは別に同日撮影のマウスの写真があり、テラトーマの位置や大きさ、耳の切り込みなどが両者で一致したという。弁護団は捏造とされた論文のテラトーマ画像について、「小保方氏の説明とノートを照らし合わせれば、きちんと実験したことが分かる」と主張した。

マウスの図は手書きだったが、他にノートの記述を打ち直して公開した部分もあった。「陽性かくにん！　よかった。」という記述やハートマークなど、通常の実験ノートではみられないような記載があったことから物議を醸した。

ある関係者は、ノートの一部公開の理由を、後日こう推測した。

「他の部分には多少はまともな記述もあったようだ。弁護士があのページを選んだのは、彼女に直感はあるが通常の研究能力はない、従って共同で実験し、論文を書いた他の著者に責任がある――と暗に示す意図があったのだろう。責任能力回避の伏線だと思う」

「小保方氏による改ざんと捏造という研究不正があったことは明らか」と調査委は結論

翌八日、理研は小保方氏の不服申し立てを退けることを正式決定し、小保方氏側に通知した。捏造、改ざんという二件の不正認定が確定し、理研は規程に基づき小保方氏の懲戒処分の手続きに入った。ＳＴＡＰ論文二本のうち、不正のあった主論文「アーティクル」の撤回も勧告した。

理研は八日午後、東京都内で記者会見した。前半は調査委員会のメンバーが出席した。石井氏の後任の委員長、渡部惇弁護士が、最終報告を変更しない根拠を一つずつ述べた。

弁護団が公開した小保方氏の実験ノートの一部

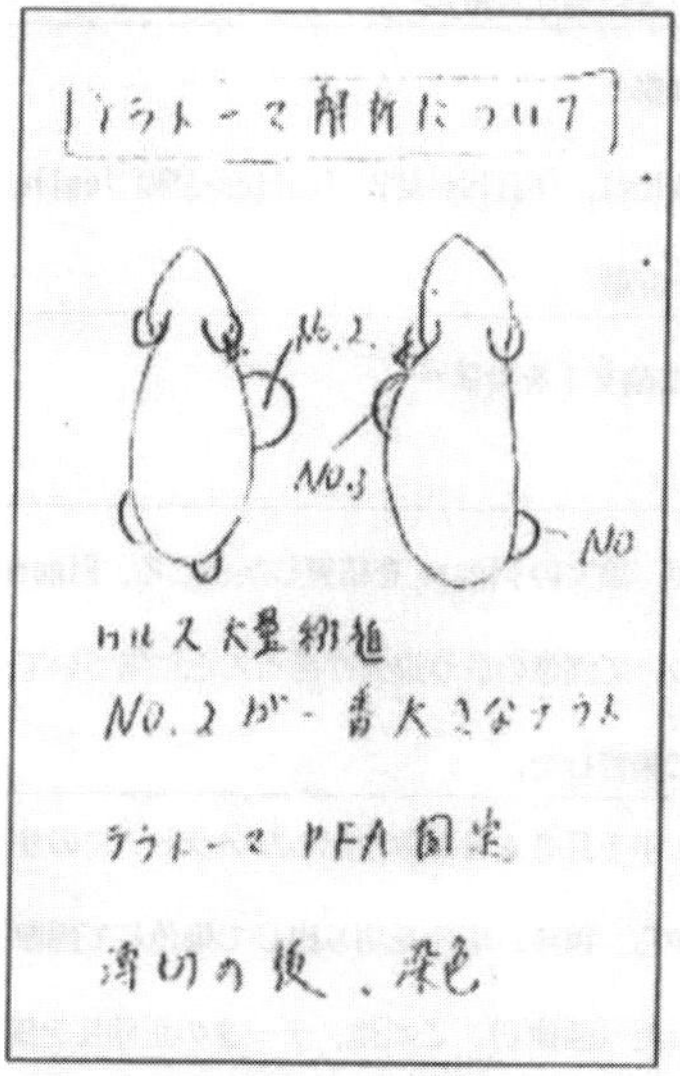

6／28

CD4 5+cell をソース

→ストレス条件を試した。

→qpcr

OCT4

Nanog

陽性かくにん！

よかった。

12／27入荷（6W）

右カット　　No2　Testis　左あし　右かた

左カット3つ　No3　Testis　左かた

2つ　No4　Testis　右あし

12／27に10^5　ずつ移植 ♡

理研の規程では、研究不正について「悪意のない間違い及び意見の相違は含まない」としており、小保方氏側は画像の不備について「過失であり、不正でない」と訴えていた。この点について調査委員会は、「悪意」は「加害目的のような強い意図と解釈すると、そういう強い意図がある場合のみに規程の対象とすることになるが、それは研究論文の信頼性を担保するという規程制定の目的に反することは明らか」として、「法律用語としての『知っていること』の意であり、故意と同義」と説明した。

「改ざん」と認定された電気泳動の画像について、小保方氏側は二つの画像を切り張りした事実を認めたものの、「『改ざん』は良好な結果を示すデータが存在しないにもかかわらず、存在すると見せかけるためにデータの変更や省略を行うもので、良好な結果を示す架空のデータを作り出すことに本質がある」「今回は良好な結果を示すデータが存在するので、切り張りは改ざんに該当しない」などと主張した。

これに対し調査委は「良好な結果を示すデータがあったとしても、操作や変更などの加工によって、画像が真正でないものになった場合には、改ざんの範疇にあることは言うまでもない」として、二つの画像を詳細に検討した結果を示した。

電気泳動は、複数のDNAの断片が混ざったサンプルをゲルと呼ばれる寒天中に流し込み、電気をかけて泳がせる実験だ。DNAの長さ（分子量）の違いによって泳動距離が異なるため、レーン中に各DNA断片を示すバンドと呼ばれる横棒が現れ、サンプル中にどんなDNAが含まれるかが分かる。しかし、実験ごとの微妙な条件の違いによって、同じDNA断片でも泳動距離が異なってくるし、分子量と泳動距離がきちんと比例する範囲も変わってくる。

小保方氏は片方のゲルの画像を縦方向に引き伸ばしてから切り張りしたことを認めているが、

調査委は、その場合に二つのゲルの「標準DNAサイズマーカー」の各バンドの位置関係に明らかなずれが生じることを指摘。小保方氏が主張するように「目視」で一つのレーンを切り張りすると、バンドの分子量の科学的根拠がなくなり、データの真正さを欠く、と説明した。

新たに判明した興味深い事実も紹介された。小保方氏らは英科学誌ネイチャーに最初に論文を投稿し、掲載を拒否された後の二〇一二年七月、米科学誌サイエンスに同主旨の論文を投稿した際、査読者から電気泳動画像を切り張りした際は、白線を引いて区別するよう求められていたというのだ。小保方氏は調査委員会に対し、「サイエンス誌の査読者のコメントは精査しておらず、その具体的内容についての認識はない」と説明したという。

調査委員会は、小保方氏が自らサイエンス論文の改訂版とみられる論文を準備していたことから、「改稿にあたり、査読者のコメントに全く目を通していなかった」という小保方氏の説明は認められないとした。さらに、査読者に指摘されてからわずか七カ月後の二〇一三年三月に、問題の画像を含むSTAP論文をネイチャー誌に投稿したことから「悪意があったことは明らか」と結論づけた。

質疑応答では、過去の投稿論文や査読資料などの追加資料は、若山氏から提出されたことが明らかにされた。一方、小保方氏はサイエンス論文や改訂版の論文の提出を拒んだと言い、調査委は「(自身の)説明を裏付けるはずの資料を提出しないということは、弁明の機会を自ら放棄したと言わざるを得ない」と指摘した。

次に「捏造」と認定されたテラトーマ画像について、小保方氏は、「リンパ球を酸処理して得られたSTAP細胞由来」であるはずの画像が、実際には博士論文でも用いた「骨髄細胞に物理的な刺激を与えて得られた細胞由来」の画像だった理由を「取り違えであり、単なる過失」と訴えていた。

しかし、調査委員会は、「一枚一枚、その由来を確認するなどしなければ、実験条件の異なる画像データを論文に使う恐れがあることは、研究者なら誰でも認識できる」としたうえで、

・論文投稿から採択（掲載の決定）まで九カ月あまりあり、画像の差し替えをする機会は十分にあった
・二〇一二年に投稿した同主旨の論文でも同じ画像のセットを用いており、二度以上にわたり由来を確認する機会があったのにしていない
・問題の画像には、二回にわたりオリジナルの画像データ上に説明の文字を追加した跡があり、小保方氏も「正直、文字があることに気付いていた」と認めている

――などの事実から、「異なる実験のデータである可能性を認識しながら使用していたと考えられ、失念したとは言えない」と結論付けた。

また、小保方氏は「取り違えを自ら発見し報告している」「正しい画像が存在する」と主張していたが、

・二月二十日の笹井氏と小保方氏による当初の報告では、元の細胞がリンパ球ではなく骨髄細胞だったことのみ述べ、実験方法の違いや、博士論文で同じ画像を使っていることは説明しなかった
・正しいと主張する画像がどのように得られたか、提出された実験ノートで裏付けられないう

え、テラトーマをマウスの体から取り出して五カ月以上たってから解析したという説明には違和感を覚えざるを得ない

——と指摘し、「悪意を認定した理由に影響を与えない」とした。

また、小保方氏は、理研が四月に開始した検証実験の結果を待たずに研究不正と断ずることは許されないと主張したが、調査委は、「小保方氏による改ざんと捏造という研究不正があったことは明らかで、再実験の指示や許可の必要性はなく、小保方氏からの申し出もないため、検証実験の結果を待つまでもない」とした。小保方氏は、他の実験ノートだけでなく、調査委が要請した資料、医師の診断書なども提出しなかったという。

理研本部は六件以外の疑義を放置か

質疑応答では、実験ノートが再び話題になったが、調査委員の眞貝洋一・理研主任研究員は「まず多くのページに日付や年が入っていない。メモ書き程度で、他人が検証しようとしたら不可能なレベル」と語った。

「サイエンス誌の切り張りに関する指摘は、小保方氏以外の共著者にも認識されていたのでは？」という質問には、眞貝委員が「若山氏から資料提供があった際に、サイエンス誌に投稿した論文のゲラはなかった」と明かし、渡部委員長も「若山氏はサイエンス誌の図表類を見ていない」と補足した。ネイチャーに再投稿して掲載されたＳＴＡＰ論文に関しては、若山氏は論文の作成に携わっておらず、実際に目にしたのも投稿の前日だったと若山氏自身が説明して

いたが、調査委も「その通りだ」と認めた。

調査委の記者会見に続いて、理研本部の川合眞紀理事（研究担当）と米倉実理事（コンプライアンス担当）、渡部委員長の三人による会見もあった。

渡部委員長は「小保方氏側に『悪意』という言葉に非常に誤解があったかなと思う。同じ規程の中で、一般的な意味で『悪意』という言葉を使った記載もあり、規程の文書にも問題がある」と述べ、米倉理事は「規程の見直しを検討する」と述べるなど、規程の言葉遣いが混乱を招いたことを認めた。

会場からの質問の大半は批判的な内容だったが、理研の回答は説得力に欠けるものが多いと感じた。

不服申し立ての審査結果の中で、小保方氏のデータ管理や論文の図を作成するうえでのずさんさが、これまで以上に具体的かつ詳細に説明されたことから、記者からは「ひどい状態が明らかになり、とてもまともな科学的考察ができると思えない。税金を使い、一年かけてSTAP細胞があるかないかという検証をやる意義があるのか」という質問が出たが、川合理事は「STAP現象の発見は理化学研究所のクレジットで発表した。我々の責任で証明することが求められている。それを果たしていくつもりだ」と述べた。

「研究不正が確定したが、その研究成果に基づく特許はどう扱うのか」という質問には、米倉理事が「検証実験の結果をもって判断したい」と答えた。「特許申請の書類の中にも、不正の疑いのある画像が入っている」という指摘を受けてもなお、「出願者には理研以外のところも入っているので、理研のみで判断するのは適切かどうか。論文と特許は別だと認識している」と答えた。共同出願者である東京女子医科大学や米ハーバード大学とはまだ協議をしていないという。

サイエンス誌への投稿で、切り張りについて指摘を受けていたことが新たに判明したことからも、再調査をすれば新たな不正の事実が明らかになる可能性は大いにある。「この際、再調査してもいいのでは」と記者に問われた際の渡部委員長の答えは、「不服申し立ての審査は、当初、研究不正と認定された範囲の調査にとどまる。たまたま新しい事実が出ても、それは別途の調査委で行うべきだ」という、ある意味で納得のいくものだった。

しかし、それに川合理事が「論文不正の有無に対する調査は十分に行われていると判断している」と付け足したことで、理研は現時点で別の調査委など設置するつもりはないこと、すなわち、調査委が調べた六件以外の疑義を取り扱う予定がないことが露呈した。

その後、私にも質問の機会が巡ってきた。

「川合理事は研究不正と科学的な真偽は別だと強調されていますが、非常に違和感を覚えます。六件以外の疑義を放置したまま調査を終了する理由をお聞きしたい。ＥＳ細胞との遺伝子の類似性について、川合理事は以前、監査・コンプライアンス室で検討しているとおっしゃいました。ＥＳ細胞との類似性を含めた他の疑義について調査委員会の対象としなかった理由と経緯について教えてください」

「私どもはまず（問題を）分けてことを進めました。論文の不正については調査委員会が、ＳＴＡＰ現象があるのかないのかは検証チームが一生懸命やっています。もう一つは、いろんな試料や材料が残っているところから、さまざまな科学的な根拠の方はなかなか難しいんですけど、疑義があげられています。今のところ検証計画を先にやっている理由は、ＥＳとＳＴＡＰの差を議論するときに、ＳＴＡＰがなんであるかが分からない状態で議論は大変困難であろうと考えておりまして、ＳＴＡＰ自体の現象がリアルであると分かればコントロールのデータが出るわけで検証も可能になってくると考えています。とはいえ、須田さんはじめ、科学の世界をよくご存じの方の多くからそのような意見も寄せられているので、私どもプライオリティー（優先順位）は付けさせて頂きますが、いま現実にどう動かすかを検討中でございます。ＥＳ細胞との類似性についてはきちっとした解釈をすべく、科学的な検討を並行してやっておりますす。結果が出ましたらまたご紹介できると思います」

「今後、具体的な調査をする予定があるということですね」

「予算などがかかるので限界はあると思いますが、できる範囲のところは検討をいま始めております」

「私が申し上げたのは、検証実験で分かるＳＴＡＰ細胞の真偽ということだけではなくて、すでに世に出ているＳＴＡＰ論文の中で何が行われていたかという過去のことなんです」

「今まさにおっしゃった部分の、できるところがどこにあるかを検討を始めています」

「試料の解析以外にも、疑義の出ている画像や表がたくさんあるわけで、そういうもの一つひとつについて、例えば生データを提出させるとか、それを公開して広く検証してもらうとか、すぐできるいろいろな手段が考えられるのですが、なぜ今日まで実施されていないのでしょうか。過去の検証については、今までにできることがもっとたくさんあったと思うのですが」

「ご意見として承ります」

最後のそっけない答えに釈然としない思いが残ったが、幸いにもこの後に質問した二社が、この点を追及してくれた。

川合理事は「本部としてのスタンスは最初に言ったとおり。この論文に不正があるのか、不正の者はいるのかで調査をお願いして、不正はあるという結果。論文取り下げ勧告をした。当該論文について、今の不正を認定する調査委のかたちでこれ以上やることはない。ただ、検証というなかで、必然的にやらざるを得ないケースがあるかもしれない。そのときは放置するつもりはないが、いまプライオリティーは少し下がっていると思う」と述べた。遺伝子解析については「多少はトライアル的にやっている部分はあるかもしれないが、本格的にはやっていない」という。

「プライオリティーの判断が違うのではないか。再発防止というからには、何が起きたかを最初に明らかにしてそれに対する再発防止ということになる」という指摘に、川合理事はこう答えた。

「限られた予算、枠組みのなかでまず何をやるか。プライオリティーについてどこで優先順位を高めるかはいろいろな考え方があります。試料の検証や一つひとつの画像の検証は膨大な時間がかかると予測しています。単なる私の予測なので考え方に差はあって当然ですが、私一個人ではなく相談のうえで進めています。今回の不服申し立てへの回答書を頂いて、次のステージに入れる段階になっているので、改めて、須田さんから話のあった、残っている試料の検証をどうするかも、もういっぺんテーブルにのせて議論を始めているところです。少し時間を頂戴したいと思います」

全画像調査公表は潰れる？

小保方氏の代理人の三木秀夫弁護士によると、小保方氏は再調査しないという理研の決定を知らされると、落ち込んだ様子で絶句し、「何を言っても通らない」と話したという。三木弁護士は、「結論ありきの決定で到底承服できない」と批判し、論文撤回の勧告に対しても「小保方氏に論文を取り下げる意思はない」と明らかにした。

毎日新聞は五月九日付の朝刊で、小保方氏の反応を含め、一面と三面で記事を展開したほか、調査委の報告書の要旨も掲載した。三面では、STAP論文の行方について、理研の撤回勧告には強制力がないことや、勧告を受けなかった二本目の論文は、主論文を「親」とすれば「子」に相当する内容で、主論文が白紙に戻れば、子論文の成果も土台が崩れること、川合理事が「『親』がいなくて『子』が残るのはおかしいかもしれないが、そこはネイチャーが判断する」と、強制的な撤回権限も持つネイチャーの出版社に判断を委ねたことなどを紹介した。

ネイチャーの広報担当者は九日、八田記者の取材に、論文の取り扱いについて「近く結論を出し、措置を講じたい」との見解を明らかにした。論文を撤回するか修正で済ませるかは「コメントできない」と回答を避けたが、一般論と前置きしたうえで「著者が論文の結論を支える根拠を示せない場合は、同意しない著者がいてもネイチャーが撤回を決める」と説明した。

また、同じ日の閣議後記者会見で、下村博文・文部科学相は、理研を「特定国立研究開発法人」に指定する法案について、通常国会中の提出を断念することを正式に表明し、「理研が国民への説明責任を果たし、きちんとしたガバナンス（統治）対応が確立できれば（秋の）臨時国会提出も考える」と述べた。

ところで、理研本部の記者会見では、毎日新聞が報じたCDBによる全画像調査について、「今後、（結果は）発表するのか」と聞いたメディアもあったが、川合理事は「全画像？　ちょっと摑んでいないです」と、事実関係を一切認めなかった。このことが気になり、最初に情報提供してくれた関係者に尋ねると、相手は苦々しげにこう語った。

「毎日新聞の報道後、竹市センター長は理研本部に呼び出されて記事が出たことについて謝ったと聞いている。全画像調査はCDB内の良識あるメンバーが、当初は乗り気でなかった竹市センター長を説得して始めたが、すでに公表するという選択肢はなくなってしまった。理研本部からCDBへの風当たりは強い」

一方、CDBの内部調査で、STAP細胞由来とES細胞由来のキメラマウスを比較した画像がいずれも「STAP細胞由来」だったという話については、若山氏から直接話を聞いたという別の関係者にも確認できた。問題の画像は、調査委による不正認定のなかった二本目の論文「レター」の画像だという。また、レターの中には、主論文のアーティクルと同一のキメラマウスの胎児を写した画像が重複して使われているという別の疑義もあるという。

さらに、外部有識者による改革委員会のある委員からは「何が起こったのか事実を知らないことには改革案など作れないと私たちは思っているが、ほしいデータがなかなか上がってこない」という声も聞こえてきた。そのため、改革委員会は独自の情報収集を始めたという。

小保方氏、再現実験に立ち会いか？

錯綜するさまざまな情報の中でもとりわけ奇妙な一報が入ってきたのは五月半ばだった。

「まもなく小保方氏自身がCDBで、検証実験の統括責任者である相澤慎一・特別顧問の監督下で再現実験を始める」という話だった。関係者によると、閉鎖中の小保方研の実験室から、小保方氏のお気に入りのムーミンのステッカーの張られた実験装置が、別の棟の相澤氏の研究スペースに移された。また、数日前、小保方氏参加の一報を聞いた笹井氏は「これでＳＴＡＰが再現できれば一発逆転だ」と上機嫌だったという。

　かねてからＳＴＡＰ細胞は捏造の産物だと確信しているその関係者は「密室で、秘密のレシピとやらで実験をやって、もし再現できたと公表すれば、研究者コミュニティが信じなくても、政治的メッセージとしては有効だ。捏造に捏造を重ねてＳＴＡＰがあるかのように宣伝されるという茶番は避けたい」と語った。

　関係者の話には伝聞が交じり、どこまで真実かは分からないが、もしも秘密裡に準備が進められているとしたら見過ごせない。私はその日のうちに方々に電話やメールで取材した。

　電話に出たＣＤＢのある幹部は「二週間ほど前に、そういう計画があるということを耳にしたことはある。ただし、それがいつ、どういう形で行われるのか、それが確かに行われるのかについては分かりません」と話した。

　丹羽氏は出張中でおらず、相澤氏は電話に出たが全面的に否定した。

「そんな話は知らない。少なくとも懲戒委員会の結果が出るまで彼女が実験することは認められていないと理事会が言っていると、そういう風に理解している」

　小保方氏自身が実験しなくても、同じ部屋で実験に立ち会いながら助言することは可能なのでは、と聞くと、すでに電話で助言を求めていることは認めた。この件で問い合わせたのは私が初めてという。

　改めて電話した際に、実験装置の移動が本当かを尋ねてみると、相澤氏は明らかに気分を害した様子だった。「承知していません。なんでそんなこと聞くの？　そのうち、僕の靴がどこにいったのかとか聞き出すんじゃないですか」。

小保方氏の代理人の三木弁護士の答えは意味深長だった。「その件はコメントはできない」と言い、入院中という小保方氏が外出できる状況なのかを重ねて聞くと、「それも含めて、こちらからの情報発信は一切しないことになっていて、コメントできない。あらゆる可能性を含めて検討している」と話した。

笹井氏にもメールで問い合わせたところ、「今、（小保方氏が）まだご入院中ですし、一方で懲戒委員会待ちの状態なので、ご本人の意欲はあっても、なかなか動きにくいのではないかと推測しますが、（小保方氏の実験参加が）どう実現可能なのか私にもよく分かりません」。

結局、この日は小保方氏参加計画説の裏はとれなかったが、翌週になると、今度は小保方氏がＣＤＢの相澤研に「出勤」し始めたという情報が入ってきた。ＣＤＢの所内で複数の研究者が小保方氏の姿を見たという。やはり実験に立ち会っているのだろうか。再び相澤氏にメールで問い合わせると、肯定とも否定ともつかない返信があった。

前に申し上げた通り小保方さんは私が責任者を務める検証プロジェクトのメンバーではありません。彼女が再現実験を行うことは調査委員会→懲戒委員会の結論が出るまで認められないと理事会から言われています。
ただし　本プロジェクトの発足にあたって記者会見でも申し上げましたように彼女に助言などの協力を求めることは認められており、随時協力を求めています。このことに現時点でどのような変更もありません。
上記のことに変更があった場合、例えば彼女が再現実験を自ら行えるようになった場合は広報より公表されると思います。

毎日新聞にだけ伝えるということはあり得ないと思います。これ以外のことであなた様からのご質問に私が時間を取られなければならない内容を認めません。

なおあなたの情報源という方にお伝えください。

そんな暇があったらもっと研究に専心するように。


相澤氏は状況が分かっていない。返信の最後の二行を読んで、そう思った。

なぜ、メディアに情報が寄せられるのか。それはＣＤＢ内外に、理研の対応への不信感が渦巻いているからにほかならない。論文の著者による不正行為だけでなく、理研の後手に回った対応や隠蔽体質が、生命科学や理研、ＣＤＢに対する社会の信頼に、取り返しのつかない損害を与え、このままでは、自分たちの研究環境すら危うくなりかねない。そんな危機感を抱いている研究者が少なからずいるからこそ、メディアに情報提供する人が現れるのだ――。


特例だった小保方氏の採用が内部文書で判明

「ＣＤＢ自己点検検証委員会の報告書案、目を通しに来られますか」

その頃、私はさる人物から願ってもない提案を受けた。数日後、指定された場所に向かうと、前置きもそこそこに資料を手渡された。

急いで目を通すと、幾つかの初めて知る内容に気付いた。記事になる、と確信したが、さすがにコピーをとるわけにはいかない。おそるおそるバッグからカメラを取りだし、撮るジェスチャーをして目で了承を求めると、相手は軽くうなずき、別の作業を始めた。

撮影を終え、会社に戻ると、永山悦子デスクや清水健二・遊軍キャップと記事化について検討した。

報告書案は、ＳＴＡＰ研究や論文の作成の過程、小保方氏の採用、報道発表などの各経緯を検証し、問題点をくみ取ったうえで、改善策を提言する内容だった。

「これは面白い」。無言で最後まで読み終えた清水キャップは、開口一番、そう言った。

すでに過去の連載で特ダネとして紹介した内容も多かったが、「これまでに報道や発表をされていない新たな事実」という観点で私たちが最も注目したのは、ＣＤＢが小保方氏を研究ユニットリーダーに採用する際、ＳＴＡＰ研究の秘密保持のため、審査の一部を省略するなど例外的な措置を容認していたという部分だった。

報告書案によると、ＣＤＢは二〇一二年十月から新しいＰＩ（研究室主宰者）の公募を開始し、四十七人が応募した中から、小保方氏を含む五人を採用した。その際、ＣＤＢ運営の重要事項を決めるグループディレクター会議（幹部会議）は、ＳＴＡＰ研究を論文発表まで秘密とすることを容認した。その結果、ＰＩ候補者を審査する人事委員会は、応募書類に基づく一次選考を通過した候補者に通常求められる英語による公開セミナーを実施せず、非公開の日本語による面接と質疑応答のみという例外的措置を採った。

実績がなかった小保方氏について、人事委は過去の論文を精査せず、若山研での客員研究員としての小保方氏の研究活動について聴取しないなど、ＰＩとしての資質を慎重に検討しなかったとみられる。ＣＤＢにはＰＩ採用に関する明文化された規定がなく、例外的な措置をとる場合のルールもなかった。

次に目に留まったのは、笹井氏の関与に関する内容だった。報告書案によると、笹井氏は二〇一二年十二月二十一日にあった人事委員会の小保方氏の面接で、初めてSTAP研究について知った。竹市氏から依頼されて論文の執筆指導に積極的に取り組み、チャールズ・バカンティ教授ら米ハーバード大学の著者との調整にも対応した。その際、小保方氏の過去のデータを信頼し、批判的に再検討することはなく、結果的に誤りを見逃した。

小保方氏は二〇一三年三月一日に研究ユニットリーダーに着任したが、新研究室に移転するまでの八カ月間を主に笹井研究室の中で過ごし、人事や物品の管理は笹井氏が取り仕切っていた。CDBでは若手のPIにシニアの研究者二人をメンター（助言役）としてつけることになっており、小保方氏のメンターには笹井氏と丹羽氏が指名された。しかし、笹井氏は「研究指導の枠を超えて」STAP論文に直接関与するようになり、二本目の論文の責任著者に入ったばかりか、特許申請にも発明者として加わった。

報告書案ではこうした状況を、笹井氏による「囲い込み状態」が出現し、小保方氏の教育がないがしろになったうえに、共著者への連絡が不十分で、データ検証の機会が減ったと指摘した。

STAP研究が「極秘プロジェクト」になった背景に笹井氏の「秘密主義」があったことは、周辺の複数の研究者が毎日新聞の取材に証言しており、四月のはじめにいち早く報じている。笹井氏の記者会見でも、私自身、まさに「『囲い込み』があったのではないか」という質問もしていた。そうした内容が、自己点検検証委員会によっても裏付けられた格好となった。

報告書案はさらに、論文の報道発表でも、笹井氏が広報に準備の指示をしたり文部科学省への連絡についての打ち合わせをしたりして、筆頭著者の小保方氏がほとんど関与しなかったこと、後に「不適切だった」と撤回されたSTAP細胞とiPS細胞を比較する資料を笹井氏が記者会見前日の夜に作り、広報担当者との協議をせずに出席者に配っていたこと、通常は広報担当者の役割である当日の司会進行を笹井氏が務めたことなどを指摘。笹井氏が幹部の中でもCDBの予算要求を担当しており、STAP研究のインパクトの大きさから新しいプロジェクト予算の獲得につながると期待され、それがiPS細胞とSTAP細胞との違いを際立たせる報道発表の要因となった可能性があるとした。

これらの内容をまとめた記事は「小保方氏採用も特例」「笹井氏　枠超え『囲い込み』」の見出しで、五月二十二日付朝刊の社会面で大きく掲載された。

翌二十三日付朝刊では、改ざんと認定された切り張り画像が、二〇一二年六月に米科学誌セルに投稿され、不採択となった論文にも使われていたことが分かったとする続報を出した。調査委の報告で、すでに米科学誌サイエンス（二〇一二年七月投稿、不採択）の査読者からも切り張りの指摘を受けていたことが明らかになっており、少なくとも三本の論文に使われていた可能性が高い。

同じ記事の中で、小保方氏が二〇一二年十二月の理研の採用面接に応募するため提出した研究計画書の中に、計画とは無関係なはずの小保方氏の博士論文中の図と酷似する図が示されていた、という疑惑も紹介した。

レター論文にも不正か

少々計算違いの事態が生じたのは、第一報の準備をしていた二十一日の夜だった。午後七時のニュースで、ＮＨＫがＣＤＢによる全画像調査の結果の一部を報じたのだ。

実は、その時点ですでに、全画像調査の報告書の詳細を示す資料は入手していた。翌日にも記事化しようと考えていたが、他社が報じたとなれば日を置くわけにはいかない。

取り急ぎ、ＮＨＫが報じた二件の疑義に関する原稿をまとめた。記事は、「不正認定以外の画像二件に疑義」の見出しで、ＣＤＢ自己点検検証の記事の隣に掲載された。

さらに、大阪の斎藤広子記者に詰めの取材への協力を求め、二十二日付夕刊の社会面で続報を出した。二件以外にも複数の画像やグラフに関する新たな疑義を、ＣＤＢが理研本部に報告していたことが分かった――という内容で、こちらは特ダネの記事になった。

ここで、取材で把握できた全画像調査の結果を紹介しよう。

新たな疑義は二種類に分かれる。先に報じた二件は、いずれもキメラマウス実験の画像に関する疑義で、すでに複数の関係者から口頭で聞いていた内容でもある。ＣＤＢの調査チームが実験に携わった若山氏に画像の由来や疑問点を問い合わせる中で判明した。関係者によると、四月の段階で竹市センター長に報告され、五月十日には理研本部の監査・コンプライアンス室に報告された。小保方氏への確認はとれなかったという。

一件目は、二本目のＳＴＡＰ論文「レター」の最初の図で紹介されたキメラマウスの画像で、上段がＥＳ細胞由来、下段がＳＴＡＰ細胞由来のはずが、実はいずれも二〇一二年七月の同じ日に撮影された「ＳＴＡＰ由来」の画像だったという。画像は若山研のパソコンの「Ｏｂｏ《オボ》フォルダー」内に保存されており、若山氏が撮影日の実験ノートを確認すると、その日は「ＳＴＡＰ由来」のキメラしか撮影していないことが確認できた。

キメラマウスは、例えばＳＴＡＰ細胞などの別の細胞を受精卵に注入し、仮親マウスの子宮に移植して作製する。注入した細胞由来の細胞は緑色の蛍光を発するようにしてある。
論文では、「ES由来」の画像はマウスの胎児のみが緑色に光り、胎盤があるはずの部分は光っていないのに対し、「STAP由来」の画像は胎児と胎盤の両方が光っている。体のさまざまな細胞だけでなく、胎盤にも分化するというSTAP細胞の万能性を示す、極めて重要な画像である。この画像の信頼性がなくなるとすれば、関係者の言葉通りまさに「致命的」と言えよう。

二件目は、レター論文中の画像の中に、主論文「アーティクル」中のキメラマウスの画像と同一のキメラマウスの胎児を写した画像があったという問題だ。二つの画像は二〇一一年十一月の同じ日に撮影されており、若山氏の実験ノートでは、この日は一匹しかキメラマウスの胎児が得られていないため、同一の胎児だと分かったという。

二つの画像は全く異なる実験条件で得られた画像として示されており、関係者によると、「正しく」掲載されているのは主論文の方だった。つまり、問題の画像は二件とも、調査委が不正と認定しなかったレター論文に示されていた。

入手した資料などによると、レター論文は、小保方氏が二〇一二年一月以降に作成に取り組んでいたが、この年の十二月に小保方氏が研究ユニットリーダーに内定した後、笹井氏が全面的な書き換えに携わった。若山氏がレター論文の草稿と図表類を最初に見た二〇一二年十一月末の段階では、キメラマウス画像は正しく使われていたという。若山氏が書き換え後の論文の図表類を見たのは投稿前日の二〇一三年三月九日。問題の画像が使われていたのはこの段階だったという。

この二件以外の疑義は、画像だけでなくグラフや表を含む図表類を一枚一枚検討した結果、理研の調査委員会が対象とした六件以外に、十点以上の図表類で問題点が判明した。このうち、調査チームが「重大な疑義」とみなした問題が、少なくとも次の五件あった。

・アーティクル論文の図一組で、本来比較できない条件で撮影した画像を比較対象としたり、顕微鏡下で同じ視野にないものを同じ視野の画像として並べたりしている
・アーティクル論文の別の図で、顕微鏡下で同じ視野にないものを同じ視野の画像として並べている
・ＳＴＡＰ細胞やＥＳ細胞などの増殖率を比較したアーティクル論文のグラフで、各点の並び方が不自然なうえ、ｉＰＳ細胞（人工多能性幹細胞）の開発を発表した山中伸弥・京都大学教授らの二〇〇六年の論文中のグラフと酷似している
・アーティクル論文の図で、解像度が異なる二つの画像を一つの画像であるかのように一枚に合わせて示している
・レター論文のキメラマウスの画像で、実際には長時間露光で撮影していない画像を長時間露光画像として紹介している。この画像は、ＥＳ細胞は胎盤に分化しないことを示そうとするもので、胎盤に実際には存在する低レベルの蛍光を隠そうとする意図が疑われる

資料からは、若山氏が調査に全面的に協力した様子がうかがえたが、取材班の中では、若山氏に対する疑問の声も挙がった。新たな疑義の中に、若山氏が担当したキメラマウス実験の画像の疑義が複数含まれ、疑義の内容もあまりに深刻だったからだ。実験と撮影を担当した若山氏が、なぜ誤りに気付かなかったのか。

若山氏自身は二月の取材で、「キメラマウスの画像は撮影当日にUSBメモリーに保存して小保方氏に渡し、ネイチャー論文の図の作成には関わっていなかった」と説明している。入手した資料でも、問題の論文中の画像は、小保方氏が保有していた画像から選んだと考えられる、といい、これは理研の調査委員会の見解とも一致する。それでも、二〇一三年三月十日にネイチャーに論文が投稿されてから、二回の改訂を経て同年十二月二十日に掲載が決定するまでの九カ月あまりの間に、なぜ若山氏が気付かなかったのか、という疑問は確かにわく。

資料には、短時間露光なのに長時間露光として示された胎盤の画像について、若山氏のもとには、同じ日に撮影した長時間露光の画像はなかったと記されており、なおさら不思議ではあった。

一方、CDBの調査チームはこの点について、投稿後は笹井氏と小保方氏が論文改訂やネイチャーとのやりとりをしており、この間の若山氏への論文に関する連絡はわずか二回にとどまっていたと指摘。掲載に至った最終原稿を若山氏が見せられたのは受理された後だったとし、若山氏が論文中の画像をチェックする機会は極めて乏しかった、という見方を示していた。

これらの新たな疑義について、外部有識者で構成される改革委員会が動いた。五月二十二日に開いた改革委の会合で「調査が必要」という意見で一致し、理事の一人に調査を要請したという。

だが、理研は限りなく消極的だった。二十三日に取材した段階で、「不正認定されていない論文は著者間で取り下げを決めれば調査しないが、取り下げない場合は調査を実施する可能性がある。もう一本（主論文）は既に撤回を勧告しており再調査はしない」という考えを示し、二十六日には、一部著者に論文撤回の意向があるのを理由に、これ以上の調査をしないことを決めた。

清水・遊軍キャップの取材に理研広報室は「改革委の要請より前に、著者本人（若山氏）から論文の誤りの申告があり、共著者間で撤回の動きがあるのを確認したので、調査は必要ないと判断した」と答えた。小保方氏の同意は確認していないといい、不正認定された主論文と同様、「共著者全員の同意が原則」という論文撤回の条件は、この時点で満たされていなかった。

しかし、若山氏に確認をとると、若山氏自身はＣＤＢの調査に協力したものの、理研本部に自ら申告した事実はないという。理研広報室にこうした事実誤認があるうえに、理研の対応は明らかに矛盾していた。主論文に関しては、若山氏が撤回を呼びかける中でも調査を続け、不正と認定していたからである。

一方、小保方氏の代理人の三木弁護士は二十六日、大阪市内で記者会見した。斎藤広子、畠山哲郎両記者の取材によると、「疑惑が指摘されているのは若山教授が担当した実験内容に基づいて書かれた部分で、若山教授に確認を取らないと対処のしようがない」と話した。

また、三木弁護士は、理研の懲戒委員会に弁明書を提出したと明らかにした。弁明書要旨によると、小保方氏側は「調査委員会の判断は研究不正の規程の解釈などを誤っており、これを前提に懲戒解雇を行うなら、その処分は違法」などと主張していた。

これほど重大で明白な疑義が明らかになっていながら調査をしないと決めた理研にも、論文の図を自ら作成していながら若山氏に責任を押しつけるかのような主張を重ねる小保方氏側にも失望した。取材に費やした労力を振り返ると、悔しくもあった。

私は若山氏に、再調査をしない理研の決定についてどう思うかをメールで尋ねた。若山氏はレター論文の責任著者であり、この論文の不正が確定すれば間違いなく、これまで以上に重い責任を問われる。若山氏の返信はこうだった。

「（論文を）撤回できても、不正があったかどうか明らかにするべきだと思います。たとえそれで僕の科研費（科学研究費）が停止になってもしょうがないと思っています」

かつて論文不正問題の調査に携わった経験のある大学教授は、メールで怒りのコメントを寄せてくれた。

今回のＳＴＡＰの疑義に対する調査はあまりにも公正さを欠いている。一つ疑義があれば他のデータにも疑義があっても不思議ではないと考えるべきで、そういう視点で調査が行われていない事自体、小保方氏だけを最初から犯人扱いし、切り捨てようという意図が感じられる。全てのデータについて誰がいつどこで得たデータであるのか、どのように論文は投稿され掲載されたのか、時系列で明らかにする事で関係者の責任の所在も明らかになるはずだ。そこまで調査しないままの幕引きは悪しき前例を残すだけではないのか。このままでは我々はＳＴＡＰ騒動から学ぶものはない。

だが、再調査を巡る決着はまだついていなかった。翌月、ＳＴＡＰ細胞の存在を根底から覆す二つの解析結果が、相次いで明らかになったのだ。

第八章　存在を揺るがす解析

公開されているSTAP細胞の遺伝子データを解析すると、八番染色体にトリソミーがみつかった。たかだか一週間の培養でできるSTAP細胞にトリソミーが生じることはあり得ず、それはES細胞に特徴的なものだ。

第二の解析結果

ＣＤＢの全画像調査で浮かんだ新たな疑義が報道された後の五月下旬、にわかにＳＴＡＰ論文の撤回に向けた動きが活発になった。

複数の関係者への取材によると、五月半ばには若山照彦・山梨大学教授が、自身が責任著者になっている第二論文「レター」の撤回を、改めて十一人の著者全員に呼びかけていた。小保方晴子・研究ユニットリーダー以外の十人から同意の返信があったが、小保方氏は「体調不良のため重大な決定はできない」と返信。そのため協議は一時中断していたが、二十六日ごろになって笹井氏を通じて「反対はしない」という意向が伝えられ、全員の同意に至った。

関係者によれば、小保方氏が「同意」に転じた裏には、笹井芳樹・ＣＤＢ副センター長の強い説得があったようだ。「笹井先生も、このままではレターの方も不正認定されるかもしれないと思って焦ったのではないか」と語る関係者もいた。その後、若山氏が理化学研究所の理事や共著者らに論文の再調査を呼びかけるメールを送り、笹井氏が強硬に反対したという話も伝わってきた。

レター論文の撤回同意は、まず日本経済新聞が五月二十八日付夕刊で報じ、毎日新聞も翌日の朝刊で伝えた。小保方氏の代理人の三木秀夫弁護士はこの日の夕方、報道陣の取材に応じた。大阪科学環境部の吉田卓矢記者の取材によると、三木弁護士は「筆頭著者は小保方さんだが、実験したのは若山先生で、論文も若山先生の方から話があって、若山先生の指導の下で作ったものだ」と、若山氏が理研在籍時にレター論文の作成を主導したと主張した。そのうえで「『若山先生が取り下げを希望するなら特に反対はしない』という消極的な同意。撤回理由も明確な説明を受けていない」「彼女（小保方氏）にとって大事なのは（ＳＴＡＰ細胞の存在を報告した主論文の）アーティクル論文。レター論文は『主・従』で言えば従で、彼女にとっては若山先生の論文なんですよ」などと述べた。

レター論文のキメラマウス画像の問題についても「取り違えがなぜ起きたのか、もう少し説明してほしいのが本音だ」と、責任が全面的に若山氏にあるという認識を示した。

しかし、理研調査委は、中間報告の記者会見時に、二本のＳＴＡＰ論文の図表類は小保方氏と笹井氏が共同作業で作成し、特に具体的な作業は小保方氏が担当したと説明している。私が入手したＣＤＢの全画像調査に関する内部資料でも、若山氏は論文の図表類の作成に直接携わっておらず、図表類の最終版を見たのは投稿前日だったと指摘しており、三木弁護士の発言は明らかに矛盾していた。

間もなく、米ハーバード大学のチャールズ・バカンティ教授がついにアーティクル論文の撤回に同意したという情報が入ってきた。五月末に、ネイチャーに撤回を申し出る文書を送ったという。七項目の理由が添えられていたと言い、中には初めて耳にする問題もあった。「この一週間が山場だ」。取材班の雰囲気は一気に緊迫した。

ＳＴＡＰ細胞や、ＳＴＡＰ細胞から作製した「ＳＴＡＰ幹細胞」の存在を根底から揺るがす二つの解析結果を最初に耳にしたのも、同じ時期だった。

一つは若山氏が第三者機関に依頼したＳＴＡＰ幹細胞の解析で、実験に使ったマウスと矛盾する不自然な結果が出たこと、もう一つは公開されているＳＴＡＰ細胞の遺伝子データを理研の研究者が解析したところ、ＳＴＡＰ細胞では説明のつかない結果が出たことだった。

前者については、すでに若山研が三月に実施した予備解析でも、あるＳＴＡＰ幹細胞で実験に使ったはずのものと異なる系統のマウスの遺伝子型が検出されている。もちろん重要な結果には違いないが、大きな驚きはなかった。だが、後者については聞きながら「本当ですか？」と思わず口にしていた。

関係者によれば、ＳＴＡＰ研究のチームがウェブ上で公開しているＳＴＡＰ細胞の遺伝子配列情報のデータを解析したところ、八番染色体にトリソミーが見付かったという。トリソミーとは、通常二本の染色体が三本ある異常だ。関係者は「生後一週間の赤ちゃんマウスの細胞から作製し、たかだか一週間の培養でできたＳＴＡＰ細胞の染色体にトリソミーが生じることはあり得ない。ただし、長期間培養をしているＥＳ細胞ではわりとよくある」と指摘し、こう付け加えた。「ＳＴＡＰ幹細胞の結果だけでは、若山さんの手が入ったからおかしくなったと言われるかもしれないが、この結果は彼の関与がないＳＴＡＰ細胞に関するものだ」。

もう一つの重要な結果もあった。ＳＴＡＰ細胞から樹立したＳＴＡＰ幹細胞とは別の「ＦＩ

幹細胞」のデータから、この幹細胞が、ある系統のマウス由来のES細胞とみられる細胞と、また別の系統のマウスの受精卵から作った「TS細胞」とみられる細胞が九対一の割合でミックスされた混合物とみられるという。TS細胞は、胎盤の細胞に分化する幹細胞だ。一方、論文によればFI幹細胞は、全身のさまざまな細胞と胎盤の細胞の両方に分化するというSTAP細胞の特殊な多能性を残したまま、自己増殖能を持たせた細胞とされる。関係者は「FI幹細胞に適した条件で培養しても、ES細胞の遺伝子に変化が起こることはない。FI幹細胞は、初めからESとTSを混ぜていたのだろう」と推測した。

STAP論文上の画像の深刻な疑義は、不正が確定した二件を含めすでに幾つも明らかになっているが、二つの解析結果は、細胞そのもの、あるいは細胞の遺伝情報の生データを扱っている点で、これまでと性格が異なる。ただし、いずれも記事化するにはより詳細な内容を摑み、慎重に裏付けを取る必要があった。

論文の再調査に向けて

永山悦子デスクと相談し、まずはバカンティ氏に改めて論文の行方について問い合わせ、取材の依頼もした。並行して二つの解析結果に関する取材も進めた（バカンティ氏に関しては広報担当者から返事が来たが、「論文が撤回されるべきとは思わない」という四月一日時点のコメントが「最新の声明」として貼り付けられているだけだった）。

最も懸念されたのは、二つの論文が撤回されたとき、再調査の可能性がゼロになってしまうことだった。理研はすでに再調査しない方針を決めていたし、社会の受け止め方としても、

「撤回する論文の調査をして何になるの」と思う人が少なからずいるだろう。

しかし、このまま幕引きを許せば、真相は永遠に闇の中に葬り去られる。それは、日本の科学界、及び科学ジャーナリズムの敗北とも言えるのではないか。末席ながら科学報道に携わる一人として、また当初、ＳＴＡＰ細胞を素晴らしい成果と信じて報じてしまった責任を果たすためにも、それだけは何としても避けたかった。

深刻な新事実が明るみに出れば、再調査を求める世論が高まり、理化学研究所も判断を覆さざるを得ないかもしれない。そのためにも、アーティクル論文撤回の第一報が報じられる前に、何としても解析結果を報じたい――。焦りにも似た気持ちが募った。

一方、外部有識者による改革委員会も、同様の危機感を強めているようだった。六月四日の会合後にブリーフィングをした岸輝雄委員長によると、この日はレター論文への理研の対応を議論。「（論文を）取り下げるから不問というのは、改革委（の方針）と相反する」として、新たな疑義の調査を求めることで一致し、再調査するよう改めて理研に要請した。近く公表予定の再発防止策についても、第三者による調査も継続する必要性を盛り込むことで合意した。

翌日、清水健二・遊軍キャップの取材に応じた委員の一人も「理研がレター論文についても調査を尽くすべきだというのは、委員全員の認識。我々は不正防止の検討をしている以上、どんな不正があったのか、誰がどう関わっていたかが分からない限り防止策も示せない。考えれば当たり前のことだ」と語った。

また、大場あい記者の取材によると、下村博文・文部科学相もこの日の閣議後の記者会見で、「国民的な関心の高い課題なので説明責任が問われる」と指摘し、調査するかどうかは「理研が判断すること」と明言を避けたが、「理研は国民が納得できるような対応を取ってほしい」

と求めた。

「今が一番、重要な局面。もし若山さんもそう思っていれば、紙面化を前提に話をしてくれるかもしれないよ」

六月上旬、永山デスクからの強い勧めもあり、私は思い切って、若山氏に取材依頼のメールを送った。こちらの現状認識とともに、「再調査開始に向けて協力してほしい」という思いをつづると、自然と長い文面になった。

返事がないことも半ば覚悟していたが、翌朝メールチェックしたときには、若山氏からすでに了解の返事が来ていた。その日の遅い時間なら、何とか時間を作ってくれるという。

「ＳＴＡＰ細胞は存在しない」

この日の夜、甲府市の山梨大学に若山氏を訪ねた。すでに遅い時間だったが、研究室にはまだ他のメンバーもいた。

若山氏の表情は思いの外、硬かった。実際に話をしてみて、事前に掴んでいたＳＴＡＰ幹細胞の主要な解析結果を認めたうえで再調査開始に向けたコメントをしてほしい、という私の願いは、到底、実現不可能だと悟った。

内心落胆したが、考えてみれば無理もない。二月以降、若山氏が情報発信するたびに理研などからさまざまな圧力を受け、記事に少しコメントが載るだけでも「おとがめ」を受けるという状況だったことは複数の関係者から聞いていた。そもそも、この緊迫した時期に直接会ってくれたことだけでも、感謝すべきことなのかもしれなかった。

私は途中で方針を切り替え、「しかるべき時期が来て掲載に了承してもらえるまで記事化しない」という約束のもと、インタビューを始めた。若山氏は気が進まない様子だったが、仕方ないと思ったのか、丁寧に一つひとつの質問に答えてくれた。

まず、CDBの全画像調査であり得ないような疑義が出ていることを踏まえて聞いた。「現時点では、STAP論文はどこまでが真実のデータだと思っていますか」。

若山氏は疲れた顔に苦笑を浮かべた。「あの……いろいろ僕の関係していないところも含めた新たな疑義を見る限り、もう信じられるデータは一個もないくらいの気がします」。

では、STAP細胞についてはどうか。若山氏は言いよどんだ後、こう答えた。

「……結局、STAP幹細胞を作れるほどのすごいSTAP細胞は存在しないと思います。ただ、酸性処理で何らかの変化が起こるというのは正しいと思う」

若山氏によると、若山研究室で実施した再現実験では、リンパ球を弱酸性溶液に浸してから培養を続けるうちに、「死にかけるけど生き返って変なものになる細胞」もあったという。

「その変化が、多能性を持つような変化かもしれないとは、もう思っていらっしゃらないんですね？」

「思っていません。多能性を確認できて、初めてSTAP細胞と呼べる。うちでは何らかの変化は起こせたけれど、どうやってもその先にはいかなかった。STAPという現象は全く再現できず、世界でも再現できていないわけです」

正確に言えば、若山氏は一度だけ、STAP細胞作製に成功している。山梨大学に研究室を完全に移す前の二〇一三年春、小保方氏に直接教わりながら作製し、できたSTAP細胞からSTAP幹細胞も樹立できた。ところが、山梨大学に移ってからは一度もできていない。再現実験には、二〇一四年三月に論文撤回を呼びかける直前まで取り組み、回数は数十回に及んだという。

「何回試してもできない。小保方さんが使っている培地を送ってほしい」——。二〇一三年六月頃、若山氏は小保方氏に、メールで依頼したという。培地とは、細胞を培養する際に培養皿に入れる、いわば細胞のベッドにあたる試薬だ。若山氏は、自分で用意した培地を使っていたが、生きた細胞を扱う実験では、ちょっとした条件の違いが結果を左右することはままある。小保方氏の培地ならひょっとして……と、若山氏は期待したのだった。

若山氏の後悔

約一カ月後に小保方氏から培地が届いたが、それを使っても失敗した。思いあまった若山氏は、小保方氏に何度か状況を伝えた上で、改めて作製方法を教えてもらえないか頼んだが、「前に伝えた通り」と言われるばかりだったという。

「論文を投稿してからだんだんアクセプト（受理）が近づくにつれ、それまでに再現しないといけないという焦りが強くなってきた」。若山氏は、ひたすら実験を繰り返した日々の心境をそう振り返った。

「共著者として責任があるし、僕らは特に再現を重視する研究室なのに、再現できないというのはやっぱり恥ずかしい。だからアクセプトまでには再現したい。実際にアクセプトされパブリッシュ（発行）もされたら、なおさら再現しなきゃいけないというので、ずっと、焦りだけが強くなっていったわけです」

だが、論文発表後も、相変わらず失敗が続いた。「簡単だなんて発表しているのに」と、若山氏の焦りと不安は一層高まったという。

若山氏は、一月末の記者会見終了後、笹井氏にも「山梨ではできない」と話した。笹井氏は「小保方さんだってしょっちゅう失敗するから、再現は難しいのはあるんだね」と応じたという。笹井氏に若山氏の不安が伝わった様子はなかったが、若山氏自身には、「一番上手いはずの小保方さんですら再現できていないのか」と、少しほっとする気持ちもあったという。

「ＳＴＡＰ論文は二本とも再調査されるべきだと思いますか」。私の問いに、若山氏は「そうですね」とうなずいた。「以前は（ＳＴＡＰ細胞やＳＴＡＰ幹細胞が）何だったのか知りたかったが、今はなぜ、こうなってしまったのか知りたいと思っています」。理研の「再調査はしない」という方針についても「それで納得できる人がいるのかな、と思う」と疑問を呈した。

一方で「調査がすごく大変だということは今回のことでよく分かったので、したくないという気持ちも分かる。調査委員になる人がいないんじゃないかという気もするし」と、理研への理解も見せた。

以前のやりとりで、若山氏は「自分が途中で見破ることはできなかったと思う」と話していた。今もそう思っているのか尋ねると、若山氏は「今思えば、そのときノートを提出させるとか、ちらっとでも疑いの目を持って確認しようとしていたら、見抜けたかもしれないですよね」と認めた。

小保方氏と若山氏は、二〇一〇年夏に共同研究を始めた。二〇一一年四月からの約二年間は、小保方氏が若山研究室に客員研究員としてほぼ常駐しているが、第四章で紹介したように、実験スペースは異なっていた。若山氏が実験ノートを確認することも一度もなかったという。

「そこにはやはり、責任も感じていますか」

「ええ、感じます。ノートをちらっとでも見ていれば、疑う心が浮かんだかもしれない。ちょっとでもいいからノートのずさんさを目の当たりにしていたら、そのデータ本当なのか？と聞いたり、生データを持ってきなさいと指導したりしていたかもしれない」

そう語る顔には後悔の念が浮かんでいた。

若山氏によれば、小保方氏の実験ノートを見なかった主な理由は二つあった。一つは、第四章でも書いたように、若山研では通常、全員が同じ部屋で実験し、生データを口頭で報告しあっていたため、普段は実験ノートをわざわざ見る必要がなく、「思いつきもしなかった」（若山氏）ということだ。もう一つは、小保方氏が「ハーバード大学の優秀なポスドク（博士研究員）」という触れ込みで紹介され、若山研では「お客さん」的な存在だったことだ。

そもそも、相手を信用できなければ共同研究など成り立たない。当時、全く疑いを持たなかった、という若山氏を責める気持ちにはなれなかったが、一方で、CDBの幹部らが信じたのは、研究者として信頼と実績のある若山氏がキメラマウスを作製し、多能性を完璧な形で証明したからこそ、というのも事実だ。

思い切って聞いた。「CDBの複数の先生が、若山先生の実験結果があったからこそ信じたと話しています。そのことはどうとらえていますか」。

「僕がノートを見るとかして、おかしいということを突き止めておけば、他の先生達が信じてしまうのは防げたと思う。ただその時点では、僕自身が信じていたから、すごいんだ、というのを（小保方氏と）一緒になって話をしてしまった。僕がキメラのデータを出して、笹井先生を含め皆が信じてしまったというのは、申し訳なかったと思います」

若山氏は謝罪の言葉を口にした。

税金の無駄遣い

一方で、次々に疑義が発覚する中、共著者の中でただ一人、若山氏だけが論文撤回を呼びかけ、細胞の解析を依頼するなど真相究明に向けて積極的に行動したのに対し、小保方氏や笹井氏、丹羽氏はＳＴＡＰ細胞の存在を主張し続けた。共著者の相反する行動に対しては、どう感じているのだろうか。

「ＳＴＡＰ細胞を作れるのは小保方さん一人しかいなくて、それを皆、自分では確認しないで信じていたわけですよね。もし全員が、再現しようとしてできないという経験をもっていたら、やっぱり怪しいんじゃないかと思い、本当のことを知りたくなるはず。でもその時点で、やっていたのが僕だけだった。理研の先生方がおかしいと言わなかったのは、そういうことだと思います」

「かつての同僚だった先生方が、科学者として一緒に行動してくれないということに、寂しさとか残念さはなかったですか」

「うーん……あまりそんな風には思わなかったですね。それぞれの先生の立場もあるし。僕は失敗をずっと繰り返していたので、僕が一番真剣に、本当にこれはおかしいんじゃないか、と思える立場にいたんじゃないでしょうか」

もう一つ、聞かなければならないことがあった。

ＳＴＡＰ問題によって科学の信頼は大きく揺らいだ。若山氏自身は、この問題に関わった科学者としての責任を、今後どう果たしていきたいと考えているのだろうか。

若山氏はしばしの沈黙の後、かみしめるようにこう語った。

「ＳＴＡＰに関してはもうすべて終わりにして、今後はまともな、皆の役に立つ研究をして成果を出していくことに専念したい。税金の無駄遣いのようなことになってしまったわけなので、新しい、ちゃんと役に立つ成果で償っていきたいです」

「ＳＴＡＰ研究は税金の無駄遣いだったということですか」

「ただ失敗しただけでは無駄遣いではないです。弱酸の刺激で初期化が起こるか、というテーマ自体は、楽しい、すごく良い実験だと思います。結果として失敗だったとしても」

「もし途中から、捏造行為があったとしたら？」

「その後は、もう全くの無駄遣いですよね」

私は常々、基礎研究に関して「役に立つ」か否かで意義を語るのはナンセンスだと考えている。将来の使い道が想像しきれるなら、それは真に独創的で画期的な成果とは呼べないと思うからだ。だが、このときばかりは、「役に立つ研究をしたい」という若山氏の言葉が、痛切に胸に響いた。

理研に睨まれる覚悟

日付が変わるころ、やっと甲府駅近くの宿泊先にチェックインした。永山デスクに電話で取材の模様を報告しながら、無力感がこみ上げた。並々ならぬ決意で取材に臨んだのに、思い描いた成果は得られなかった。せっかくのインタビューも、いつ記事化の了承が得られるかは分からず、「お蔵入り」になる可能性も十分にあった。

しかし、落ち込んでいる暇はない。現時点で裏取りできている確実な範囲で記事化することを提案すると、永山デスクも「分かった。それでいこう」と賛成してくれた。

「STAP問題　幹細胞不自然な遺伝子」という見出しの記事が掲載されたのは、六月四日付夕刊だった。要約すると次のような内容だった。

――「STAP幹細胞」を第三者機関で遺伝子解析した結果、論文に記載のあるすべての株で、実験に使ったはずのマウスと異なるマウスの遺伝子型が検出されるなど、さまざまな不自然な特徴が確認された。すでに理研側に伝えられたという。これらのSTAP幹細胞は、当時理研にいた若山氏の研究室の客員研究員だった小保方氏がマウスから作ったSTAP細胞を、若山氏が受け取って樹立した。元のマウスは若山氏が提供した。若山氏は取材に「今は話せないが、詳しい解析結果は近く、記者会見をして公表する」と話した――。

記事の前文（第一段落）では、不正認定されていないレター論文でSTAP幹細胞の詳細な分析結果が記載されていることに触れ、「論文全体の調査の必要性が一層高まりそうだ」と書いた。思い描いたスクープにはならなかったものの、第三者機関の解析結果を取り上げた最初の記事となった。

理研広報室や関係者への後日の取材で分かったことだが、この記事がきっかけの一つとなり、若山氏は六月五日に埼玉県和光市の理研本部に呼ばれ、野依良治理事長が本部長を務める改革推進本部の会合の席で、詳細な解析結果を報告した。

会合には、野依理事長や全理事をはじめ約三十人が出席し、CDBの竹市雅俊センター長もテレビ会議で参加した。

「この結果をすぐにも公表したい」という若山氏の意向に対し、多くの出席者は「早すぎる」と反対したという。ある関係者は毎日新聞の取材に、「中でも強硬に反対したのは竹市氏だった」と明かした。竹市氏は「細胞の出処が分からなければ意味がない」と発言し、野依理事長も「私も同意見だ」と相づちを打ったという（ただし、竹市氏本人にも直接確認したところ、「『細胞の出所が分からなくては特定の結論を導き出すことはできない』とコメントしたはずで、『意味がない』というような軽い発言をした記憶はない」という）。理事など他の出席者からも「論文の撤回が終わってから発表する方がよいのでは」「（丹羽氏らが進める）検証実験の中間報告の際に一緒に発表したらどうだ」などの意見が出た。

ＣＤＢ内で、細胞を光らせるＧＦＰという遺伝子を挿入されたＥＳ細胞やマウスをしらみつぶしに調べ、ＳＴＡＰ幹細胞の解析結果と合致するものを探そうという意見も出たが、結論が出るかどうかも分からない調査を待っていたら、発表の見通しは立たない。

折衷案としてＣＤＢ幹部の一人が提案したのが、ＣＤＢに保管されているＳＴＡＰ幹細胞についても同様の解析を実施し、第三者機関の結果と一致することを確かめてから発表するということだった。すでに染色体のどの部位を調べればよいか分かっているため、ＣＤＢでの解析は一週間ほどで終わると聞いて、若山氏も納得したという。

記事に「近く記者会見する」という若山氏のコメントを載せた手前もあり、成り行きに気をもんでいた私は、六月十三日に山梨大学からようやく記者会見の案内が出たとき、ほっとした。

永山デスクと一緒に会見で想定されるやりとりを考えた。当然、先日の取材で聞いたような話も出るだろう。「せっかくインタビューできたのだから、会見で出なかったエピソードや心情を示す言葉を、当日の紙面で別途まとめたら」と永山デスクに促され、逆に、事前に記事化したい気持ちが募った。

若山氏に改めて意向を問い合わせると、翌朝、了承の返信をくれた。

「須田さんには、日本の科学のために頑張ってくださったことを非常に感謝しております。たぶん理研にはそうとう睨まれますが、どうぞ記事を書いてください」

取材時には責任を問う質問もしている。報道である以上当然だが、若山氏を一方的に擁護するような記事にならないことは承知の上だろう。

若山氏が小保方氏の実験ノートを確認したことがなかったことや、ずさんさを見抜けなかった謝罪の言葉、数十回に及ぶ再現実験で焦りや不安を募らせた経緯をまとめたインタビュー記事は、六月十五日付朝刊に掲載された。

若山氏が解析結果を発表

翌十六日午後二時からの記者会見では、若山氏が自ら解析結果を発表した。主な内容を紹介しよう。

第三者機関が解析したSTAP幹細胞は、若山氏が小保方氏の作製したSTAP細胞を受け取り、ES細胞に適した培地で培養して変化させた細胞とされる。論文によれば、STAP細胞はさまざまな細胞に分化する多能性を持つが、自己増殖能はないので増やすことはできないのに対し、STAP幹細胞は多能性と自己増殖能を併せ持つ。ES細胞に非常によく似た性質だが、STAP細胞にはあった胎盤にも分化する能力は失っているという。

若山氏は、理研ＣＤＢで小保方氏と共同研究中の二〇一二年一月～二〇一三年三月に自ら樹立したＳＴＡＰ幹細胞を山梨大学に運び、冷凍で保存していた。

ＳＴＡＰ幹細胞の元になったＳＴＡＰ細胞は、いずれも生後一週間ほどのマウス二～三匹の脾臓から採取したリンパ球から作られたことになっている。ＳＴＡＰ細胞作製に使われたマウスには、「ＧＦＰ」という細胞を光らせる遺伝子が人工的に導入されていた。ＧＦＰ遺伝子は染色体の一部にランダムに挿入されるため、マウスの作製者によって染色体上のＧＦＰ遺伝子の挿入部位は異なる。実験に使ったマウスは若山氏が準備したもので、十八番遺伝子にＧＦＰが挿入されていた。

また、マウスのすべての染色体は、ヒトと同じように二本ずつあり、両方に同じ遺伝子が挿入されている場合（ホモ）と、一本だけに挿入されている場合（ヘテロ）がある。若山氏が準備したマウスでは、ＧＦＰ遺伝子はホモ、つまり二本の十八番染色体の両方に挿入されていた。

解析された十四株は四種類あり、ＳＴＡＰ細胞作製に使ったマウスの系統や作製時期がそれぞれ異なっていた。そのうち、論文上で最も重要な「ＦＬＳ」と呼ばれる八株は、マウスの系統こそ論文と同じだったが、八株すべてで、ＧＦＰ遺伝子が十八番ではなく十五番の染色体、しかも二本の染色体の片方のみに挿入されていた。これは、若山研が提供した、ＳＴＡＰ細胞作製に使ったはずのマウス由来ではないことを意味する（遺伝子の挿入部位については、後日、解析の誤りが見付かり、訂正されたが、元のマウスと矛盾しているという点は同じだった）。

「ＡＣ１２９」と呼ばれる二株は、十八番染色体の両方にＧＦＰ遺伝子が挿入されていたものの、系統が元のマウスと異なっていた。

「ＦＬＳ－Ｔ」と呼ばれる二株は、ＧＦＰ遺伝子が十八番染色体の両方に挿入されており、唯一、元のマウスと矛盾しない結果だった。ただし、ＦＬＳ―Ｔは、ＦＬＳの樹立の約一年後、同じ系統のマウスを使い、若山氏が小保方氏から習って作製したＳＴＡＰ細胞から樹立したもので、論文には記載されていない。

最後に、「ＧＬＳ」と呼ばれる株は、十三株あるうちの二株を第三者機関で解析したところ、系統やＧＦＰ遺伝子の挿入部位に矛盾はなかったが、二株ともメスだった。若山研で他の株の性別も確認したところ、十三株すべてがメスという結果になった。しかし、若山研の発表と同じ日に公表されたＣＤＢによる解析結果では、十三株すべてがオスという真逆の結果になっており、若山研も後日、解析結果が間違っていて、十三株すべてがオスだったと訂正した。オスであることを示すＹ染色体の一部に欠損があり、検出できなかったのが原因という。

マウスの赤ちゃんは、メスとオスがほぼ同じ数ずつ生まれる。複数の赤ちゃんマウスの細胞が元になったはずのＳＴＡＰ幹細胞の性別が片方だけに偏るのは不自然という。結局、性別については、ＧＬＳを含むすべてのＳＴＡＰ幹細胞がオスという結果になった。

これとは別に、ＦＬＳの樹立後に若山研で同じ系統のマウスの受精卵から作製したＥＳ細胞も解析した。十八番染色体の両方にＧＦＰ遺伝子が挿入され、元のマウスと矛盾はなかった。

まとめると、論文に記載のあったＳＴＡＰ幹細胞（ＦＬＳ、ＡＣ１２９、ＧＬＳ）のすべての株で、不自然な点が見付かった。また、唯一、矛盾のない結果だったと言えるＦＬＳ―Ｔは、同じ部位にＧＦＰ遺伝子を持つＥＳ細胞が作られた後に作製されていた。ＡＣ１２９とＧＬＳに関しても、それぞれの樹立時に、系統やＧＦＰ遺伝子の挿入部位が同じマウス由来のＥＳ細胞が若山研に存在したという。

若山研の解析結果まとめ

	系統	GFP挿入箇所	性別	
FLS	○	×	全てオス（8株）	
AC129	×	○	全てオス（2株）	同様のES細胞が存在
FLS-T	○	○	全てオス（2株）	同様のES細胞が存在
GLS	○	○	全てオス（13株）	同様のES細胞が存在

「（小保方氏は）ES細胞を自由に使える環境にあった」

ＦＬＳ－Ｔを除くＳＴＡＰ細胞を作製したのは小保方氏だが、作製に使ったマウスはすべて若山氏もしくは若山研スタッフが準備した。赤ちゃんマウスの段階で取り違えたとの仮説も成り立つが、度重なる実験で、ＧＦＰ遺伝子の導入された同系統のマウス、しかも生後一週間の赤ちゃんマウスを複数ずつそろえるのは容易なことではない。いつも他の研究室などから別の赤ちゃんマウスを持ち込んだと考えるのは非現実的だし、そもそもそんなことをする理由がない。逆に、マウス実験に精通した若山研で、ＳＴＡＰ研究に限って毎回、違うケージのマウスを使ってしまうなどの手違いが生じた可能性も薄い。

では何が起こったのか。そこで浮かぶのは、赤ちゃんマウスではなく、細胞を培養するいずれかの段階で、異なる由来を持つ細胞が混入した、あるいはすり替えられた可能性だ――。

「なぜこのような幹細胞ができたのか、全く分からない。僕の研究室から提供したマウスでは絶対にできない結果」。記者会見で、若山氏は困惑をあらわにした。ＳＴＡＰ細胞の有無については「絶対にないと証明することはできない」と明言しなかったものの、「これまでにＳＴＡＰ細胞があることを示す証拠はない。前提は崩れている」と述べた。Ｅ

S細胞が混入した可能性についても回答を避けたが、若山研に当時いた学生が小保方氏にGLSと同じマウス由来のES細胞を渡したことがあると証言したことなどを挙げ、「（小保方氏は）ES細胞を自由に使える環境だった」と説明した。

「予想していた中で最悪の結果。ショックだった」と心情を明かす若山氏の表情には、戸惑いと疲れがにじんだ。二時間半に及ぶ会見の中で、若山氏は「あったらいいな、という夢があった」と、何度かSTAP細胞への思いを口にした。三月の論文撤回呼びかけについては「撤回はつらい判断。絶対やりたくないことだが、そうしない限り研究者として生きていけないかもしれないと思った」と、苦渋の決断だったことをにじませた。

かつて実験成功の喜びを分かち合った小保方氏に対しては「僕はできる限りのことをしてきた。自身で問題解決に向けて行動してほしい」と呼びかけた。一方、「自分は不正には関与していない」と言い切った。

小保方氏や笹井氏が四月の記者会見などで若山氏に責任を転嫁するかのような発言を繰り返したことには「僕に全部押しつけられるんじゃないかという恐怖感があった」と振り返り、第三者機関に解析を依頼した動機の中には、自らの潔白を表明したいという気持ちもあったことを明かした。

小保方、笹井両氏とともに責任著者を務めた第二論文「レター」については、「笹井氏が執筆し、自分自身も理解できないような難しい内容になり、再現実験も成功できなかった。このため、昨年八月に責任著者から外してほしいと笹井氏に伝えた」と話した。笹井氏が引き留め、自身も「（責任著者になることに）少し魅力を感じて」残ることになったという。

理研は、現在は雇用関係にない若山氏への処分はしない予定だが、「僕自身で処分を決めるつもり」と、理研の懲戒委員会の結論が出た後、自ら山梨大学に処分を申し出る意向を示した。毎日新聞は十七日付朝刊の一面で解析結果の概要を伝え、社会面のトップで記者会見の模様を詳しく伝えた。

小保方氏も論文撤回に同意

時計の針を再び六月上旬に巻き戻そう。事態は風雲急を告げていた。三日夜、ＮＨＫは、公開されている遺伝子データを理研の研究者が独自に解析した結果のうち、ＳＴＡＰ細胞から樹立された「ＦＩ幹細胞」に関する結果を伝えた。

翌四日には、日本経済新聞の朝刊一面に、小保方氏が主論文の撤回に同意したという記事が掲載された。この記事では、主論文の責任著者の一人であるチャールズ・バカンティ米ハーバード大学教授はまだ撤回反対の意向を翻していないとしていたが、毎日新聞は四日付夕刊一面の最終版で、バカンティ氏もすでに撤回同意に転じているという独自の内容も加えて、小保方氏の同意を報じた。大阪科学環境部の理研への取材によれば、小保方氏から丹羽氏に宛てて、撤回に同意する署名入りの文書が三日に届いたという。

大阪の吉田卓矢、畠山哲郎両記者の取材によると、小保方氏の代理人の三木弁護士は四日の夕方、「本人の精神状態が安定せず、十分な把握はできていない。さまざまな精神的圧力を受け続け、判断能力が低下している中で、同意せざるを得ないような状況に追い込まれたということだと思う。彼女の本意ではない」と述べた。三木弁護士は、小保方氏が丹羽氏に文書を出したことを四日の報道で初めて知ったという。電話でのやりとりの中で、小保方氏は「私は何のためにここまで頑張ってきたのだろうか」「悲しいです」などと漏らし、落ち込んだ様子だったという。

小保方氏は四月九日の記者会見で、「論文を撤回すると、国際的にはこのＳＴＡＰ現象は完全に間違いと発表したことになる」と撤回を否定していた。三木弁護士は対応を一転させた背景について「（小保方氏は）撤回しないと懲戒解雇され、ＳＴＡＰ細胞の有無を調べる理研の検証実験に参加できないと考えたようだ」と述べ、「ＳＴＡＰ細胞があるということは事実で、論文がどうなろうがＳＴＡＰ細胞はある」と強調した。小保方氏も「論文の撤回をすることによって、（ＳＴＡＰ細胞が存在するという）事実そのものが無くなるわけではない」と話していたという。

最近の小保方氏の様子について、三木弁護士は、「精神状態が安定せず、ちょっと複雑な判断をせざるを得ないときなどに、時々思考が止まることがある。無言になるときもあるし、『もう分かりません』と言うこともある」と明かした。

毎日新聞の五日付朝刊三面のまとめ記事では、「疑惑消えぬ幕引き」の見出しで、理研や文部科学省が不正調査の継続に消極的だったことを伝え、小原雄治・日本分子生物学会研究倫理委員長の「論文が撤回されるからといって理研は調査を終えてはならない。どのデータが間違っているのか、なぜ間違いが起きたのか、問題点を明らかにしないと改革のしようがない。全て調べて明らかにするのが理研の責務」というコメントや、「撤回同意は不正の調査を逃れるためと思われても仕方ない」という国立大学教授の声などを盛り込んだ。

記事では、検証実験やＳＴＡＰ細胞作製の特許に関する話題も取り上げた。

検証実験は共著者の丹羽氏らが中心になって実施しており、七月にも中間報告を出す予定だったが、失敗しても仮説が完全否定されるわけではなく、「小保方氏がやればできる」という主張の余地が残ることから、改革委員会の岸輝雄委員長が「『ある』という人（小保方氏）が、期間を限ってやって、できなければ『ない』ということにしないといけない」と、小保方氏の実験参加を提案していた。理研も四日、小保方氏が実験に直接携わる可能性があることを明かした。

また、理研と小保方氏が所属していた東京女子医科大学、米ハーバード大学の関連病院の三機関が二〇一三年四月に国際出願していたＳＴＡＰ細胞作製の特許については、論文が撤回されてもそれだけでは出願は取り消されず、特許を与える各国の判断になるという。理研は「検証実験の結果を踏まえて判断したい」と、論文撤回後も当面は放置する構えだったが、特許に詳しい国立大学教授は「本当にこの分野の研究を目指す人にとって、今の特許出願が邪魔な存在になる恐れがあり、科学の発展につながらない」と懸念を示した。

同じ日の朝刊は他紙もＳＴＡＰ問題を大きく取り上げた。毎日新聞が五月下旬にスクープした笹井氏によるＳＴＡＰ研究の「囲い込み」など、ＣＤＢの自己点検検証の内容を一面で追った新聞もあった。

理研の情報統制

さて、二つの解析結果のうち、公開された遺伝子データの解析結果に関する取材では、苦戦が続いていた。

解析したのは、理研統合生命医科学研究センター（横浜市）の遠藤高帆・上級研究員らだった。遠藤氏自身が結果をまとめた理研の内部資料は比較的早期に入手でき、関係者が教えてくれた情報の正しさは確認できていたものの、肝心の本人への取材交渉が難航していたのだ。本人と挨拶を交わしたことのある八田浩輔記者が何度か取材依頼をしていたが、遠藤氏からは「解析結果の論文発表に向けて努力しており、取材は控えてほしい」という断りの返事が来ていた。

根幹部分については、東京大学の研究チームが同様の解析をして同じ結果を得ていた。だが、ことの重要性に鑑みても、また、遠藤氏が論文発表を目指しているならなおさら、最初に解析した本人のコメントがどうしてもほしかった。

入手した資料をもとに専門家への周辺取材を進める中で、当初知らなかった重要な事実も分かった。ＳＴＡＰ細胞の遺伝子データから検出された、八番染色体が三本あるという異常（トリソミー）を持つマウスは、胎児の段階で死んでしまい、生まれてこないということだ。長期培養しているＥＳ細胞でトリソミーが生じやすいことも、専門家に紹介された文献で確認できた。これらの事実は、少なくとも遺伝子情報が公開されている「ＳＴＡＰ細胞」が、実はＥＳ細胞だった可能性を示唆する。

これだけ重大な内容でありながら、理研は遠藤氏の解析結果の論文発表に待ったをかけていた。

加賀屋悟広報室長によると、遠藤氏は五月二十二日、理研幹部らにスライドを使って解析結果の全体を報告した。それに対し、理研は六月三日に、「論文発表前に科学者会議と内容についてよく議論するように」との指示を出したという。

「科学者会議」とは、トップクラスの研究者で構成された理研の内部組織で、メンバーには笹井氏も含まれる。公表に前向きな議論がなされるとはとうてい思えなかった。しかも、知り合いのメンバーの何人かに遠藤氏の解析結果について議論しているかを尋ねてみたが、その形跡はなかった。

「通常の論文発表で、そんな指示を出すことが今までにあったのですか」。皮肉を込めて聞いたつもりだったが、加賀屋室長は意に介さず、「アカデミアの同じ分野の中で、発表前にしっかり議論してくださいということです。ＳＴＡＰのときはそれができていなかったために問題になったわけですよね」と説明した。

また、理研が設置した外部有識者による改革委員会は、かねてから不正の全容解明に関する情報を求めていたが、理研は改革委に対しても、一部で報道されたＦＩ幹細胞に関する解析結果だけしか伝えていなかった。

理研が、若山氏が依頼した第三者機関の解析結果の公表にも反対していたことはすでに書いた通りだ。これが、科学的なデータと誠実に向き合うのが仕事であるはずの、優秀な科学者集団の行動だろうか。ため息が出るほかなかった。

記事化の道を必死に模索する中で、私はある有益な情報をキャッチした。六月十二日に予定されていた改革委員会の最終会合に、若山氏と遠藤氏が招かれ、二つの解析結果をそれぞれ発表するというのだ。

きっかけは、理研が公表に横やりを入れていることを知った委員の一人が、六月六日、他のメンバー全員に送った一通のメールだった。

「ご相談ですが、この二人を我々の委員会に正式に招聘し、内容を聞く機会をもつ、というのはいかがでしょうか？　ネイチャー論文の内容を揺るがす結果があるということを理研とともに委員会で共有し、それに基づいて提言する、という姿勢が大事だと思います」

委員会内で発表した内容であれば、十二日にまとめる提言書に解析結果を盛り込める。それによって、結果を「表に出す」ことが、委員達の最大の狙いだった。

これは報道のチャンスでもある。私は喜び勇んだ。改革委の会合は非公開だが公式の場であり、そこでの発表は公表とみなせる。これでやっと、二つの解析結果を記事化できる——。

だが、物事は思うように運ばないものだ。改革委の最終会合のまさに前日、NHKが昼のニュースで、遠藤氏のSTAP細胞の解析結果を報じた。

NHKにはあと一歩のところで先を越されたことがそれまでにもあったが、正直に言えば、このときほど悔しい思いをしたことはなかった。事前に準備していたのだろう。日経サイエンス誌も、ウェブ上で解析結果の詳細を伝える「号外」を出した。

予想外の出来事も重なった。この日、降圧剤バルサルタン（商品名ディオバン）の臨床試験疑惑で、東京地検特捜部が製薬会社ノバルティスファーマの元社員を薬事法違反（虚偽広告）容疑で逮捕するという大きな進展があったのだ。二〇一三年の日本医学ジャーナリスト協会賞を受賞したバルサルタン報道は、八田記者が河内敏康記者とともに取り組んできた重要なテーマだ。逮捕を受けた記事の準備で忙しい八田記者に代わり、遠藤氏に急いで電話を入れた。

STAP細胞の正体

遠藤氏は報道について「本意ではない」としながらも、慌ただしい問い合わせに答え、記事化を了承してくれた。

それではここで、遠藤氏らの解析結果を紹介しよう。

小保方氏らは、ＳＴＡＰ細胞や作製に使ったリンパ球、ＳＴＡＰ細胞から樹立したＳＴＡＰ幹細胞とＦＩ幹細胞、さらに比較対象としたＥＳ細胞やＴＳ細胞などを次世代シーケンサーを使って解析して得られた遺伝子データを、米国の国立生物工学情報センター（ＮＣＢＩ）のデータベースに登録している。このデータベースは誰でも閲覧でき、データをダウンロードすることもできる。

ちなみに、本来は論文発表時にデータが登録されていることが求められるが、小保方氏らが登録したのは論文が出てから約三週間後だった。

さて、生物の細胞の核の中には染色体があり、染色体は二重らせん構造をしたＤＮＡ（デオキシリボ核酸）が折り重なってできている。遺伝子はＤＮＡ上の決まった領域にあり、遺伝子が働いて特定のたんぱく質が作られる際は、ＤＮＡから必要な領域を写し取ったＲＮＡ（リボ核酸）ができる。ＤＮＡが生命の設計図とすれば、ＲＮＡはそれに基づいて作られるたんぱく質の青写真だ。

遠藤氏らが、ＳＴＡＰ細胞のＲＮＡデータを解析したところ、八番染色体が通常の二本ではなく、三本ある「トリソミー」だと判明した。八番染色体がトリソミーのマウスは、妊娠十二日目までには死んでしまい、生まれてこない。生後一週間の複数の赤ちゃんマウスから採取したリンパ球を使って作製したはずのＳＴＡＰ細胞ではあり得ない結果だった。

一方で、この細胞では、さまざまな細胞に分化する多能性と関連する遺伝子群が、高レベルで働いており、ＥＳ細胞やｉＰＳ細胞のような多能性幹細胞としての性質を備えていることも分かった。

ただし、遺伝子の働き方には論文との矛盾点もみられた。ＳＴＡＰ細胞はＥＳ細胞では分化しない胎盤にも分化する能力があるとされ、その証拠の一つとして、胎盤に分化する既存の幹細胞「ＴＳ細胞」に特有の遺伝子も働いていることが示されていた。だが、ＲＮＡデータからはその遺伝子の働きがみられなかった。つまり、ＲＮＡデータを見る限り、ＳＴＡＰ細胞にはＥＳ細胞並みの多能性はあっても、胎盤にも分化する能力はないということになる。

この「ＳＴＡＰ細胞」の正体は何か。専門家によれば、八番染色体のトリソミーは、長期培養しているＥＳ細胞で最も高い頻度でみられる染色体異常として知られ、長期培養中のＥＳ細胞の約三分の一程度でみられるという報告もある。遺伝子の働き方も踏まえると、「ＳＴＡＰ細胞」はＥＳ細胞か、培養されたそれに近い細胞だった可能性が高いという結論が自然だ。

実は、ＳＴＡＰ細胞のＲＮＡデータは、解析手法が少し異なるもう一種類のデータも登録されていた。遠藤氏らがそれも解析したところ、再び驚くべき結果が出た。こちらのＳＴＡＰ細胞では、多能性に関連する遺伝子群が全く働いていなかったのだ。この「ＳＴＡＰ細胞」の正体は、多能性を持たない体細胞だったとみられる。

遠藤氏は、電話取材の際に興味深い点を指摘した。これら全く異なる二つのＳＴＡＰ細胞のＲＮＡデータは、レター論文中の二つの樹形図で示されたＳＴＡＰ細胞の性質をそれぞれ満たすようなデータになっているというのだ。

確かに、トリソミーのあったＳＴＡＰ細胞のデータが使われている樹形図１では、「ＳＴＡＰ細胞は、発生が少し進んだ受精卵（桑実胚や胚盤胞）に比べ、ＥＳ細胞に近い」ことを示している。もう一方のＲＮＡデータに基づく樹形図２は、「ＳＴＡＰ細胞はＴＳ細胞やＥＳ細胞

樹形図１（レター論文 追加図6d）

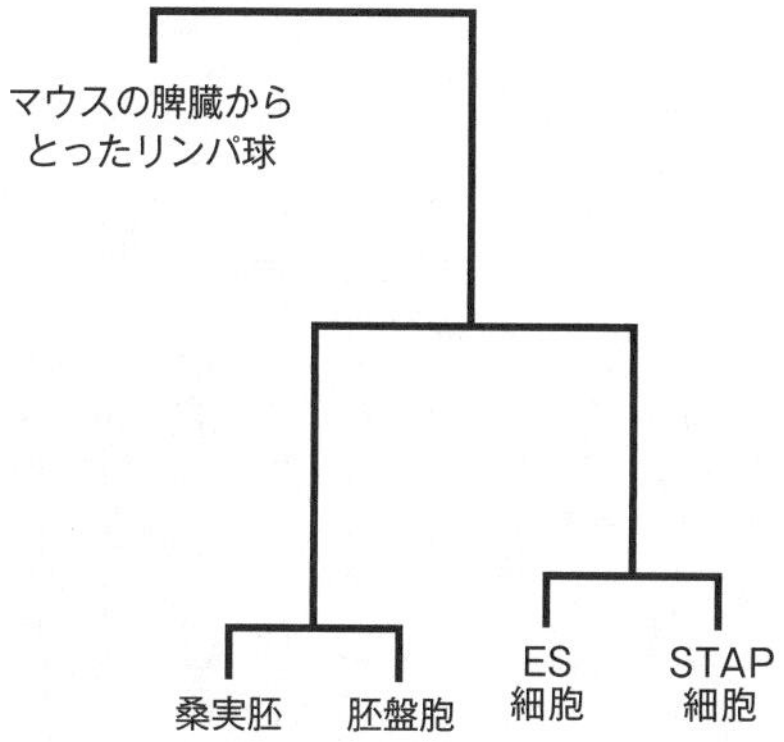

樹形図２（レター論文 図2i）

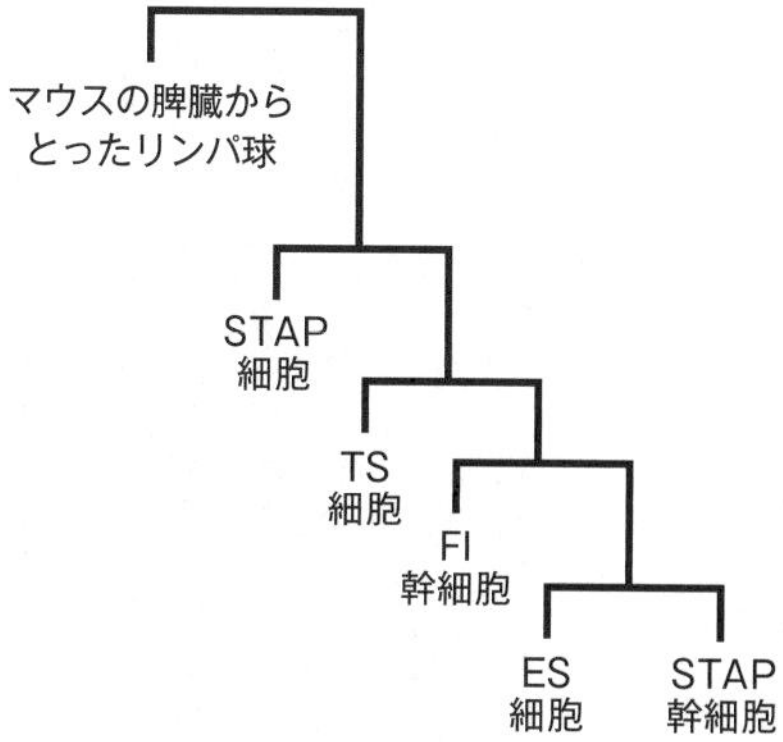

に比べると、元のリンパ球と近い」ことを示す。二つの樹形図は論文の中で、ＳＴＡＰ細胞が既存の細胞とは異なる新たな多能性細胞であるという主張の裏付けとして登場している。

　このことは、解析に用いた各ＲＮＡのサンプルが、ＳＴＡＰ細胞ではなくＥＳ細胞や初期化されていない体細胞のサンプルとうっかり取り違えられたのではなく、論文の主張に沿う樹形図を描くための材料として、意図的に準備された可能性を示唆する。

　さらに、ＦＩ幹細胞のＲＮＡデータの解析結果も、意図的な操作をうかがわせる内容だった。

　論文によれば、ＦＩ幹細胞は、ＳＴＡＰ幹細胞と同様にＳＴＡＰ細胞を特殊な培地で培養して樹立し、体のあらゆる細胞だけでなく、胎盤にもなるＳＴＡＰ細胞特有の多能性を残したまま、自己増殖能を持たせた細胞とされる。

　ＦＩ幹細胞の元になったＳＴＡＰ細胞は、「１２９」と「Ｂ６」という二系統のマウスを掛け合わせたマウスのリンパ球から作製されたはずだった。ところが、解析によれば、B6マウス由来の細胞が九割、「CD1」という系統のマウス由来の細胞が一割ほどを占める二種類の細胞の混合物であることが分かった。B6由来の細胞は、STAP細胞のRNAデータ同様、八番染色体が三本あるトリソミーで、遺伝子の働き方はES細胞によく似ていた。FI幹細胞では、胎盤になるTS細胞特有の遺伝子が、TS細胞の十％程度のレベルで働いているほか、それらの遺伝子には、CD1マウスと同じDNA上の微小な変異があった。

これらの結果から、FI幹細胞は、論文に記載された系統の生きた赤ちゃんマウスの細胞から作られたSTAP細胞を培養して樹立されたものではなく、異なる系統のマウス由来のES細胞に近い細胞と、また別の系統のマウス由来のTS細胞に近い細胞が、九対一程度の割合で混ぜられた細胞だと分かった。

同時に、胎盤にもなるという性質を示すRNAデータが、TS細胞を混入させることで意図的に作られた疑いが生じた。

FI幹細胞のRNAデータは一種類しか登録されていないが、このデータもやはり、レター論文中の樹形図の作成に使われている。樹形図2では、FI幹細胞はES細胞とTS細胞の中間の細胞として位置付けられており、STAP細胞同様、論文の主張に沿うようにサンプルが調整されたのでは、という推測も成り立つ。内部資料では、培養時ではなく解析の直前に、ES細胞とTS細胞、あるいはそれぞれのRNAのサンプルが混ぜられた可能性があるとしている。

検証実験はもういらない

私はすでに、これらの結果をまとめた理研の内部資料を、複数の専門家に見せ、意見を聞いていた。

ある国立大学教授は、「ES細胞に極めて近い細胞が、どこからか混ざったことになる。『STAP細胞＝ES細胞』説を支持する結果だ」と語った。

「こういう解析は、再現性の確認より前に、もしくは並行して、理研が主体的に取り組むべきだった。現時点でいえば、この解析結果の確からしさをまず検証すべきではないか。正しいとなれば、なぜ今の検証実験をやるのかという疑問もわく。もしSTAP細胞がES細胞そのものなら、検証実験をやる意味もなくなる」

教授はさらに、「理研は経緯をちゃんと説明していない。どうしてこの人（小保方氏）を採用したのか。共著者の専門家達が、なぜ見破れなかったのか。若い人を奨励するのはいいことだが、それに失敗したということだろう。なぜ失敗したのかという総括は必要だ」と理研の対応を批判し、最後にため息交じりにつぶやいた。「しかしこれは、歴史に残る大スキャンダルだね……」。

また別の国立大学教授も、結果についての見解は同じだった。検証実験についても「このデータを信じると、また著者が論文を撤回することからも、論文で主張された主要な発見を否定することになる。検証実験はもういらない。あとは関係者の処分だろう」と言い切った。

それから、「理研がなぜこの解析結果を出さないのか、僕には不思議だ」と首をかしげた。

「だって、『トカゲのしっぽ切り』をするには最も好都合なデータでしょう。世間の多くの人はまだ、『小保方さんは未熟な研究者だけど、それほど悪質なことはできない』と見ている。『はしゃいでことを大きくしてしまったのは理研なのに、彼女にすべての責任を押しつけようとしている』と同情的に見ているわけだ。でもこの結果から素直に考えると、彼女が実は悪質だったということになる。『ES細胞と非常によく似ているけど、ちょっと違うものを作る』という明確な意図が感じられるからね。もっとも、彼女が一人でこんなことを思いつくかな、という疑問もわくけれど」

主な解析結果については小保方氏の見解も求めたが、代理人の三木秀夫弁護士からは「メディアからの個別の個人攻撃的な質問について、それ自体に精神的ダメージを受けていることから、主治医より『精神的な配慮から対応をやめて静養につとめること』との指示を受けていますので、回答をお断りいたします」という返信があった。

六月十二日付の朝刊で、私は遠藤解析について本記と解説の二本の記事を書いた。本記は、「STAP細胞」の八番染色体トリソミーに絞ってまとめ、「解析結果を信じるならば、生きたマウスから作ったとは考えにくく、ES細胞をSTAP細胞として使った可能性もある」という菅野純夫・東京大学教授（ゲノム医科学）のコメントや、小保方氏の回答がなかったことも盛り込んだ。

解説記事では、「致命的だ」という専門家の声とともに、もう一種類のSTAP細胞やFI幹細胞のデータの解析結果も紹介。ことの重大性を伝えるべく、「計画的な捏造行為があった可能性もある」という、これまでより踏み込んだ表現を使った。理研が検証実験を優先させ、遠藤解析の結果を報道されるまで認めてこなかったことにも触れ、改めて不正の全容解明を求めた。

ところで、解析にまつわる時系列を整理すると、あることに気付く。

後のCDB自己点検委員会の記者会見では、公開された遺伝子データは、STAP論文二本がネイチャー誌に投稿された後の二〇一三年五～九月に解析され、解析用のサンプルはすべて小保方氏が準備したことが明らかになった。

若山氏は前年に山梨大学教授に着任し、三月末に山梨大学に実験室を移転していて、すでにCDBにいなかった。

一方、小保方氏は二〇一二年十二月から笹井氏と二人三脚でSTAP論文の作成に取り組み、二〇一三年三月一日にCDBの研究ユニットリーダーに就任してからも、新しい研究室が整うまでの約八カ月間を主に笹井研究室で過ごしたとされる。

第三者機関によるSTAP幹細胞の解析結果と、STAP細胞やFI幹細胞の遺伝子データの解析結果は、それぞれ重大な不正行為があった可能性を示しているが、前者のSTAP幹細胞の作製は小保方氏と若山氏、後者の遺伝子データは小保方氏と笹井氏、さらに遺伝子解析を担当した共著者の共同作業だった。両方の過程に深く関わっているのは、小保方氏一人だ。

二つの解析結果によって、STAP問題は真相究明に向けて大きく前進したが、同時に、深刻さの度合いも一段と増したと言えよう。だが、理研が調査の重い腰を上げる気配は、まだ見えなかった。

第九章　ついに論文撤回

改革委員会はCDBの「解体」を提言。こうした中、小保方氏立ち会いのもとでの再現実験が行われようとしていた。しかし、論文が捏造ならそれは意味がないのでは？　高まる批判の中、私たちは竹市センター長に会う。

「世界三大不正の一つに認知されてきた」

ＳＴＡＰ細胞の遺伝子データの解析結果に関する記事が掲載された当日の六月十二日、理化学研究所の「研究不正再発防止のための改革委員会」は最終会合で理研の改革案の提言書をまとめ、その日のうちに発表した。「発表を後日にすると、理研が内容に口出しする恐れがある」という理研への不信感からだった。

改革委員会は外部の有識者だけで構成され、野依良治理事長を本部長とする理研の「研究不正再発防止改革推進本部」がまとめる行動計画（アクションプラン）への提言をする第三者委員会として四月上旬に設置された。多くの場合、こうした委員会はお手盛りになりがちで、理研をよく知る官僚も「ソフトランディング（軟着陸）の結論になるだろう」とみていた。

だが、設置後も次々と発覚した論文の新たな疑義について、改革委員会は理研に再三、調査の開始を要請。会合が回を重ねるごとに理研との対立姿勢が鮮明になり、提言も思い切った内容になるとみられていた。

東京都内で午後七時近くと遅い時間に始まった改革委員会の記者会見には、委員長の岸輝雄・新構造材料技術研究組合理事長をはじめ、分子生物学の研究者、弁護士など六人の委員全員が出席した。毎日新聞からは私と大場あい、千葉紀和両記者、大阪から出張してきた畠山哲郎記者が取材にあたり、本社では清水健二・遊軍キャップをはじめ複数の記者が原稿のとりまとめ作業にあたった。

岸委員長は冒頭で「この不正事件だが、ヨーロッパの友達から、すでに世界の三大不正の一つに認知されてきたというメールをもらった」と切り出し、STAP問題が二〇〇〇年代に起きた科学史に残る二つの論文不正事件に匹敵する大問題だという認識を示した。

岸委員長が挙げた一つは、米ベル研究所の高温超伝導研究で大量の論文不正が起きた問題で、不正行為をした若手研究者の名前をとって「シェーン事件」と呼ばれる。もう一つは、韓国ソウル大学の黄禹錫《ファン・ウソク》教授（当時）が、ヒトクローン胚からES細胞を作ることに世界で初めて成功したと発表し、後に捏造と分かった問題で、刑事事件に発展したことでも知られる。

提言書は、STAP問題の背景にある理研の「構造的な欠陥」を厳しく指摘し、STAP研究の舞台となった発生・再生科学総合研究センター（CDB）の「解体」を含む抜本的な改革を迫るものだった。改革委員会が独自に収集した情報も踏まえてまとめられた提言書の、主な内容を紹介しよう。

改革委員会では、調査委員会やCDB自己点検検証委員会の報告書や、理研から提出された資料、改革委会合での関係者への聞き取り調査を踏まえて、ＳＴＡＰ問題の経過や原因を分析した。

小保方晴子氏は、国立大学では准教授に相当する「研究ユニットリーダー」に抜てきされたが、過去の論文や応募書類の精査もされず、英語のセミナーなど必要な手続きをことごとく省略する「異例づくめ」の採用だった。改革委員会は、ＣＤＢが小保方氏の研究者としての資質と実績を評価したというよりも、「ｉＰＳ細胞研究を凌駕する画期的な成果を獲得したいという強い動機に導かれて小保方氏を採用した可能性が極めて高い」と推測。若山研での研究活動についても聴取されず、「採用は最初からほぼ決まっていたと評価せざるを得ない」「（採用過程は）にわかには信じがたいずさんさ」と批判した。

「人事委員会のメンバーは『同時に採用された他のＰＩ（研究室主宰者）に比べ、小保方氏は研究者としてのトレーニングが不足している』と認識していたが、小保方氏自身の研究テーマに予算をつける必要性などを考慮すると研究員ではなく（ＰＩである）研究ユニットリーダーとして採用する必要があった」。竹市雅俊センター長が改革委員会の聞き取り調査でそう答えたことも踏まえ、「画期的な成果の前には必要な手順をいともたやすく省略してしまう。こうしたＣＤＢの成果主義の負の側面が、ＳＴＡＰ問題を生み出す一つの原因となった」と指摘した。

ＳＴＡＰ論文の作成過程については、笹井芳樹・ＣＤＢ副センター長が秘密保持を優先し、「外部からの批判や評価が遮断された閉鎖的状況」を作り出したうえに、生データの検証を全く行うことなく、ＣＤＢ幹部も論文発表まで秘密とすることを容認したことや、笹井氏が共著者間の連絡に消極的だったため、共著者の若山照彦・山梨大学教授や丹羽仁史プロジェクトリーダーが論文作成過程に深く関与しなかったことなどから、ＳＴＡＰ論文が他の研究者による検討や、データの再検証をされないまま「拙速に」作成されたと指摘。また、「ＳＴＡＰ研究は新しいプロジェクト予算、それも巨額の予算獲得につながる研究と期待された可能性」があり、グループディレクターとして「予算要求」を担当する笹井氏も、そのような期待のもとに行動したと推測した。

改革委員会は、小保方氏のずさんな研究データの記録・管理についても、それを許容したＣＤＢの責任を追及した。

ＳＴＡＰ論文の実験が進められていた二〇一二年当時、小保方氏の所属長は若山照彦・山梨大学教授だったが、若山氏は同年の四月以降は理研と雇用関係にない非常勤の「招へい研究員」だった。改革委員会は、ＣＤＢが外部研究者の若山氏に、同じく外部研究者の客員研究員である小保方氏のデータ記録・管理の責任を負わせていたことになると指摘した。二〇一三年三月以降は竹市氏が小保方氏の所属長となったが、竹市氏は聞き取り調査で「そういう管理的なコンプライアンス的なことは私はしておりません」「すべての新任のＰＩに対してやっていませんでした」と述べたという。改革委員会は、竹市氏がデータの記録・管理について確認・指導をしておらず、「責務を認識さえしていないことをうかがわせる」として、ＣＤＢでは「データの記録・管理の実行は研究者任せで、組織としての取り組みはほとんどなかったと言わざるを得ない」とした。

小保方氏のずさんな採用プロセス、ＳＴＡＰ研究の閉鎖的状況、研究者任せのずさんなデータ管理――。改革委員会はこれらの複合的な原因は、いずれもＣＤＢが許容し、その組織体制に由来すると分析。ＳＴＡＰ問題の背景には、「**研究不正行為を誘発する、あるいは抑止でき**

ない、組織の構造的な欠陥があった」と結論づけた。さらにその大元には、CDBが二〇〇〇年四月の発足以降、ほぼ同じメンバーで運営されてきたことによる「トップ層のなれ合い関係によるガバナンス（組織統治）の問題」があると指摘した。

ガバナンスの問題

理研本体に対しても、研究不正防止のため管理職に義務付けた研修の受講率が四十一％に過ぎないなど、不徹底な状態が「漫然と放置」されてきたこと、実験ノートの管理・運営システムの導入が一部センターのみにとどまり、理研全体としての取り組みは形式的だったことなどを挙げ、「研究不正防止に対する認識が不足している」と批判した。

「さらに深刻な問題」として改革委員会が言及したのが、STAP問題が生じた後の理研の対応のまずさだ。

・二本の論文の生データの有無の確認や内容の精査などのいわゆる「論文検証」をしていない
・調査委による調査の終了後、不正認定のなかった第二論文「レター」で新たな複数の画像の疑義が明らかになったほか、若山氏が依頼したSTAP幹細胞の遺伝子解析結果や、理研の遠藤高帆・上級研究員による公開遺伝子データの解析でも、捏造を疑わせる重大な疑義が見付かり、「研究不正の事実そのものの全容解明は未だなされていない」にもかかわらず、著者が論文を取り下げる予定であることを理由に調査しない意向を示している
・相澤氏や丹羽氏による「検証実験」も、論文にあったテラトーマ実験を予定していないこと

などから、再現実験として不備があると指摘されているのに、こうした疑問に向き合うことなく実験を進めている

――こうした理研の対応について改革委員会は、「研究不正行為の背景及びその原因の詳細な解明に及び腰ではないか、と疑わざるを得ない」「研究不正行為を抑止できなかった自らの組織の問題点や深刻な社会的疑義を引き起こした責任について、自覚が希薄ではないか、と疑われる」とトップ層を批判した。

笹井氏が大部分を取り仕切った一月二十八日の報道発表についても、「ｉＰＳ細胞研究について社会一般に誤った認識を植え付け、ＳＴＡＰ研究に不適切な期待を抱かせる内容だった」うえに、「必要以上に社会の注目を集めた」と指摘。最終的な責任を負う理研広報室がＣＤＢをコントロールできず、混乱を招いたのは「理研のガバナンス上の問題」の表れだと分析した。約三千四百人の研究者と職員を擁する大組織にもかかわらず、理事長を含め六人の理事のうち研究担当理事は川合眞紀氏ただ一人で、理研の外部の有識者が参加する仕組みがないなど、「貧弱過ぎるガバナンス体制」も、問題への正しい対処を難しくしているとした。

ＣＤＢ解体

以上の原因分析を踏まえて、改革委員会は次の改革案を提言した。

●ＣＤＢについて

・小保方氏、笹井氏、竹市氏に相応の厳しい処分を下し、現センター長や副センター長の交代を含め、組織の人事を一新する。責任が重大な前副センター長の西川伸一、相澤慎一両特別顧問は新組織の上層部から排除する

・「人事異動などの通常の方法では欠陥の除去は困難」なため、任期制の職員の雇用を確保したうえで早急にCDBを解体する。新たなセンターを立ち上げる場合は、トップ層を交代し、研究分野及び体制を再構築する

●理研本体について

・コンプライアンス担当理事と研究担当理事を交代し、研究担当理事を少なくとも二人に増やす

・公正な研究の推進と研究不正防止を担う理事長直轄の本部組織（研究公正推進本部）を新設する

・理事と外部委員による経営会議を新設する

・外部有識者のみで構成する「理化学研究所調査・改革監視委員会」を新設し、改革の実行をモニタリング・評価する

●STAP論文について

・小保方氏自身にテラトーマ実験を含む再現実験をさせる

・研究不正防止規程に基づき速やかに第二論文「レター」の調査をして、研究不正行為の有無をはっきりさせる

・新設する監視委員会により、論文二本について各図版の生データの有無の確認や内容の精査、各実験手法や試料などを調べる「論文検証」を徹底して行い、研究不正行為が行われた経緯を解明する

おそらく遠藤氏を念頭に置いたのだろう。提言の「結語」では、「真相と科学的真実の解明のため勇気ある行動をとっている研究者」が不利益な扱いをされないよう、理研に強く求める文面があり、岸委員長は「ここは非常に重要」と強調した。そして、「ネイチャー論文は撤回される見通しだが、ＳＴＡＰ問題が日本の科学研究の信頼性を傷付けている事実は消えていない。世界中が注目している。科学者自らによって、解明、解決されなければならない」と説明を締めくくった。

また、中村征樹・大阪大学准教授は「ＣＤＢ解体」について、「単に潰して終わりと言うことではなく、原点に立ち戻って、どういう研究機関であるべきか再考して再出発してほしい」と趣旨を説明し、岸委員長は、「今年中にやらないと遅い。新組織も来年度にスタートすべきだ」と早期の取り組みを求めた。

会場からは、最終会合で若山氏と遠藤氏がそれぞれ発表した解析結果への見解や、「ＳＴＡＰ細胞の正体」に質問が集中したが、改革委のメンバーが、もはやＳＴＡＰ細胞の存在を信じていないことは明らかだった。市川家國・信州大学特任教授が「理研の方々も、あのデータを見ると、再現実験は意味がないとそろそろお考えになっているのでは」と皮肉たっぷりに言えば、塩見美喜子・東京大学教授も「（ＳＴＡＰ細胞が）ＥＳ細胞の可能性が高いと言えるか」という質問に「そのように私は理解しています」とはっきりとした口調で答えた。

岸委員長も、「改革委の皆さんは、STAP細胞はなかったという見方で一致しているのか」と重ねて聞かれ、「STAP現象があると言った人がやっぱり何もなかったと言わない限り決着がつかないのでしっかりやりましょうというのが我々の提案。……しかし、あなた（記者）の質問はだいたい我々の意思に沿っているのかなと思う」と認めた。

竹市氏の「サイエンス」

続いて午後八時五十分から、CDBの竹市センター長と自己点検検証委員会委員長を務めた鍋島陽一・先端医療振興財団先端医療センター長らも記者会見した。先端医療センターは、CDBに隣接する施設で、その名の通り、再生医療などの先端医療の実施拠点となっている。CDBの高橋政代プロジェクトリーダーが率いるiPS細胞を使った初の臨床研究も共同で実施するなど、CDBとは極めて密接な関係にあった。さらに、鍋島氏自身も二〇〇〇～二〇〇九年にCDBの外部評価委員を務めており、鍋島氏が委員長になったことについては「外部識者とは言えない」という批判の声もあった。

自己点検検証委員会の報告書はこの日発表されたが、五月に独自に入手していた報告書案とほとんど同じ内容だった。

冒頭で「センター長としては検証結果を踏まえ、CDBの組織のあり方に問題があったと認識するに至った」と語る竹市氏の表情は険しかった。「CDB解体」を突きつけた改革委員会の改革案については「非常に厳しい提言。組織改革を考えており、解体までは考えていなかった。大きなことで、優秀な若い研究者がいますから、場所がなくなるのは困る。どう受け止めるかは、やはり少し考えたい」と述べ、解体後のあり方について問われると「この分野では国際センターとして確立しているので、国際的な期待を裏切らないためには当面はこの分野で続けるのがいいと思う」と、存続の意向を率直に示した。

自らの進退については「理研と相談しながら考えたい」とし、竹市氏の責任に触れた提言書の具体的な内容についての質問には「文書は頂いたがほとんど読んでいない」と回答を避けた。

また、遠藤・若山解析を受けて、改革委員会のメンバーから「検証実験は無意味」という声も挙がったことについては、自らの信念を交えてこう語った。

「遺伝子解析データが論文の大きな矛盾点を指摘し、論文の多くのデータが間違っていることは承知しているが、それが全てを否定しきるものであるかは、データを出した方から直接説明を受けていない。科学の歴史はある時代には間違っていたとされても次の時代には正しいとされる、というようなことの繰り返し。全てが間違っているかは相当慎重に考える必要がある。科学者の立場からは全ての可能性は調べるべきで、検証実験も意味があると思っている」

私は、改革委員会の提言書が多くのスペースを割いたSTAP論文の問題発覚後の対応について、自己点検検証委員会の報告書ではわずか九行しか記載のないことが気になっていた。自己点検の過程で実施され、関係者によれば竹市氏や鍋島氏にも報告されているはずの全画像調査に至っては、一行の記載もない。

「自己点検の報告書は、問題発覚後の対応について、深い分析がなされていない印象があります。改革委員会の提言では、『原因の解明に及び腰』と厳しく指摘されていますが、CDBと竹市先生自らの対応について、改革委の指摘をどう受けとめていますか」

そう質問すると、竹市氏は「まず通報があり、通報は直ちに理研本部に伝えている。新しい情報を得た場合もただちに通報している」と答えた。

「ＣＤＢ全体についてはどうでしょうか」

「論文にどんな問題があったかどうかは、自己点検チームというＣＤＢのメンバーからなるチームがあり、そこで調べた過程でいろいろ問題が見付かった。自主的な調査は、これ以上ないというくらいまで行いました」

「調査の内容は報告書に盛り込まれていませんが」

「それは鍋島先生の委員会の調査対象ではないし、チームが見付けた問題点は理研本部に伝えております」

「公表の必要性はないとお考えでしょうか」

「公表は理研本部にお任せしました」

自己点検チームは、竹市氏を含む笹井氏以外のグループディレクター四人と、斎藤茂和・理研神戸事業所長の五人で構成され、柴田達夫・研究ユニットリーダー、今井猛チームリーダーがオブザーバーとして参加した内部調査チームだ。自己点検では、このチームが資料の収集、整理、分析を担当し、報告書をまとめる際は検証委員会との合同会議を三回も開いている。

五月下旬に、チームが見付けた新たな疑義について取材したとき、理研広報室は、「（全画像調査は）自己点検小委員会の調査の一環ではない」と強く主張し、「情報提供はあるが提供元は明かせない。調査を求める通報と受けとめていない」とコメントした。こうした対応を思い出す限り、理研本部が今後、全画像調査の結果を公表することは期待できそうもなかった。

「遠藤・若山解析についてはどう受けとめますか」

「若山先生が発表される予定になっているので、それを待っております。公式に発表していないのにそれを議論するのは、憚られるというか、問題があると思います」

関係者によれば竹市氏は公表に強く反対したはずだが、そんな経緯は微塵も感じさせない話しぶりだった。

「ＳＴＡＰ細胞がＥＳ細胞だったことを強く示唆するような結果も出ていますが」

「あいまいな点が残っただけであって、そういうことを示唆するとは考えておりません」

私は遠藤解析について聞いたつもりだったが、竹市氏は若山解析について述べたように聞こえた。

遠藤解析については、別の記者からの質問で竹市氏は、「捏造かどうか、そのデータからだけでは判断できませんよね。それは誰がしたのか、どういう段階を経たのかとかが分からなければ、結論は出せないと思いますけど」と述べた。二つの解析結果に対する竹市氏の受けとめ方が、改革委員会と大きく異なることは明らかだった。

この日発表された野依良治理事長のコメントには、「ＳＴＡＰ研究で使用された細胞株等の保存試料の分析・評価等を進めている」という一文もあった。私は自分の質問の最後に、その分析の具体的な状況を竹市氏に尋ねた。

「若山先生が持っているものとＣＤＢに残っているものはかなり重複するが、ＣＤＢにしかないものもどうもあると思われるので、解析をやっております」

「ＣＤＢにしかないものというと、生きたキメラマウスとかテラトーマのプレパラートだと思いますが、すでに解析しているということでしょうか」

「おっしゃる通りです」。結果はまだ出ていないが、「データが出て、その確認をしてから公表する」という。解析はいったいいつ始めたのだろうか。私は四月の丹羽氏の記者会見で、残存試料の全容や、解析の計画を公表するよう要望したが、理研からはその後、特に発表はなかった。もし早期にそれらを公表していれば、改革委員会の印象はだいぶ変わったはずだ。

質疑応答の終盤、改めて小保方氏を採用した動機や、ＳＴＡＰ研究の成果を信じた理由を聞かれると、竹市氏はこう語った。

「一般的に私は懐疑的なんですよ。意外なものは怪しいものが多いですよね。でも、この件に関しては信じたんです。データの全体像がリーズナブルだったからです。疑う余地はなかった」

「研究者として今の状況をどう思いますか」

「非常に複雑な思いです。論文にたくさん間違いがあるのは明白ですから。ただ、科学の世界には不思議なことがいっぱいある。それをすべて否定したらサイエンスではなくなると思う。不思議なことを尊重して、最後まで調べたい。それが検証実験だと思っています」

崖っぷち

毎日新聞は六月十三日付の朝刊で、改革委員会の提言内容を伝えた。三面のまとめ記事で大場あい記者は「今後、理研が『痛み』を伴う抜本改革に踏み出せるかどうかが信頼回復のカギを握る」「理研が今回の提言を軽視するようなことがあれば、国民の信頼を取り戻すことは難しく、特定法人への指定の道も遠のく」と書いた。

大阪科学環境部の斎藤広子記者は、大阪本社版の記事でＣＤＢの若手研究者の受けとめを伝えた。ＣＤＢでは十二日夜、一部の研究者が一室に集まり、インターネット中継で改革委の記者会見の模様に耳を傾けたという。

北島智也チームリーダーは、「問題が起きた以上、外部の意見は重く受けとめないといけない」としつつも、「解体とは具体的に何を想定しているのか。研究室の廃止というなら到底納得できない。そうでなくても、今後の研究に支障が出ると非常に困る」と不安を漏らした。「解体が単なる見せしめなら反対」と不満そうに語った三十代のPIもいた。CDBは若手の積極的な登用で知られ、海外から国内に戻る若手研究者の貴重な受け入れ先にもなっており、このPIは、「若手の登用や縁故採用の廃止という現在のCDBの方針と逆行するなら大変残念」と訴えた。

一方、野依理事長は十三日、下村博文・文部科学相、山本一太・科学技術担当相と相次いで面会し、改革委の提言を踏まえて研究不正防止の行動計画を策定する方針を伝えた。文科省は、理研の改革に向けた作業チームを省内に設置し、理研の指導を強化することを決めた。

大場記者の取材によると、野依理事長は山本科技担当相との会談で「早く幕引きをしているというような報道があるが、決してそういうことではない」と述べ、検証実験と並行して、残存試料の分析や公開された遺伝子データの解析を「鋭意やっている」と強調した。

山本科技担当相は「提言書は非常に説得力があった。（論文の）徹底的な調査を大臣として強くお願いした」と話した。理研を特定国立研究開発法人に指定する法案については、国民の理解が得られるような改革ができない場合は、今秋の臨時国会への提出は難しいとの見解を示し、「理研は崖っぷちに来ている。危機感を持ってほしい」と語気を強めた。

翌日、共同通信は、提言で辞任を求められた前副センター長の西川伸一・特別顧問が「辞意を固めた」と報じた。西川氏にメールで理由を問い合わせると、「（辞任は）改革委の考えに賛同してのことではない」という返信があった。「もともと（副センター長を）辞めた後は年寄りが口出ししないという考えから顧問就任は固辞したのですが、請われてそのままになっていました。ただ、顧問という立場では当然理研の側にたって発言する必要があります。従って、自由に発言する意味でも顧問を辞めることにしました」。

「私が危ないと思うところは全部削除した」

週明けの十六日には若山氏が解析結果を発表する記者会見を開くなど、目まぐるしい日々が続いたが、合間を縫って解散した改革委員会の元メンバーに取材した。

ある元委員は、最終会合で若山、遠藤両氏が解析結果を説明したことについて、「提言に二つの解析を文字として残せたのは大きい。私たちが想像でものを言っているのではないことを、きちんと示すことができた」とほっとした様子で語った。二人の出席は会合の二日前に決まったという。事前に委員に送られた発表資料をもとに主要な解析結果を急遽提言書に盛り込んだ。完成したのは、当日の十二日に日付が切り替わってまもなくだった。

元委員の一人、中村征樹・大阪大学准教授は、大阪科学環境部キャップの根本毅記者の取材に実名で応じ、「委員会発足当初は『解体』とまで考えていなかったが、疑惑発覚後の理研の対応がまずかった」と、厳しい提言となった理由を語った。

中村准教授は、疑惑発覚後の問題点として、▽論文の調査中だった三月、ＳＴＡＰ細胞の作製が可能かどうかを確認せずにプロトコルを公表した▽笹井氏が謝罪記者会見で「論文をまとめる最終段階で参加した」など責任逃れと受けとめられても仕方がない発言をした▽自己点検検証委員会の報告が遅れた――などを挙げ、「ＣＤＢが中心になって事態を解明し、問題を解決すべきだったが、不十分だった」と述べた。

根本記者とともに取材した別の元委員も「四月の段階では、ＣＤＢや理研本体のガバナンス（組織統治）に問題があるという認識はなく、ＣＤＢを組織としてどうするかは考えていなかった」と話し、その認識が変わっていった経緯を丁寧に説明してくれた。

疑問を感じた最初のきっかけは、やはり釈明を繰り返した笹井氏の記者会見だったという。「副センター長としての責任、共著者としての責任をしっかり考えていないのではと感じた」。

疑問がさらに膨らんだのは、四月三十日の改革委会合での、竹市氏の発言だったという。この日初めて会合に出席した竹市氏は、自己点検検証委員会の報告書の草案について説明した。元委員によれば、そのとき、ＣＤＢは生データの分析を含めたいわゆる論文検証をしておらず、「やるつもりもなさそうだった」。委員達は「これでは論文不正の全容が分からないまま改革案を作ることになる」と不信感を強めた。

委員達をさらに驚かせたのは、竹市氏が「関係者の発言であっても推測は消すべきだ。私が整理して危ないと思うところは全部デリーション（削除）した」と述べたことだった。「取られ方によっては隠蔽になりますよ」「センター長自らが報告書の内容に口を出すべきではないでしょう」。委員達は口々に指摘したが、竹市氏は姿勢を曲げなかったという。

「自分が信用できない内容を消すということは、自分やＣＤＢにとって不利益な情報は出さないということとほぼ同じ。第三者から見たときに信憑性に欠ける報告書になる。竹市先生は、自分が問題を指摘される側だという認識がなく、むしろ自分が裁判官だと思っているようだった。四月三十日を境に、我々の認識はがらりと変わったのです」。元委員はそう振り返った。

五月上旬以降、改革委員会は理研の職員を排して非公式に集まり、関係者への聴取など独自の情報収集に努めるようになったという。

元委員は取材の最後、改革委員会の記者会見でSTAP問題が「世界三大不正の一つ」という話が出たことに触れ、「シェーン事件では論文検証がしっかりなされ、黄禹錫《ファン・ウソク》事件も刑事事件になって真相究明されたのに、STAP問題だけが未解明のまま幕引きされようとしている」と指摘し、こう付け加えた。「一つだけ期待できる要素は、理研の理事長がノーベル賞学者の野依先生だということ。全容を解明しないで済ましてしまうことになれば、ノーベル賞に泥を塗ることになる。国際的に注目されている中で、これ以上、理研が信用を落とすような対応はしないと信じています」。

竹市氏の「デリーション」発言については、根本記者が七月八日付の朝刊で記事化した。根本記者の取材によると、竹市氏は発言を認め、「私が報告書を手直しすべきではないとの認識はあったが、正確さを第一として私の判断で削除した。後から自己点検小委員会の外部委員に説明し、再調査してもらった部分もある」と説明。一方で、証言の一部が伏せられたままになっていることを認めた。

負の連鎖が生んだ事件

六月下旬、私は改革委員会の提言の感想や反響を聞こうと、CDB出身のある研究者を訪ねた。

「提言は非常にリーズナブルだと思う。（CDBの）中の人たちから見たら何で？　ということになるとは思うが、あそこまでのデマを世界全体にばらまいたので、責任は取らざるを得ない」

研究者は改革委員会の案に肯定的だったが、私は内心、「デマ」という言葉があまりに自然に使われたことに、少し驚いた。一方、海外の反応については、「日本の生命科学系の研究所で、名前が通っているのはＣＤＢだけ。ＣＤＢは日本の研究所の中で最も成功した例なんです。海外の研究者の中には、それをたった一人のしたことで無にしてしまうのはあまりにもばかばかしいし、ヒステリックになりすぎだ、という意見が多い。外国でも捏造はいっぱいあるし、幹細胞の分野では再現されない成果も多いので。まあ、今回のは本当にひどいけれど」。

ＳＴＡＰ問題の背景については、こう指摘した。

「予算が削減されつつあるとはいえ、理研は大学に比べはるかに恵まれている。幹部の先生達の絶対的な緊張感が欠如していたのではないか」。大学の同僚の一人も「緊張感がないだけ。放っておいても金がくるからだ」と冷ややかに語ったという。

それにしても、笹井氏をはじめ、そうそうたる顔ぶれの共著者達が論文発表前に気付けなかったのはなぜか。私は消えない疑問をぶつけてみた。研究者は共著者一人ひとりについて次のように分析した。

「若山さんは専門分野が違うので分子生物学的なデータが分からず、小保方さんの実験結果を分子生物学的な観点から検証するという意識がそもそもなかった。笹井さんも、かつて議論して感じたことだが、多能性幹細胞から神経を作るのはプロでも、多能性幹細胞そのものには興味がない。そういうこともあって、おそらく小保方さんのデータの不自然さに気付かなかったのではないか。さらにｉＰＳ細胞への対抗意識などもあったために予断があり、検証しようという意識にも欠けたのでは。丹羽さんはきっと、笹井さんとの力関係から、笹井さんがよしとするものに何も言うことができなかった。笹井さんは押しが強いのでね」

これまでのさまざまな関係者への取材から想像していたこととほぼ重なる内容だった。

それでは、小保方氏を採用したCDB幹部や、論文発表当初のほとんどの研究者までも、なぜ素晴らしい成果だと信じたのだろう。研究者はこれにも明快な意見を述べた。

「そもそも（二〇〇七年に登場した）山中（伸弥）さんのiPS細胞が、当時の常識からすると信じられない、すごい成果だった。こんなことがあるのかと、科学者みなが打ちのめされた。だから今回も、あり得ないことだが、あり得ないことが起きても不思議はない、という空気はあった。そんなばかな、ということにはならなかった」

確かにそうかもしれない。それに、iPS細胞研究がなければ、STAP細胞があれほど脚光を浴びることもなかっただろう。日本発の新たな万能細胞、しかもiPS細胞を上回る可能性を持つというキャッチフレーズがあったからこそ、報道でも大々的に取り上げられた。さまざまな負の連鎖に思いを馳せつつ、私は研究者の部屋を後にした。

竹市氏に面会

翌日の夕方、私は青野由利・専門編集委員と共に、毎日新聞東京本社の応接室で、竹市氏と面会した。きっかけはメールのやりとりだった。

前章で書いたように、関係者への取材によれば、若山氏が第三者機関に依頼したSTAP幹細胞の解析結果を六月五日に理研の改革推進本部に報告した際、竹市氏は公表に強く反対したとされる。反対の理由や、遠藤・若山解析への見解を改めて求めると、竹市氏は丁寧な返信をくれた。若山解析については、「ＳＴＡＰ幹細胞がＥＳ細胞由来という疑惑が高まったのだと思う」と認めつつも、次のように答えた。

――分析された細胞の由来が全く分からないままなので、奇妙な事実が発見されたという他には、このデータから何らかの確定的な結論（例えば、疑われているようにＥＳ細胞由来なのかなどについての結論）を引き出すことができないと考えている。最終結論を導き出すためには、継続して由来細胞を探すことが必要なのではないか。真実を知るには、当時いったいどのような状況で実験がなされたのか、正確に検証してみる必要があると感じている――。

私が重ねて、「若山解析の結果は、論文に掲載されたＳＴＡＰ幹細胞のデータが、明らかに記載されたマウスから出来ていないことを示している。それ自体で意味があり、由来が分かってから公表するのでは遅すぎる。まずは解析結果をいち早く公表することが必要だったのではないでしょうか」と尋ねたが、回答は「見解の相違かと思います」と素っ気なかった。

遠藤解析で、ＳＴＡＰ細胞の遺伝子データから、八番染色体のトリソミーが見付かり、生きたマウスの細胞由来ではないと分かったことや、ＳＴＡＰ細胞から樹立した「ＦＩ幹細胞」がＥＳ細胞など二種類の細胞の混合物とみられることについては、竹市氏は「合理的な説明と思う」と認めたうえで、やはり「データの元試料が一体何であったのか、これを確定しないと総合的な結論はだせない」「捏造があったかどうかは、私には判定できない」と答えた。

こうしたやりとりを経て、「できれば直接お目にかかってお話ししたい」と打診したところ、「互いの見解を尊重し合うという前提」で会ってくれることになったのだった。

眼下に皇居の緑が広がる応接室で、竹市氏がまず語ったのは、ＣＤＢが「隠蔽体質」であるという批判への反論だった。

「非常にインパクトのある研究は誰も発表まで話さない。喋らないこと自体はそう批判されることではない。小保方さんの研究は、当時の認識としては非常に易しい技術で皆がすぐにやれること。普段は喋らないようにしようと、（幹部は）みな心の中でそう思った。組織として隠したわけではないんです」

一方で、小保方氏が研究ユニットリーダーになった後も、所内の非公開のセミナーですら一度もＳＴＡＰ研究について語らなかったことについては、「小保方さんが何をやっているのか公開されないままＰＩ（研究室主宰者）になったから、非常にストレンジ（奇妙）な状況が生じたわけですよ。これはちょっとまずいな、とは僕も思っていたが、なかなか判断が難しくて黙認していた」と振り返った。

「そこは何とかした方がよかったと？」。青野・専門編集委員が尋ねると、竹市氏は「そうですね。普通よりもっとコンフィデンシャル（非公開）な形で喋るようにすればよかったかもしれない」と認め、「でも、喋ったからといって不正が見付かったわけでは絶対にないですよ」と付け加えた。

小保方氏の採用時にも、すでにあったＳＴＡＰ研究の主要な実験データに疑問を呈した人はいなかったという。

「ただし、いきなりＰＩにしていいのかという議論は当然ありました」

研究員でもいいのでは、という意見もあったが、小保方氏自身の発見であるＳＴＡＰ細胞を研究室のテーマに据えるには、規模は小さくともＰＩになる方がよいという結論になったという。改革委員会は提言の中で、研究ユニットリーダーを「国立大学では准教授に相当する」と説明したが、竹市氏はこれにも反論した。研究ユニットは、数理科学分野など小規模で研究可能なテーマの場合と、萌芽的な研究テーマで、未完成だが将来性豊かな研究者に主宰させる場合の二種類あり、小保方氏は後者の目的での初めての採用例だったという。「この人をいれたらすごく面白いことになるんじゃないかという場合に、リスクを覚悟でＰＩにし、それからトレーニングしよう、という目的。准教授クラスの人を選んだつもりは元々ない」。

実際に、小保方氏には、丹羽氏と笹井氏という二人のメンター（助言役）がついた。竹市氏によると、メーンの指導は丹羽氏に任せることになったため、小保方研究室の部屋も丹羽研究室の隣に設置された。笹井氏には論文執筆の指導を頼んだが、自己点検検証委員会の報告書が指摘したように、笹井氏は「指導の枠を超えて」ＳＴＡＰ論文に深く参画し、ＳＴＡＰ論文の二本目の責任著者にまでなった。竹市氏も「メンターとオーサー（著者）がごちゃごちゃになったのは一つの問題」と認めたが、笹井氏が共著者になったことを「論文のゲラ刷りを見るまで知らなかった」と明かした。

驚いたことに、竹市氏は小保方氏や若山氏が、過去にネイチャーだけでなく、セルやサイエンスにも投稿していたことを知らなかったという。「それはオーサー達（小保方氏ら）がやっていることであって。笹井さんだって知らないんじゃないですか。（ＣＤＢの自己点検で）調査したから分かった」。

一誌に投稿して不採択になったのと、三誌連続で不採択になったのでは意味が違う。「そんな重要なことを話さないなんて……」。思わず口にすると、「おっしゃるとおり、普通の感覚ならそうでしょうね。そのことを（小保方氏が）はっきり言わなかったのは、問題が大きくなった原因の一つかもしれない」と竹市氏もうなずいた。

青野・専門編集委員が、改革委員会の提言書への見解を尋ねると、竹市氏は「いろいろ思うことは多いが、反論の仕方によっては反省していないということになる」としつつも、研究ユニットリーダーの定義に関する「誤り」などに触れ、「解体というとすごく大きな提言ですから、そこまで言及されるからには、僕への二回のヒアリングだけでなく、研究所まで来ていただいて、皆にインタビューするなど全体を調査していただくべきではなかったか。ＳＴＡＰ問題だけで解体というのは不合理に感じる。『・ｉＰＳ細胞を凌駕したいという動機があった』とか、（提言書は）主観的な推論に満ちている。成果主義が悪いようにも書かれているが、ＣＤＢが成果を出そうとするのは当たり前なんですよね」と述べた。

自己点検検証委員会の報告書案を、改革委員会は会合で「何度も見ていた」といい、「非常に不満なのは、（改革委員会の報告書で）自己点検の報告書を多数引用していることです。こんな重大な提言をされるなら、独自に調査したうえでしてほしいな、という感じに思いましたね」とも語った。

海外の研究者や研究機関からは、ＣＤＢの解体に反対する手紙が百五十通以上、届いているという。「基本は、論文不正は悪いけど、たった一つの不正で研究所全体が解体というのはおかしいという趣旨。日本と世界とで、情勢がやや乖離している」。

ところで、五月半ばに聞いた小保方氏の検証実験への立ち会いについては、理研関係者への取材に基づき、小保方氏が実験現場に立ち会っていることを大阪科学環境部が六月中旬に記事化していた。小保方氏は五月下旬から、実験試料には直接手を触れないことを約束した上で、ＣＤＢに通って実験に対する助言をしているという。小保方氏は実験の直接参加にも意欲を示しており、代理人の三木秀夫弁護士は「生き別れた息子（ＳＴＡＰ細胞）を早く捜しに行きたい」という小保方氏の言葉を紹介していた。

竹市氏も立ち会いについて「理事会からも、彼女の助言を得ることは許されている。主治医の許可のあるときCDBに出勤している」と認めたうえで、「未公表の段階で中途半端に参加というのはよろしくないと強く認識していて、一刻も早く小保方さんが正式に参加する検証チームを発足してもらいたいと思っている」と話した。

小保方氏自身による検証実験については、下村博文・文部科学相が支持していたほか、理研の野依良治理事長も「（参加しなければ）決着はつかない」との見解を示していた。改革委員会も実施を求めていたが、これは論文の記載のどこまでが真実だったかを確かめ得る「論文検証」の一環として、という意味合いだった。

しかし、遠藤・若山解析によってSTAP細胞の信憑性がますます薄れ、捏造の疑いを指摘する声も大きくなっている中で、竹市氏は小保方氏による検証実験をどう位置付けるのか。

竹市氏は「疑惑は増えているが、決定打になっていないというところがある」とメールでのやりとりと同様の見解を示し、「STAPが自然現象としてあるのかどうか、もう一回ゼロから見極めたい」と語った。

「自然科学においてはマイノリティー（少数派）でも、可能性があるとしたら全部偏見を持たずに調べるべきであると僕は思う。マイノリティーって、ある時代には非常に辛い思いをするけど、次の時代に花開くこともある。そういう立場を見捨てるわけにはいかないです」

「論文検証の意味合いでの実験は意味がないということですか」

「それは、四月に検証実験を始めたときは夢にも思わなかった。改革委員会のヒアリングでも、なぜ（論文にある）テラトーマ実験をやらないのか聞かれたけれど、質問が理解できず全然かみ合わなかった」

「改革委員会の提言書を読んで必要性を認識されたということですね」

「今でも心の中では、何となく反発を感じていますけど。なぜそんなに後ろ向きに、一つひとつをたどってやる必要があるのかと。研究者としては前向きにいきたいんですよ」

「私も当初は、ＳＴＡＰ現象があるかないかはすごく興味がありましたけど、今は真相究明への興味の方がずっと上回っています」。率直に言うと、竹市氏は愉快そうに笑った。

「このあいだの会見でも、それはすごく分かりましたよ。須田さんは〝真相究明派〟ですよね」

「でも最初から疑っていたわけではありません。途中までは、これは論文上の間違いで、ＳＴＡＰそのものはあると思っていました。でも、信じていた部分が崩壊した今、何が知りたいかというと、不正の全容です。どこから始まったのか。誰が関わったのか」

「それ自体は非常に知りたいですよね、僕も。誰が悪かったのか。小保方さん一人だけが悪いと言われているけれど、本当にそうなのか、という疑惑すらある。真犯人がほかにいたら問題じゃないですか。でも、研究者がそれを全部やらされるのは……。だって、研究者にとっては何の生産性もない。本来、新しいことを研究すべきところを過去の調査に入るわけだから。重要だとはよく分かっているけれど。膨大なお金と労力もかかる」

竹市氏の言わんとすることも、何となく理解できる気がした。確かに、不正の調査ほど研究者を不毛な思いにさせるものはないだろう。一方、竹市氏は、検証実験だけでなく、理研と協力して残存試料の解析プランも立てていると説明した。現時点では「過去の検証」もおざなりにするつもりはなさそうだと分かり、少しほっとした。

小保方氏については、「個人の評価は喋るわけにはいかない」と言及を避けたが、わずかにこう語った。
「何を言ってくれても証拠がない。ノートがあればそれで証明すればいいけれど、みんな頭の中にあるみたいだから。僕は、小保方さんがどういう人か、今一つ分からないです」
もしかしたら竹市氏は、検証実験を通じて、STAP細胞だけでなく、小保方氏その人を見極めようとしているのかもしれない――。そんな想像がふと頭をよぎった。

三時間近くに及ぶ面会の中で、竹市氏は、小保方氏による検証実験が実現した場合の実験計画の概要も明らかにした。ビデオで実験室を厳重に監視し、部屋の出入りや細胞培養装置も鍵で管理するという条件のもと、もし小保方氏によってSTAP細胞とみられる細胞ができた場合には、竹市氏らが立ち会って実験内容を確認した後、理研スタッフや外部の研究グループによる再現を段階的に目指すという。

私は六月二十六日付の朝刊で、この計画の概要を報じた。研究者の間では、「STAP細胞が捏造であることが明らかなら必要はない」という声も大きく、私自身、そもそも五月の段階でこっそり小保方氏を検証実験に立ち会わせていたことに疑問を感じていた。記事には、日本分子生物学会理事の篠原彰・大阪大学教授による次のコメントを盛り込んだ。「既に立ち会っているとは驚きだ。未公表での立ち会いは公正さを損なう。まず検証実験の進捗状況や立ち会う理由を公表すべきだ。小保方氏も、論文の疑義への説明を果たさないまま、実験参加など次のステップに進むべきではない」。

ついに論文撤回へ

「来月上旬にもSTAP論文が二本同時に撤回される」。八田浩輔記者が重要な情報をキャッチしたのは、六月下旬だった。私の取材先からも、間もなく同様の情報が得られた。

取材を進める中で、英科学誌ネイチャーが七月三日号で撤回する見通しと分かった。予定稿を準備して記事化のタイミングをはかっていたが、日経新聞が六月三十日付朝刊で「週内にも撤回」との記事を打ったことを受け、毎日新聞も急遽夕刊の一面トップで撤回の日付を含めた記事を掲載した。

「論文が撤回されると、その研究成果は白紙となる。ただし、出版社や公的な科学論文のデータベースからは削除されず、撤回時期や理由と共に公開され続ける。このため、論文撤回は研究者にとって避けたい不名誉な対応とされる」。撤回についてはこう説明したが、記事を読んだある研究者はメールで次のような見解を寄せてくれた。

今回の撤回は本当に恥ずかしいものです。ただ、論文撤回にもいろいろあり、honest error（※害意のない誤り）によっての撤回はむしろ、隠さず正直に真相を語っているので、それなりに賞賛されるべきものです。論文撤回がすべてを奪ってしまうみたいな論調は、かえって不正の論文の撤回のハードルを上げてしまうことを懸念しています。（中略）論文撤回は科学の中では大切なエレメント（※要素）であり、時に研究者は苦渋の思いをしてでもしなくちゃいけない、でも、するべきプロセスという認識が広まればと思います。

翌日の朝刊では、ＳＴＡＰ論文で新たに指摘されている主な疑義の一覧表とともに、論文撤回の意味や、撤回後も残る理研の責任を解説する記事を掲載した。私は「『そもそもＳＴＡＰ細胞が一度でも存在したことがあったのかどうか』という社会の疑問に決着をつけることは喫緊の課題だ」「徹底した『論文検証』も全容解明に欠かせない」と書いた。

理研から「ＳＴＡＰ細胞に関する問題に対する理研の対応について」と題した短いプレスリリースがあったのは、その原稿を書いていた六月三十日の夕方だった。

小保方氏が検証実験に正式参加

発表内容は二項目だった。一つ目は小保方氏の検証実験への正式な参加で、翌七月一日から十一月三十日までの五カ月間、期限を設けて参加させるという。二つ目は、調査委員会による調査終了後に指摘されたＳＴＡＰ論文の新たな疑義について、三十日に予備調査を開始したということだった。開始に伴い、小保方氏らの処分を検討していた懲戒委員会の審査はいったん停止するという。ただし、小保方氏をなぜ参加させるのか、実験手法は改革委が求めたとおり、論文に沿ったものなのか、という肝心の点に関する説明はこの時点ではなかった。

小保方氏は理研を通じ、「厳重な管理の元で実験をさせていただく機会を頂戴できたことに心より感謝し、誰もが納得がいく形でＳＴＡＰ現象・ＳＴＡＰ細胞の存在を実証するために最大限の努力をして参る所存です」とのコメントを発表した。

一枚紙の短い発表文だったが、私は「新たな疑義の調査」の部分を何度も読み返した。これまでの紙面で繰り返し再調査の必要性を訴えてきたことを振り返ると、感慨深かった。多数の深刻な疑義が放置されず、調査される運びになったことは、ひとまず喜んでいいように思えた。

一方で、うがった見方をすれば、調査の開始は、それを理由に処分を先延ばしにすることで、小保方氏を検証実験に参加させるためととれなくもなかった。懲戒処分後に小保方氏をどう実験に参加させるかは、理研や文部科学省にとって頭の痛い問題だったからだ。実際、野依理事長も十日ほど前、報道陣の取材に「例えば懲戒解雇とかそういうことになれば参加できない」と述べていた。

同僚の取材によると、文科省のある幹部は、「懲戒委員会の停止も含めて、全部まとめて素晴らしい対応ができた」と自画自賛した。予備調査開始の理由については「科学者コミュニティや改革委員会からいろいろ指摘があったから。ＥＳ細胞じゃないか、と言われて放って置くわけにもいかない。おそらく（予備調査後の）調査委員会は設置されるだろう」と語った。

七月二日午前、神戸市のＣＤＢの前には多くの報道陣が集まった。午前十時五十分過ぎ、検証実験に参加する小保方氏がタクシーで到着すると、シャッター音が鳴り響いた。小保方氏が報道陣の前に姿を現したのは、四月九日の記者会見以来。白のパーカーにグレーのスウェットパンツ、髪はポニーテールという軽装で、写真で見る限り、会見時よりもほっそりしたように見えた。小保方氏は記者からの問いかけには答えず、足早に建物に入った。

理研はこの日、検証実験の詳細を発表し、ＣＤＢでは実験の総括責任者の相澤慎一特別顧問が記者会見で説明した。大阪科学環境部の斎藤広子記者の取材によると、すでに検証実験を進めている丹羽氏らの実験室とは別の棟に新たに実験室を用意。論文通りの手法で再現できるかを、小保方氏単独で実験させるという。入退室は電子カードで管理し、入り口と内部は監視カメラで二十四時間監視、施錠できる細胞培養装置も設置して、理研外部の第三者が立ち会う。検証項目には、できた細胞の多能性を証明するテラトーマ実験も含まれていた。丹羽氏らの検証実験開始時には、より高度な証明となるキメラマウス実験をするので不要とされ、改革委員会が実施を求めていた実験だ。期限の十一月末以前でも、相澤氏の判断で実験を終了する場合もあるという。

相澤氏は実験の意義について「STAP現象があるのかないのか（を調べるの）が目的。論文投稿時点でSTAPがあったのかどうかは私のプロジェクトのミッションではない」と述べた。改革委員会は小保方氏自身による再現実験を求めたが、それは「（論文投稿時に）小保方チームはSTAP現象を完成していたのか、それとも研究成果の捏造であるのか」をはっきりさせるためだった。相澤氏の発言は、この検証計画の目的が、改革委員会の提言と食い違うことを示していた。

小保方氏については、「今の時点ではとても実験できる状態ではない。精神状態が落ち着いて実験できる状態になるよう、生活環境を含めた配慮をしていくことが最大のテーマだ」と語った。すでに助言のため時々CDBに来ていることを認めたものの、「助言をもらっても今のところあまり役に立っていない。十分な情報をもらえていない」という。

撤回理由

一方、同じ日に英科学誌ネイチャーは、STAP論文二本を七月三日号で撤回すると発表した。「生物学の常識を覆す」と、世界から注目された論文は、発表から五カ月でついに白紙に戻った。

著者らが執筆した撤回理由は論文二本とも同じ文面で、すでに不正認定されている二項目の他に「著者らにより、さらに誤りが見付かった」として、次の五項目が示されていた。分かりやすいよう意訳して紹介する。

① 第二論文「レター」で、キメラマウスの胎児と胎盤を三種類の撮影方法で写した画像をES細胞由来と説明したが、実際はSTAP細胞由来と説明すべきだった

② 主論文「アーティクル」とレター論文で同じキメラマウスの胎児の画像が使われ、片方は実験条件が説明と異なっていた

③ レター論文で、長時間露光で撮影し、胎盤が写っていないとした画像が、長時間露光ではなく、デジタル処理だった

④ レター論文で、STAP細胞とES細胞の遺伝子解析の結果を取り違えていた

⑤ アーティクル論文で、STAP幹細胞を解析した結果、細胞を光らせる遺伝子を挿入した場所が、若山氏がSTAP細胞作製用に渡したマウスでの挿入場所と異なっていた

理由では、誤りを謝罪した上で、「これら複数の誤りは研究全体の信頼性を損ない、STAP幹細胞現象が間違いなく正しいと自信をもって言うことは難しくなった」と説明した。「STAP現象」ではなく、「STAP幹細胞現象」としている点が印象的だった。

ある関係者によると、これは撤回に反対していたハーバード大学のチャールズ・バカンティ

教授の同意を促すために、当初「ＳＴＡＰ現象」としていたのを変更したのだという。

　また、ネイチャーは論文掲載に至るまでの検証結果に関する論説記事も発表した。編集者も査読者も論文の致命的な欠陥を見付けることができず、論文掲載の手続きに不備があったことを認め、論文の改ざん画像などを掲載前にチェックする項目を増やすなど対策を強化することを明らかにした。ただし、編集部の責任には触れず、論文掲載は原則として著者への信頼に基づいていることを強調し、「画像の流用などは見付けるのが不可能な場合がある」と、編集部の努力に限界もあると主張した。

　レター論文の責任著者となった笹井氏と若山氏は、それぞれ撤回についてのコメントを発表した。笹井氏のコメントの中には「ＳＴＡＰ現象全体の整合性を疑念なく語ることは現在困難だと言える」という言葉もあった。これまで、論文の撤回には同意しても、「ＳＴＡＰ現象は最も有望な仮説」という主張を頑として曲げなかった笹井氏も、ついに見解を翻したのだろうか――。

　毎日新聞は論文の撤回を一面で報じ、社会面ではこの日から「白紙　ＳＴＡＰ論文」のタイトルで五回にわたる連載を掲載した。三月中旬の「激震　ＳＴＡＰ細胞」（全三回）、四月上旬の「崩壊　ＳＴＡＰ論文」（同）に続く三回目の連載で、取材班にとっては二月以降の取材の集大成的な内容になった。一回目は改革委が厳しい提言に至った背景、二回目は増える疑義に当惑しながら将来の訴訟リスクを警戒して慎重に結論を出した理研調査委員会の内幕、三回目は日本を代表する研究者達が小保方氏を「ヒロイン」に押し上げた経緯などを描いた。

ＣＤＢ高橋政代プロジェクトリーダーの実名による批判

さて、六月三十日の理研の発表以降、ウェブ上では、ＣＤＢの高橋政代プロジェクトリーダーのツイートが波紋を呼んでいた。高橋氏は、ｉＰＳ細胞を使って目の難病を治療する世界初の臨床研究を率いる。一例目の細胞移植手術が、早ければ夏にも実施される予定だった。「理研の倫理観にもう耐えられない」と、三十日にツイートしたのを皮切りに、「まだ始まっていない患者さんの治療については中止を含めて検討する」「患者さんも現場もとても落ち着ける環境ではない」「万全を期すべき臨床のリスク管理としてこのような危険な状況では責任が持てない」と危機感をあらわにした投稿を続けた。

実は私は、約一週間後に高橋氏と東京都内で会う約束をしていた。まさに、ＳＴＡＰ問題についての見解や、臨床研究への影響を聞くためだったが、急いで高橋氏にメールを送り、取材の前倒しを依頼した。「ツイッターの一連のご発言の真意をじっくり伺い、インタビュー記事として掲載させていただけないでしょうか」。これまで、ＳＴＡＰ問題への理研の対応に対するＣＤＢ内部の批判的な声はあまり表に出てきていない。高橋氏が公に発言してくれるのであれば、その意義とインパクトは十分にある。

返信は簡潔だった。「是非お願いします。時が来たと思います」。

高橋氏が私を信頼してくれていたこともあり、他社からの申し込みも殺到する中、三日夜に最初に取材できることになった。間の悪いことに、私は前日から体調を崩し、自宅療養中だった。八田浩輔記者が急遽神戸に向かってくれ、私もスカイプでインタビューに参加した。

「臨床研究を落ち着いてできる環境ではない。何年もかけ波風が立たないように神経を使ってきたが、横から来た荒波にさらされている。静かな海を返してほしい」。高橋氏は理研に早期の問題収束を求めた。STAP問題への理研の対応を、「病院などの危機管理と全然違い、遅いと思った。当初から重大事だという認識を持つべきだった」と指摘。一例目の移植に変更はないとしたが、「何かが起こった時の社会的対応が今の（理研の）状況では無理だと思う」と批判した。ツイッターでの臨床研究に関する投稿については、「中止ではなく、このまま不信を抱えて臨床研究に突入することは危ないと思った」と説明し、「（STAP細胞の）検証実験も何のためかよく分からない。説明が足りない」と疑問を呈した。

記事は四日付朝刊の社会面に掲載された。高橋氏の発言への関心は高く、毎日新聞のウェブ版でインタビューの一問一答を掲載したところ、かなりのアクセスがあった。

新たな疑義への予備調査が始まる

ところで、論文の撤回理由と若山氏が六月に公表したSTAP幹細胞の解析結果を巡っては、ある混乱が生じていた。

若山氏は、STAP幹細胞を第三者機関に依頼して解析した結果、八株について、細胞を緑色に光らせるGFP遺伝子が十五番染色体に挿入されており、STAP細胞作製に使ったはずのマウスの細胞と異なっている上に、十五番染色体にGFP遺伝子が入ったマウスは若山研で維持していたことはないと発表した。ネイチャーの印刷された雑誌の撤回理由でもこの内容が盛りこまれ、「若山研で飼育したことのないマウス」と書かれていた。しかし、ウェブ版の撤回理由では、「GFP遺伝子が挿入された部位は、若山研で維持していたマウスやES細胞と一致していた」と、全く違う記載になっていたのだ。

若山氏によると、ネイチャーの雑誌版のゲラの訂正期限が過ぎた後に、遠藤高帆・理研上級研究員からの指摘で、GFP遺伝子の挿入場所が十五番染色体でない可能性が高まった。若山氏は急いで編集部に訂正依頼をしたが、その際に文章の一部に齟齬が生じたという。

若山氏は、赤ちゃんマウスを準備して小保方氏に渡し、そのマウスの細胞から作製したSTAP細胞を小保方氏から受け取り、STAP幹細胞を樹立した。「『小保方さんに渡したマウスと異なる細胞が（STAP細胞として）返ってきた』という記者会見の結論部分に変更はない。撤回理由の修正時に公表しなかったのは、不確かな内容を発表すれば逆に混乱を招くと判断したからだ。詳細な事実が分かり次第、改めて報告する」と話した。

解析の誤りは、予想外のもう一つのGFP遺伝子が挿入されていたために起きていた。元々想定されていたのは、全身の細胞を光らせる「CAG―GFP遺伝子」だったが、精子を光らせるための「アクロシンGFP遺伝子」も、並んで同じ番号の染色体二本のうち片方に挿入されていた。その染色体は十五番ではなかったが、アクロシンが元々、十五番染色体に存在する遺伝子だったため、誤解を生んだのだった。

若山研では、十五番染色体上にGFP遺伝子が挿入されたマウスは一度も飼育したことがなかったため、当初、STAP幹細胞が「若山研で飼育したことのないマウス」由来の細胞だった、と発表した。ところが、「CAG―GFP」と「アクロシンGFP」が並んで同じ染色体の二本ともに挿入されたマウスは飼育しており、そのマウスと別のマウスを掛け合わせたマウスに由来するES細胞も作製していた。遺伝子の挿入部位がこのマウスとSTAP幹細胞で一致するかどうかは、今後、検証を進めるという。

ＣＤＢで実施された追試でも同様の誤認が生じており、若山氏とＣＤＢは、七月二十二日にそれぞれ解析結果の訂正を発表した。

若山氏に誤りの可能性を指摘した遠藤氏は、後日、「アクロシンはマウスでは十五番染色体にあるため、ＧＦＰ遺伝子の周辺の配列を調べていて（アクロシンの配列が見付かれば）、十五番にＧＦＰが挿入されていると誤解することはあると思う」と誤認の理由を推し量った。

この混乱を理由に若山氏への疑念を持つ人もいたが、解析自体は第三者機関で実施しており、ＣＤＢも同じ結果を出していたことから、若山氏が信じきって発表したのも無理はないと思われた。むしろ、若山氏がＳＴＡＰ幹細胞の素性を知っていたなら、起こりえないミスだったとも言えよう。

若山氏がＳＴＡＰ細胞作製のために小保方氏に渡したマウスに、アクロシンは入っていない。若山氏が渡したマウスと、ＳＴＡＰ幹細胞の由来となったマウスとが異なるという点では、以前と状況は変わらず、謎は相変わらず残されたままだった。

こうした幾つかの混乱はあったものの、全体を俯瞰すれば、新たな疑義の予備調査も始まり、一時はうやむやになるかと思われた不正の全容解明への扉が、やっと開かれた状況と言えた。

一方、私たちはこの時期、事態の推移を取材しつつ、独自に入手したある資料の分析も並行して進めていた。それは、ＳＴＡＰ論文が世に送り出された秘密に迫る、特別な資料だった。

第十章　軽視された過去の指摘

過去にサイエンス、ネイチャーなどの一流科学誌に投稿され、不採択となったSTAP論文の査読資料を独自入手。そこに「細胞生物学の歴史を愚弄している」との言葉はなく、ES細胞混入の可能性も指摘されていた。

不正の謎を解く資料を入手

五月のある日、私はどうしてもほしかったある資料を入手した。STAP論文は、二〇一四年一月末に英科学誌ネイチャーに掲載される前、過去三回にわたり、ネイチャーを含む一流誌三誌にほぼ同じ内容で投稿され、不採択となっている。資料は、掲載時を含む計四回の投稿論文と査読コメント、関連資料の一式だった。

科学誌に論文が投稿されると、編集部は通常、その論文の研究分野で実績のある研究者二〜三人にその論文の査読を依頼する。編集部は、査読者から返ってきたコメントなどを参考に掲載の可否を決める。査読者の名は明かされず、コメントは不採択の場合も著者側に送られる。それらは通常、第三者の目に触れることはない。私自身、これまでの科学取材で査読コメントを見たことは一度もなかった。

一月末の論文発表時の記者会見で小保方晴子・研究ユニットリーダーは、ネイチャーへの最初の投稿時のエピソードとして、「査読者の一人から『あなたは過去何百年にわたる細胞生物学の歴史を愚弄している』と酷評された」と明かした。一方、当時の論文の内容を知る関係者からは「主要なデータは最初の投稿からほとんど変わらない」と聞いていた。また、理化学研究所の調査委員会の報告書などから、不正と認定された画像が過去の投稿論文でも使われていたことが分かっていた。

ネイチャーはなぜ、一度は却下したずさんな論文を掲載してしまったのか。逆に、他誌はどうしてそれを免れたのか。そして「研究不正」はどの段階から始まったのか。資料には間違いなく、それらの謎を解く手がかりがあるはずだ。ついに手に入れたその日、私は静かな興奮を感じずにはいられなかった。

しかし、記事化にあたっては早速、現実的な困難に直面した。ちょうど論文撤回に向けた動きが活発になり、遠藤・若山解析や理研の改革委員会を巡る取材も佳境に入っていた時期である。目まぐるしく展開していく事態を追いかけるだけでも精一杯の日々の中で、三百ページを超える専門的な英文資料を読みこなし、新聞記事になるポイントを見つけ出すのは容易なことではない。一緒に分析にあたることになった八田浩輔記者に提案し、まずは手分けして査読資料を和訳することにした。同時に複数の専門家へ、資料一式に目を通してもらうよう依頼した。

山中教授は査読者から外されていた

査読の内容に入る前に、投稿に関する基本的な経緯をまとめておこう。

小保方氏らは、二〇一二年四月にネイチャー、同年六月に米科学誌セル、同年七月に米科学誌サイエンス——と、「三大誌」とも呼ばれる有名科学誌に相次いで投稿した。関係者によると、この三回の投稿論文は小保方氏が執筆し、米ハーバード大学のチャールズ・バカンティ教授が手直ししたという。いずれも筆頭著者は小保方氏で、共著者には、バカンティ氏と若山照彦・山梨大学教授のほか、東京女子医科大学の大和雅之教授、バカンティ研究室の小島宏司医師、バカンティ氏の弟のマーティン・バカンティ医師が名を連ねた。

三度の不採択を経て、二〇一二年十二月に笹井氏が加わり、小保方氏と共に全面的な書き直しに取り組んだ。翌年三月、ネイチャーに再び投稿。ネイチャークラスの一流誌の常連である笹井氏の手によって生まれ変わった論文は、査読者が求めた追加実験の結果を加えるなど二回の改訂を経て、十二月二十日に受理された。

ちなみに「STAP細胞（刺激惹起性多能性獲得細胞）」はネイチャーへの再投稿時に初めて使われた名称で、ネイチャーへの初投稿とセルへの投稿では「Animal Callus Cells（動物カルス細胞）」、サイエンスへの投稿では「Stress Altered Cells（SA細胞）」だった。カルスとは、ニンジンなどの植物の細胞をバラバラにし、特殊な培養液を使って培養した際に、根や茎、葉など植物の全体の構造を作るよう変化した細胞だ。後者のSA細胞は、直訳するなら「刺激（による）改造細胞」だろうか。

ところで、研究者は査読者を自分で選べないが、どうしても査読してほしくない人をあらかじめ編集者に伝えることはできる。関連資料から、小保方氏らがセルへの投稿時、iPS細胞を開発した山中伸弥・京都大学教授と、iPS細胞やES細胞を使った再生医学研究のトップランナーの一人、ルドルフ・イェーニッシュ米マサチューセッツ工科大学教授を外すよう求めていたことが分かった。このことから、iPS細胞研究を相当に意識していた様子がうかがえた。

「細胞生物学の歴史を愚弄している」という言葉は見当たらなかった

不採択となった三論文の査読コメントを一読して最初に感じたのは、多くのコメントが非常に丁寧に書かれているということだった。

例えばネイチャー初投稿時の一人目の査読者は、「結論を支えるデータと説明は非常に推論的で予備的だ」などと、論文の主張に対する批判を展開し、「残念ながらこのまま論文を掲載することはお勧めしない」と述べながらも、その後に、個々の図表類についての問題点や疑問点、改良案を二十三項目にわたり挙げた。不思議なことに、二人の査読者のコメントのどこにも、小保方氏が紹介した「細胞生物学の歴史を愚弄している」という言葉は見当たらなかった。「より信頼性が高く正確に検証された追加の実験結果がないままセルで紹介できる自信がない」と結論付けたセルの二人目の査読者は、「研究の妥当性を評価するために明確にすべき観点」を九項目、細かい指摘を十一項目挙げ、後者の中では、「文献は最新のものを参照すべきだ」というアドバイスとともに文献を幾つも紹介していた。

次に気付いたのは、そうした丁寧な指摘の数々が、次の投稿時に生かされた形跡がほとんど見られないということだ。つまり、投稿の回を重ねても、同じような指摘が再びなされているのである。気になって、ある若手研究者に、不採択になった論文の査読コメントを通常、どう受けとめるのかを尋ねると、「名だたる研究者から指摘してもらった内容なので真摯に受けとめるし、不採択であろうが全部読んで加筆、修正する。なぜなら、どの科学誌に出し直しても、査読者が同じである可能性が高いからだ」という答えが返ってきた。

「不明瞭で間違った言葉遣いの文章がたくさんある」(ネイチャーの査読者)など、論文の構成や文章の稚拙さ、単語のミスや図の表示上の不備など初歩的な問題点への指摘も目立った。一例を挙げると、特定の遺伝子の発現量を示す棒グラフで、実験結果のばらつきや誤差の範囲などを示すIの字型の記号(エラーバー)が無いことが指摘され、実験回数や誤差の範囲などの情報を求められていた。

私たちが最も注目したのは、「新たな万能性細胞」の存在を根本から疑い、別の現象の見間違えである可能性を示唆したり、あるいは根拠となるデータやその分析の不十分さに言及したりするコメントが幾つもあることだった。

ネイチャーの一人目の査読者は、「初期化はあくまで可能性の一つ」とし、刺激を与えたことによる細胞のがん化との関連性に興味を示した。セルの二人目の査読者は、「培養時の予期しないアーティファクト(実験の手違いや他の現象の見間違えなど)である可能性を排除できない」と、暗に他の細胞の混入の可能性を示唆。さらに、脳腫瘍の幹細胞を酸で処理すると、細胞内でOct4などの多能性に関連する複数の遺伝子が働き出すことを報告した最近の成果と一致する――と述べた。

サイエンスの二人目の査読者は、「生体内にごく稀に存在する多能性幹細胞が、刺激を受けたことで選択的に増えた可能性を排除しきれない」と述べたうえで、若いマウスの脾臓に含まれる「造血幹細胞」が刺激に反応したのかもしれない、と推測した。

懐疑的な姿勢をあらわにしたのはサイエンスの一人目の査読者だった。「私は次の二つのプロセスによるアーティファクトではないかと疑っている」として、細胞が緑色に光るのは、細胞が刺激を受けたり死につつあったりするときに、細胞を光らせるために組み込んだＧＦＰ遺伝子が働きやすくなる傾向があるために起きた現象であり、その後、細胞の塊ができたのは、実験室内でＥＳ細胞が混入し、生き残って塊を形成したためだろう――と推測した。

ＥＳ細胞の混入の可能性は、疑義発覚後間もない時期からささやかれ、すでに見てきたように、理研の遠藤高帆・上級研究員による公開データの解析から、少なくとも遺伝子データを解析したときの「ＳＴＡＰ細胞」はＥＳ細胞だった可能性が高まっている。すでに二〇一二年の段階で、著者達が同じ指摘を受けていたことは驚きだった。

同じ査読者は、他のデータの不自然さにも着目していた。

例えば、脾臓以外のマウスのすべての組織の細胞が、同じ濃度の弱酸性溶液で初期化されるという論文の主張に対し、「突飛だ」と批判し、各細胞の変化や培養条件を詳細に示すことを求めた。理研の調査委員会が明らかにしたように、電気泳動の図の切り張りに気付き、「異なる実験で得られたレーンの両脇には白線を入れるのが普通だ」と注意していたのもこの査読者だった。電気泳動のデータの一部についても「不自然」と指摘した。

査読資料に目を通したという理研の調査委員会の元委員は、清水健二・遊軍キャップの取材に、「サイエンス論文での査読者の指摘などを見ると、科学者生命に危機を感じるのが普通で、『どうすれば誤解を解けるだろう』とうろたえると思う。（筆頭著者である）小保方さんはどう受けとめていたのか、理解に苦しむところだ」と語った。

だが、調査委員会によれば、当の小保方氏はサイエンスの査読コメントについてこう説明したという。「精査しておらず、その具体的内容についての認識はない」。また共著者の若山氏は、そもそもサイエンスに投稿した論文の図表類を小保方氏から受け取っていないとしており、図の切り張りに関する査読者の指摘についても「図を見ていないのでよく分からなかった」と話している。

強い疑義が指摘される中でのネイチャー編集者の変化

それでは、採択に至ったネイチャーへの再投稿時はどのように審査されたのか。

再投稿の際、論文は主論文の「アーティクル」と、第二論文の「レター」の二本構えになった。アーティクル論文の主旨はそれまでの投稿論文とほぼ同じ。新たに書き起こされたレター論文は、胎盤にも分化するというSTAP細胞の特性や、いずれもSTAP細胞から樹立した二つの幹細胞——ES細胞によく似たSTAP幹細胞と、胎盤にも分化するFI幹細胞——についてまとめられていた。掲載版の論文では、アーティクルでもSTAP幹細胞の樹立について記載しているが、二〇一三年三月の投稿論文には含まれておらず、CDBの自己点検によれば「最終段階で」盛り込まれたという。

まず目を引いたのは、ネイチャー編集者のコメントの変化だった。

初投稿時には「論文は掲載できない」と淡々とした文面で伝えたのに対し、再投稿時には大きな関心を示し、六カ月以内に追加実験をしたうえで改訂するよう強く勧めて、「改訂版の原稿をぜひ見たい」と記した。これを読んだある大学教授は「熱狂的といってもいいような反応。初投稿時とあまりに違う」と驚いた。

一方、査読者達は、「発生生物学や幹細胞生物学の転換を迫る発見」「特筆すべき発見」などと賞賛しつつも、問題点や疑問点を多数挙げていた。

人数は一人増えて三人になっていたが、一人目の査読者が初投稿時の一人目と同じ人物であることは明らかだった。アーティクル論文に関するコメントの最初の一文が全く同じな上に、同様のフレーズが何度も登場したからだ。初投稿時は前向きな表現が見当たらなかったが、再投稿時は「非常に興味深く、画期的な可能性を秘めている」と評価する言葉があり、「結論を支えるデータと説明は非常に推論的で予備的だ」という一文は「結論を支えるデータと説明は少々推論的で、幾つかのケースでは予備的だ」と弱められていた。

おそらく同じメンバーがレター論文も査読しており、一人目の査読者はレターに関するコメントの最後にこう指摘した。――著者達はSTAP細胞が次世代の再生医療の材料として有望だと主張するが、両論文中にはES細胞やiPS細胞と比較してSTAP細胞の（材料としての）品質を評価する実験が一つもない。ゲノムレベルでの詳細な解析をしない限り、この論文の掲載を勧められない。私は現在のデータを疑いはしないが、プロセスを要約すれば「魔法のような（magical）」アプローチだ――。

三人のコメントの中には、過去の投稿論文と同様、論文発表後に浮上した疑義と重なる次のような疑問も示されていた。

・ＳＴＡＰ細胞ができていく様子を顕微鏡でとらえた動画（ライブイメージング）で、緑色に光る細胞が「正常に見えず、一つは崩れているように見える」

・複数のグラフでエラーバーがない

・ＳＴＡＰ細胞から樹立した、胎盤にも分化するＦＩ幹細胞は、ＥＳ細胞が混入した可能性がある
・細胞を培養する際、弱酸性の状態に細胞を置くことは珍しくないし、生体内でも尿路などで同程度の弱酸にさらされる（なぜＳＴＡＰ現象の場合だけ初期化が起きるのか）

培養時のＥＳ細胞混入の可能性は、サイエンスの査読に続き、二度目の指摘である。また、エラーバーは、掲載された論文のグラフにはついていたものの、複数のグラフで不自然さが指摘されている。

なぜＳＴＡＰ細胞は「塊」だったのか？

二人目、三人目の査読者は、ある共通の要求をしていた。それは、ＳＴＡＰ細胞を「塊」ではなく、単一の細胞で評価し、万能性を示すべきということだった。

論文では、ＳＴＡＰ細胞を常に塊の状態で性質を調べ、キメラマウス作製などの万能性を証明する実験でも、バラバラの細胞ではうまくいかなかったため、塊のまま受精卵に注入している。査読者は「それでは一個のＳＴＡＰ細胞が、胎児と胎盤の両方に分化する能力があるのか分からない」「本当に多能性を持っているのか十分に証明できていない」と指摘した。塊の中に、胎児だけになる細胞と、胎盤だけになる細胞が入り混じっているかもしれないからだ。

リンパ球の一種のＴ細胞特有の遺伝子の痕跡（ＴＣＲ再構成）がＳＴＡＰ細胞にもみられることから、成熟した体細胞が刺激によって変化したことを示したとする電気泳動の結果に関し

ても、「元のT細胞が混ざっている可能性がある」などの指摘があった。

一個の細胞ではなく塊のまま評価しているために、元の細胞が何だかはっきりせず、万能性の証明も不十分——という指摘は、過去の三回の投稿でも何度もあった。

小保方氏らは査読コメントが返ってきてから追加実験に取り組んだが、それは主にSTAP細胞やSTAP幹細胞などの遺伝子解析であり、万能性の証明実験を単一細胞でやり直した形跡はない。遺伝子データが論文発表後に公開され、遠藤氏の解析でさまざまな齟齬が発見されたのは第八章で見てきた通りだ。

また、遺伝子解析は、DNA解析と二種類のRNA解析の計三通りの方法で実施されている。専門家によれば、そのうち理論上一個の細胞レベルで解析が可能なのはRNA解析の片方だけだ。STAP細胞のデータからES細胞特有の染色体異常が検出されたのは、まさにそのRNA解析の結果だった。

資料を読んでもらった東京大学エピゲノム疾患研究センターの白髭克彦教授は、「査読者の要求の仕方はかなり強く、STAP細胞が真に多能性細胞であることを示すには単一細胞での評価が必要だと、著者自身も思うはず。世紀の発見だと思うならなおさら、きちんと事実を見極めようとするはずだ。中心命題が対処されないまま論文が通ったことに驚く」と話した。

七月五日、私たちは査読資料に基づくスクープの第一段として、サイエンスの査読でES細胞混入の可能性が指摘されていたことを朝刊一面のトップで報じた。

解説では、論文発表後に専門家の間で議論されている科学的な疑問点が、三誌の査読コメント中にほぼ網羅されていたことや、単一細胞問題について紹介。「掲載したネイチャーの査読者の中にも懐疑的なコメントが含まれており、（掲載したいという）編集者の判断がかなり強く働いた印象を受けた」という白髭教授の見解も盛り込んだ。

削られていた不都合なデータ

すでに資料の入手から一カ月以上たっていた。記事化に至ってひとまずほっとしたが、資料からくみ取るべき教訓はまだまだあるように思えた。

和訳した四回分の査読コメントを何度も眺めているうちに、あることに気付いた。最初のネイチャー、セル、サイエンスのほぼすべての査読者から指摘されている内容の一つが、ネイチャーへの再投稿時だけなぜか見当たらない。それは、弱酸性の溶液にマウスの細胞を浸して刺激を与えた後で、細胞内でＯｃｔ４などの多能性の指標となる複数の遺伝子が働き出す様子を示した棒グラフについての指摘だった。酸処理をした日を〇日目とすると、三日目、七日目と各遺伝子の棒グラフが延びていき、七日目には比較対象のＥＳ細胞並みに強く働く様子が分かる。ところが、十日目、十四日目になると、遺伝子群の働きは徐々に落ちていく。

「七日目でピークになり、その後減衰する理由は？」「多能性の獲得が一時的であるためか？」。初投稿時のネイチャーの査読者は二人とも疑問を呈した。セルの三人の査読者も全員がこの点に言及。一人は「この研究の最大の欠点は、データの分析のほとんどが不十分で記載も乏しいことだ」と批判し、具体例として真っ先にこのグラフを取り上げた。「十日目、十四日目で遺伝子の発現量が明らかに減少しているのは、動物カルス細胞（ＳＴＡＰ細胞）が長期培養後にその性質を失ったり、別の細胞に変化したりした可能性を示唆している。しかし、著者達はこの点に注意を払っていない」。サイエンスの査読者の一人もやはりこの点に注目していた。

なぜ、ネイチャーへの再投稿時だけ同様の指摘がないのか。グラフを見比べてやっと理由が分かった。再投稿版の論文では、同じグラフの十日目以降、つまり遺伝子の働きが減衰していく部分が削られていたのだ。新聞と同様、論文もスペースが限られている。実験データのうち、掲載すべきデータを取捨選択する過程で不要なデータを省くこと自体は、改ざんとは異なり、不正行為とは言えない。しかし、このグラフの改変については、ネイチャーへの再投稿にあたり「不都合なデータ」を意図的に削除した可能性があるのではないか――。

生命科学系のある研究者は「その通りだと思う」と認めた上で、「実験の全てが自分にとって〝都合の良い〟データにはならず、多かれ少なかれ都合の悪いデータも出てきます」と削除に理解を示した。

一方、ＥＳ細胞などの万能細胞に詳しい中辻憲夫・京都大学教授は次のような見解だった。「多能性遺伝子の働きが弱まったとすると、一時的で不完全な初期化だったなどの解釈もできた。そのデータの有無によって論文の結論への判断や印象が変わった可能性があります。言い換えれば、科学的な理解と考察をミスリードする恐れがあり、科学者として不適切なデータの扱いだと思います」。実際、中辻教授は発表された論文を最初に読んだとき、十日目以降も当然、多能性遺伝子の発現が高レベルで維持されたものと考えていたという。

別の専門家は、グラフで増減が示された遺伝子の一つ、Ｏｃｔ４が、自己複製能も司ることに着目した。ＥＳ細胞など他の「多能性幹細胞（万能細胞）」は、さまざまな細胞に変化する多能性と、ほぼ無限に増える自己増殖能の二つを併せ持つ。ところが、ＳＴＡＰ細胞は、多能性があるのに自己複製能はないという。「多能性と自己複製能は、定義は別だが実際には完全に独立した現象にはならない。STAP細胞が片方の性質しか示さないのは、査読者にとってミステリーだったでしょうね。七日目を境に多能性遺伝子の働きが落ちていくことと、STAP細胞が増えない細胞であることを考え合わせると、初期化が不完全なのではないかという考えはかなり的を射たものだったと思います」。

「考えすぎではないでしょうか」

私は、小保方氏とともに再投稿時の論文を作成した笹井氏に、グラフを改変した経緯や理由をメールで問い合わせた。

――ネイチャーのあと、セル、サイエンスにも送って、全く相手にされずにリジェクト（不採択）だったという話だけは聞いたが、それらの三つの論文も査読者のコメントも読んでいない。十、十四日目の発現云々という話も初耳だ――という返事がまずあった。

確かに、CDBの自己点検検証委員会の報告書によれば、笹井氏は、サイエンスに不採択とされた論文を小保方氏が改訂した草稿（二〇一二年十二月十一日バージョン）を参考に、STAP論文の作成をしたとされる。だが、いずれの査読コメントも読んでいないというのは不自然に思えた。重ねて次のように尋ねた。

つまり笹井先生は、それまでのリジェクトの際の査読コメントは一度もご覧にならず、小保方さんも、笹井先生にそうした重要な情報を渡されなかった、ということなのでしょうか。

7月5日付 毎日新聞朝刊一面（東京本社最終版）

毎日新聞
2014年（平成26年）7月5日（土）

STAP論文
「ES細胞混入」指摘
サイエンス12年投稿審査

意見反映 掲載見送り

ビール税下げ検討
政府・与党 発泡酒、第3上げ

ミスター VS 400勝

北朝鮮制裁
「拉致で解除は矛盾」
往来制限など 政府内に異論

NEWSLINE
アマゾン「学割」に反対 老舗大手書店も賛同 29
韓国、一転し日本批判 2・9
入試英語に外部試験活用へ 3
「女性の登用」鮮明人事 5
飲料の三角パック 復活 28
イラク介入 揺れる米 3
読書感想文の歩み 22・23
GK、目立つ警闘 21

余録

笹井先生は、少なくとも、ネイチャーへの最初の投稿時のコメントはご覧になりたいとは思われなかったのでしょうか。

また、笹井先生がご存じなかったとすると、図で十日目以降のデータを削除したのは、小保方さんお一人の判断だった、ということになります。小保方さんがそれまで、ほぼ全員の査読者から同じ指摘を受けていながら、三回にわたり無防備に同じ図を投稿し続けたことを考えると、それは少し不自然な気も致します。

四回目の投稿にして初めて、十日目以降のデータに問題があると自主的に気付かれたということでしょうか。


笹井氏からはすぐに丁寧な返事があった。「一般論として、こてんぱんに批判された査読コメントを読んでもあまり得ることはありません」としたうえで、西川伸一・副センター長（当時）の話から、「論文の writing（※書き方）の質が低く、議論がかみ合っていない可能性が高い」と思ったため読まなかったと明かし、こう続けた。


私は、読んでいないので何とも言えませんが、おっしゃる図の変更の点にそれほどの意味があったとは思えません。

STAP細胞はSTAP幹細胞と異なり、ほとんど細胞増殖しないため、七日目は良い状態だが、それを越えて、あまり長く維持培養するのには限界があります。従って十〜十四日ごろの遺伝子発現は「細胞がへたってきた時期」のため、多能性マーカー（※指標となる遺伝子）が落ちてきていてもおかしくないでしょう。その段階の細胞状態の解析はあまり意味が無いことになります。だからこそ発現の良い七日目でその他の解析をした、という意味しか無かったのではないでしょうか？

逆に言えば、論文でのＳＴＡＰ細胞の解析は他のものもほとんどが七日目のものを使っていますので、その時点の遺伝子解析が一番有用であり、十～十四日ごろの遺伝子発現をわざわざ論文に入れる必要があったとは思えません。特に「わざわざ故意に削除した」というのは考えすぎではないでしょうか？

二回目に出した今回のネイチャーの論文では、一回目よりかなり多くのデータが追加されています。逆に言えば、図表の紙面のキャパシティから、不可欠ではないデータはその分「削除」しないと、帳尻が合いません。必須のデータでなければ、削除するのに他意はなく、そこに特別な理由を考えるのは勘ぐりすぎのように思います。


小保方氏にも代理人の弁護士経由で同様の問い合わせをしたが、返事はなかった。

私たちは、笹井氏の回答や専門家の見解を踏まえて議論を重ね、記事化することを決めた。不正行為とは言えないものの、一連の査読コメントを見ても、やはりＳＴＡＰ現象の本質に関わる科学的に重要な問題であると考えられたうえに、著者達の査読コメントへの向き合い方を象徴する事例でもあったからだ。

ＴＣＲ再構成に関する恣意的操作

さて、論文の作成過程についてはもう一つ、気になる問題があった。それは、五月にＣＤＢ

の自己点検検証委員会の報告書案を入手した際、小保方氏の異例の採用過程や笹井氏による囲い込みよりもまず、最初に目に留まった部分で、リンパ球の一種のT細胞特有の遺伝子の痕跡（TCR再構成）に関する項目だった。

TCR再構成は、STAP細胞が成熟した体細胞（T細胞）からできたことの証しとなる、いわば遺伝子についた目印である。第二章で紹介したように、三月にSTAP細胞の作製法をまとめたプロトコルが発表された際、STAP細胞から樹立したSTAP幹細胞にこの目印がないことがさりげなく盛り込まれていたことで、専門家から次々に疑問の声が挙がった。

報告書には、次のような経緯が一切の解釈を交えずに淡々とつづられていた。

小保方氏は二〇一二年中頃に、STAP細胞の塊や一部のSTAP幹細胞に目印（TCR再構成）があったとするデータを若山研究室内で報告したが、後に継代培養を繰り返していたSTAP幹細胞八株を再び調べたところ、目印は確認されなかった。

丹羽氏は、二〇一三年一月に論文作成に加わった際、最初に目印の有無について質問。STAP幹細胞で目印がみられないことを知り、すでにこの事実を認識していた笹井氏に、TCR再構成に関するデータを論文に含めることに「慎重な意見」を伝えた。

しかし、笹井氏は、長期的な培養で目印のある細胞が消えたという解釈をとった。アーティクル論文には、STAP細胞塊に目印があったとする実験結果が盛り込まれ、STAP幹細胞についての結果は記載されなかった。

二〇一四年三月に報告したプロトコルでは、「笹井氏の意向で」STAP幹細胞にTCR再構成が認められないという結果が記載された。

つまり笹井氏は、アーティクル論文では丹羽氏の忠告を押し切ってＳＴＡＰ細胞のＴＣＲ再構成について記載したにもかかわらず、プロトコルでは、疑問を呼ぶことが必至の情報を盛り込むよう、丹羽氏に求めたことになる。プロトコルの責任著者が丹羽氏だったことを踏まえると、笹井氏の行為はいささか理不尽にも感じられた。

理研の外部識者による改革委員会は、この事実を見過ごさなかった。改革委は報告書で、「ネイチャー誌などトップジャーナルへの掲載回数も多い笹井氏であれば、当然に疑問を抱くレベルの問題が、ＳＴＡＰ研究には発生していたといえる」と指摘した。

かつて発生生物学を研究しており、ＣＤＢ自己点検検証委員会の外部委員も務めた加藤和人・大阪大学教授（医学倫理）も、「ごく普通の生物学の知識を持っている研究者なら、必ずそれが最大のキーポイントであることが分かるはず。ＳＴＡＰ幹細胞でＴＣＲ再構成がみられないのに、なぜあれほど大きな主張ができたのか、不思議だ」と語った。

白髭教授もこうコメントした。「（ネイチャーへの再投稿論文には）多能性の指標となる遺伝子のグラフの不都合と思える部分や、ＳＴＡＰ幹細胞でＴＣＲ再構成がないことが記載されていなかったが、これらの事実をありのまま記述していたら、論文は採択されただろうか。論文の結論を覆しかねないデータをあえて記載しないことは研究倫理に反する」。

「もはや何を言っても仕方ない」

私は笹井氏に再び次の二点を問い合わせた。

・ＳＴＡＰ幹細胞の一部について、長期培養前には目印が確かにあった、というデータを確認していたのか
・ネイチャー論文にはＳＴＡＰ細胞を含む細胞の塊で目印があったことを示す電気泳動図が掲載されているが、これはＳＴＡＰ細胞以外の細胞の再構成をみている可能性があり、Ｔ細胞の初期化の証拠とは言えないのでは。やはり、単一細胞から培養したＳＴＡＰ幹細胞に目印があるかどうかを確認する必要があったと思うが、現在、この件についてどう考えるか

笹井氏がくれた丁寧な返答には、議論が不十分だったことを認め、反省する内容も含まれていた。

ＳＴＡＰ幹細胞のＴＣＲ再構成が長期培養で徐々に消えて行く話ですが、これは丹羽さんや小保方さんと口頭で少し議論になっただけで、そうした議論自体かすかに記憶に残っているだけです。したがって、再構成がなくなったデータも残っているデータも残念ながら見ておりません。

私としては、残っていた時期があることが重要だと思ったのでしょうから、今から思えば、そうしたデータを確認しておくべきだったと反省しております。一方、ＳＴＡＰ幹細胞に転換する際にＴＣＲが組換わっている「より分化が進んだ細胞」にネガティブなバイアス（未分化転換や増殖など）がかかる可能性も十分あり得ます。しかし、もう少し慎重に議論を進めるべきであったと思います。

笹井氏はさらにこう説明した。

――さまざまな由来の細胞が混じったSTAP細胞で目印を確認しても、他の細胞の混入を百％否定できないという議論は厳密に言えば確かに成り立つ。論文では、この実験結果は元々、あくまで一つの状況証拠に過ぎず、STAP細胞生成の様子の動画（ライブイメージング）や、STAP細胞が増殖しない特性などの他の証拠と組み合わせて、生体内にあった未分化な細胞を「選択」したのではなく、多能性細胞が新たにできたと言える、という論調になっている――。

文章の最後に記された一文からは、笹井氏らしからぬ、ある種の諦念も感じられた。

「ただ、こうした議論も、あくまでもとの論文の他のデータに依存した議論となり、撤回してしまったあとは、何を言ってももはや仕方ないとも思います」

プロトコルが発表された三月上旬の丹羽氏の取材対応も、今振り返ると不可解だった。自己点検検証委員会の報告書からは、丹羽氏がSTAP幹細胞に目印がないことを重くみていたことがうかがえる。だが、プロトコルの発表後に問い合わせたときは、重要な問題ではないという立場で説明をしていた。

私は丹羽氏の説明に納得し、当日の記事で専門家からの疑義を取り上げることは見送るよう、デスクに意見した。結局、四月上旬の記事で書いたのだが、もっと早く報じるべきだったのかもしれない――。今更ながら後悔するとともに、科学記者としての自らの未熟さを痛感した。

「くさった丸太をたまたま渡り切れてしまったようなもの」

私たちは、多能性の指標となる遺伝子の増減グラフの問題を、七月二十一日付の朝刊一面左肩の記事で報じた。同じ日の三面に載せたまとめ記事の一本目では、「査読の指摘　軽視」の見出しで、科学史上に残るとも言われるずさんな論文が掲載に至った背景を探った。

二本目の記事では、主に八田記者の取材により、論文審査の現状を伝えた。

査読者への謝礼はなく、原則ボランティアだ。世界全体の投稿数が急増する中、査読の質の維持が課題になっている。例えば、化学分野で有名な「ドイツ化学会誌」は、年間五千人以上に二万八八〇〇回査読を依頼し、約二百三十人は月一本以上を担当していた。同誌編集委員長（当時）は二〇一三年の論説記事で、査読者の負担増によって「査読の拒否や個々の査読の質の低下」を招いていると指摘した。米国の研究機関に所属する日本人研究者も取材に対し、「毎月約十本の査読依頼があり、とても対応できない」と悲鳴を上げた。

ネイチャーは論文撤回を掲載した号の論説で、「編集者も査読者も、論文に致命的な問題があると見抜くことは難しかった。査読者は論文で提示された内容を信用したうえで厳しくコメントした」と釈明した。

しかし、私の中では、仮にすべてのデータが正しかったとしても、この論文は本来、ネイチャーのような一流誌に掲載され、理研が大々的に発表するような内容ではなかったのだ、という確信が深まりつつあった。細胞を塊でしか評価していないがゆえのＳＴＡＰ細胞の由来や性質のあいまいさは、結局最後までクリアにならず、査読者達の最大の疑問は解消されないまま。

その他の指摘を踏まえても、「成熟した体細胞を刺激によって初期化し、新たな万能細胞を作った」とする論文の主張を裏付ける、説得力のある証拠がそろっていたとはもはや思えなかった。

査読資料の精査を依頼したある専門家は、辛辣な口調でこう語った。「一流誌への投稿に慣れ、幹細胞分野での信用もある笹井氏や丹羽氏が著者に入ったことで、ＳＴＡＰ論文は初めて科学論文としての体を成し、編集者も賢明な判断ができなくなったのではないか。くさった丸太を皆で渡って、たまたま折れずに渡り切れてしまったということでしょう」。

第十一章　笹井氏の死とＣＤＢ「解体」

八月五日、笹井氏自殺のニュースが。思えば、私のＳＴＡＰ細胞取材は笹井氏の一言で始まった。それ以降笹井氏から受け取ったメールは約四十通。最後のメールは査読資料に関する質問の回答で自殺の約三週間前のものだ。

早大調査委員会「博士号取り消しには該当せず」

私たちが査読資料に基づく二つ目の記事を準備していたころだった。

七月十七日、早稲田大学は、小保方晴子・研究ユニットリーダーの博士論文の調査結果を発表した。小保方氏の博士論文を巡っては、掲示された画像四枚がＳＴＡＰ論文で流用されていたことで注目が集まったが、全体の五分の一にあたる約二十ページで米国立衛生研究所（ＮＩＨ）のウェブサイトの文章を丸写し（コピーアンドペースト）していわゆる「コピペ」）しているなど、複数の疑義が浮上。早大は三月末に調査委員会を設置していた。

小保方氏は二〇一一年三月に早大から博士号を授与され、同年四月に客員研究員として理研ＣＤＢに入所した。博士論文のタイトルは「三胚葉由来組織に共通した万能性体性幹細胞の探索」。マウスの生体内から採取した直径六マイクロメートル以下の「小さな細胞」が形成する球状の細胞塊「スフィア」が万能性を持つことを示したとする内容だった。第一章が研究の背景をまとめた序章、第二～四章は、小保方氏が米ハーバード大学のチャールズ・バカンティ教授らとの共著で米科学誌ティッシュ・エンジニアリング・パートAに掲載された論文とほぼ同じ研究成果をまとめている。第五章は若山照彦氏との共同研究で、スフィア由来のキメラマウスを作製したとする内容だ。

ちなみに小保方氏は、博士論文中のスフィアも「STAP細胞である」という独自の認識を示している。だが、スフィアはあくまで生体内から採取した細胞であるのに対し、STAP細胞は生体外で細胞に刺激を与えることによって新たにできた細胞のはず。論文の内容に従う限り、両者は異なる。

記者会見では調査報告書の本体は配られず、委員長の小林英明弁護士が、わずか五ページの概要版を元に説明した。主な内容を紹介しよう。

調査委員会は、

・約四千五百語に上る序章がNIHのウェブサイトからの「コピペ」だった
・引用文献を記した第二～五章のリファレンスが他の文献からの「コピペ」だった
・図の一つ（Figure.10）に、少なくとも二つの企業のウェブサイトから転載した画像が含まれていた

……など十一カ所について、著作権侵害行為かつ創作者誤認惹起行為（いわゆる盗用）と認定した。「不適切だが不正行為にあたらない」と判断した▽意味不明な記載（二カ所）▽論旨不明瞭な記載（五カ所）▽ティッシュ論文との整合性がない部分（五カ所）▽論文の形式上の不

備がある部分（三カ所）――を併せると、問題点は計二十六カ所に上った。

ただし、博士論文の元になった実験は実際に行われたと認定した。

一方、小保方氏は、調査対象となった製本された博士論文は「作成初期段階の草稿である」と主張し、「当時完成版として提出しようとしていたもの」として、ある博士論文を提出した。調査委は、この論文が真に提出しようとしていた最終的な博士論文と同じものだとは認めなかったが、取り違えたという小保方氏の主張は認めた。さらに、真の博士論文について、リファレンスに問題はなく、問題の図（Fig.10）も掲載されていなかったと認め、これらは研究不正行為ではなく「過失」だとして、著作権侵害行為の十一カ所からこれらを除いた六カ所を不正行為と判断した。

しかし、それらの不正行為は「博士号の授与に重大な影響を与えていない」と認定。「不正な方法により授与を受けた事実が判明したとき」という博士号取り消しの要件に該当しないと判断した。

一方、論文の指導や審査体制について、「博士論文の内容の信憑性、妥当性は著しく低く、審査体制に重大な欠陥、不備がなければ、小保方氏に博士号が授与されることは到底考えられなかった」と大学側を厳しく批判。指導教官で主査も務めた常田聡・早大教授らに「重い責任がある」と指摘した。

小林委員長は最後に、「（博士号）取り消しに該当しないと判断したのは、早大の規定がそうなっていたからで、問題性が低かったというわけではないということに十分注意したい」と述べ、「ひとたび学位を授与したら、それを取り消すことは容易ではない。それほど学位の授与は重みのあるものである。早稲田大学において学位審査に関与する者は、その重さを十分に認識すべきである」という結論を読み上げた。

提出直前まで更新されていた論文ファイル

六カ所の不正行為（盗用）のうち一カ所は全体の五分の一にあたる文章である。博士号取り消しにはあたらない、とした調査委の判断に唖然としたのは私だけではないだろう。

米メディアのウォール・ストリート・ジャーナルは二〇一四年三月中旬、二〇一一年二月に製本された状態で小保方氏から提出され、国会図書館に収められている博士論文について、小保方氏自身が取材への回答メールで、「審査に合格したものではなく、下書き段階の物が製本され残ってしまっている」と説明した、と報じていた。そのときはとても信じられず、八田浩輔記者も「本当に小保方氏のメールだったのか」と疑ったくらいだった。あのとき「まさか」と思ったことが事実として認定されてしまうとは……。

幸い、記者会見での質疑応答で最初に質問することができた。

「今回の小保方さんの『取り違えた』という説明を認めたということですが、彼女が提出した真正な博士論文というのはいつ、どのような形で提出されたものでしょうか」

小林委員長は「五月二十七日に郵送されてきました」と答えた。

「紙にプリントアウトしたかたちですか」

「そういうことです」

「例えばパソコンのファイル形式なら、最終的に手を入れた年月日も分かると思うのですが、それはされていないのでしょうか」

「当初からデータで送ってほしいとは申し上げていたが、なかなか応じてもらえず、五月二十七日にようやく紙で送られてきました」

「データで送るのが不都合であったとも考えられるわけですよね。小保方さんの主張を認めるなら、そこまで確認されるべきだったと思うのですが」

「データは入手したいと、ずっとお願いはしていました。ヒアリングを実施したときもお話ししました。そして、最終的に六月二十二日にヒアリングしまして、そのときも『直接データで送ってくれないか』とお願いして、それでも送って頂けなかったんですね。そして六月二十四日になって、弁護士を通じてメールでワードファイルが送られてきました。すぐ分析したところ、送る直前に更新されていたのです。ヒアリングしたときに、どういう点が記載されていないとかそういう質問をした部分を、送る直前に修正してしまったらしくて、その日の一時間くらい前の更新履歴になってしまっていました。そういうこともあって、更新されていないデータは他にも残っていないかと再度聞いていたが、(小保方氏は)『常に更新しているのでそういうのはない』と。従ってデータファイルを証拠に使うということができず、我々も残念だなと思っています」

「それより前の更新履歴は?」

「解析できない状態でした」

博士号取得から三年以上も経って、送信直前まで更新し続けたファイルを「本来提出するつもりだった博士論文」として調査委に提出した小保方氏側の大胆さもさることながら、「真正な博士論文」の実物を確認できないまま「取り違え」を認めたという調査委員会の判断には、驚きと疑問を感じた。

「母親の看病で忙しかった」

次に、実験の実在性をどう認定したのかも尋ねたところ、ハーバード時代を含め小保方氏側から提示された一部の実験ノートを見て「小保方氏の供述が真実であるという心証をもった」ものの、個々の実験に関する記述を確認したわけではないことも分かった。

小林委員長によれば、六月に提出された「博士論文」でも、序章の文章やイラストをＮＩＨのサイトからほぼ丸写しした点は変わらなかったという。

「その理由については、小保方さんは何とおっしゃっているのでしょうか」

「まあ、そういうものは許されるものだと思っていた、というニュアンスですね」

その後の質疑応答でも、副査の一人であり、第二〜四章にあたる研究の実質的な指導者だったチャールズ・バカンティ米ハーバード大学教授には事情聴取できていないことが分かるなど、調査の不十分さを疑わせる事実が判明した。バカンティ教授は、疑惑発覚後の英科学誌の取材に「（論文を）読んだことがない」と述べており、学位審査の甘さは明らかだった。

続いて記者会見した鎌田薫・早稲田大学総長は、小保方氏の博士論文や博士号の取り扱いについて、学内で検討を始めることを明らかにし、「論文にこれだけ（問題が多いとの）指摘があり、（大学の規則に）根拠がある博士号取り消しだけでなく、審査のやり直し、論文取り下げなども考えられる。最終的な権限を持つのは総長なので、報告書を踏まえて最善の解決策を検討したい」と述べた。

毎日新聞は翌日の朝刊の社会面で調査委員会の結論を報じた。八田記者は解説記事で、「調査委が認定した事実にも疑問が残る」と指摘。第一章の「コピペ」が博士号授与に重要な影響を与えたとは言えないとした調査委の判断に対し、「この規模の『盗用』を認めながら博士号を保持できるのであれば、国内外の早大への信用と権威は地に落ちるだろう」と書いた。ネット上では小保方氏と同じ早大先進理工学研究科で学位を得た博士論文についても盗用などの疑義が相次いで指摘されたことにも触れ、「鎌田薫・早大総長は記者会見で否定したが、こうした事情が結論に影響したと疑われることは避けられない」と記した。

大阪科学環境部の畠山哲郎記者の取材によると、小保方氏は翌十八日、代理人の三木秀夫弁護士を通じて「厳しい指摘は厳粛に受け止め、反省している」とのコメントを出した。三木弁護士によると、小保方氏と電話でやりとりした際には、博士号の取り消しにはならず安心した様子だったという。

早大は十九日、発表当日には伏せた調査報告書の全文をウェブサイト上で公開した。小林委員長以外の調査委員の氏名は開示されず、中身も一部黒塗りだった。

常田教授が、小保方氏が草稿を示す直前の約二カ月間、個別に指導していなかったことなど、新たに判明した内容を大場あい記者が記事にまとめた。報告書は「適切な指導が行われていれば、博士号に値する論文を作成できた可能性があった」と、常田教授らの責任を厳しく指摘。論文中に計四十二カ所の誤字、脱字、英語の綴り間違いなどがあることも明らかになった。小保方氏の取り違えの主張を裏付ける事情の一つとして、小保方氏が博士論文を作成していた当時、「大病を患う母親の看病」もあって忙しかった——という初めて知る内容もあった。

「概念図として使う」という釈明の相似

報告書を読み進めると、製本された博士論文にはあり、六月に提出された方にはなかったという図（Figure.10）に関する小保方氏の説明に目が留まった。

この図は、マウスの骨髄細胞由来のスフィアを試験管内でさまざまな細胞（外胚葉、中胚葉、内胚葉の三種類に分類される三胚葉の各組織の細胞）に分化させたことを示す図で、小保方氏による実験結果として掲載されている。ところが、分化した結果である三枚の画像のうち二枚は、それぞれ異なるバイオ企業のウェブサイトから許諾を得ずに転載されたもので、残りの一枚も、どこからか転載された疑いの強いものだった。盗用にとどまらず、実験の実在性をも疑わざるを得ない図である。

報告書によれば、小保方氏はこれについて、「細胞を培養した結果、三胚葉に属する各組織の特徴を有する細胞に分化した」という「概念図の例として」用いたのであり、「データとして用いるつもりはありませんでした」と述べたという。どこか既視感のある記述にはっとした。

小保方氏は、最新の研究成果を報告し合う若山研内のプログレスリポートで、無関係なはずの博士論文中の画像をパワーポイント資料で使い、同じ画像をＳＴＡＰ論文にも転載して「捏造」と認定された。四月の記者会見で、リポート資料になぜ博士論文中の画像を使ったのかと私が尋ねたとき、小保方氏は、特定の実験結果ではなく、概念図として使ったという主旨の説明をした。あのときと今回とで、同様の釈明だったのは偶然だろうか――。

調査委の報告に対し、関係者からは怒りや疑問の声が挙がった。私のところにも記者会見当日、ある若手研究者から「非常に腹立たしいです。呆れ果てています」、理研の改革委員会の元委員からも「どうしたらよいのですかね、こういう時は」と、ため息が聞こえてくるようなメールが届いた。

早大先進理工学研究科の有志も七月二十五日、報告書に「強い違和感と困惑」を感じるとする所見を発表。ティッシュ論文のデータ改ざん疑惑に言及していない点や、小保方氏の製本すべき論文を「取り違えた」という主張を認めた点など六項目について指摘した。

早大は実質上、博士号を取り消さず

ここで、調査委の報告を受けて、大学本部が出した結論も紹介しておきたい。

早大は二〇一四年十月七日、小保方氏の博士号を取り消す決定をしたと発表した。ただし、審査に不備があった大学側の責任を重くみて、今後一年程度で論文が訂正されれば学位が維持できるとした。「猶予付き取り消し」という異例の判断だった。

常田教授は停職一カ月、副査のうち早大教員の武岡真司教授は訓戒の処分となり、鎌田総長は管理責任をとって役職手当の二十%を五カ月分、自主的に返上するとした。

早大の判断はこうだった。調査委の報告を踏襲し、未完成の「草稿」を博士論文として誤って提出したとする小保方氏の主張を認めたが、研究者としてわきまえるべき基本的な注意義務を著しく怠ったとして、早大の規則で博士号の取り消し要件とされる「不正の方法により学位の授与を受けた事実」に該当すると認定したのだ。

一方、小保方氏が所属した先進理工学研究科での指導・審査過程に重大な不備・欠陥があったと認め、猶予期間の間に小保方氏に対して博士論文指導や研究倫理の再教育をして論文を訂正させ、それができなかった場合のみ取り消すとした。

　研究者の間では、そもそも、早稲田大学が小保方氏に実験ノートの記述の仕方などの基本的な教育を徹底することもなく、博士論文の精査もせずに博士号を与えていなければ、ＳＴＡＰ問題は発生しなかった、という声も大きい。記者会見の質疑応答では、「一連のＳＴＡＰ問題についての早大の責任」を問う質問もあったが、鎌田総長は「ＳＴＡＰ問題そのものに直接、この学位論文がどれだけ影響を与えたかは考えていない」と言い切った。

「（小保方氏を）博士号を授与するに値する人物だとして送り出したことに対する責任は、どう考えるか）」という質問に対しても、「これは研究の実態の評価の問題だと考えている。実態が全くないとか、すべて架空の話であったという前提では、いま対応していない。今のご質問が、そういう風な意味を含むのだとしたら、我々はそうは考えていない」と直接の回答を避けた。

　大阪科学環境部の吉田卓矢記者の取材によると、小保方氏はこの日、早大の対応について「大学関係者に迷惑をかけて大変申し訳ない。学長の判断に従う」とするコメントを三木弁護士を通じて出した。ＳＴＡＰ細胞の再現実験が一段落してから、一年間の猶予期間内に論文を完成させて再提出する意向という。

　実質的に小保方氏の博士号は維持されることになり、早大の信頼回復は遠のいたと言えよう。調麻佐志・東京工業大学准教授（科学技術社会論）は「指導に瑕疵があったことに配慮すること自体は間違っていないが、博士号を取り消さない理由にはならない。博士号に値する能力を身につけさせないまま学位を維持させるのは、小保方氏に対しても責任を果たしたとは言えない。早大の論理構成には無理があると感じる。落とし所を意識したかのようにすら見える」と語った。

後手に回った理研の対応

さて、二〇一四年七月の早大の調査委員会の記者会見から約一週間後、理研の川合眞紀理事(研究担当)が報道各社の個別取材に応じた。理研の調査委員会の最終報告以降に各社がしていた取材の申し込みにようやく対応した形だった。私は大場記者と埼玉県和光市の理研本部に向かった。

川合理事とはこれまで記者会見で何度も相対してきたが、直接話をするのは初めてだ。せっかくの機会に、理研のこれまでの不可解な対応の経緯を聞き出したいと思った。

「政代さんからいろいろご指摘いただいて、説明の仕方が悪かったと痛感しています。少し整理して発信させて頂きたい」

川合理事はそう切り出した。CDBの高橋政代プロジェクトリーダーが七月のはじめに理研の方針に対する批判を表明したのをきっかけに、高橋氏から意見を聞いたという。

川合理事が強調したのは、STAP研究での残存試料の解析を含めた「科学的な検証」に、理研が取り組んでいるということだった。「三月中旬から、小保方研究室にあった試料の保全、場所の保全は全て、(CDBセンター長の)竹市(雅俊)先生の命令以下、きちんと行われています」。だが、二月半ばに調査委員会が設置されたのにもかかわらず、小保方研を閉鎖したのは三月十四日。その前日までは小保方氏らが自由に出入りできたといい、対応はあまりに遅すぎたと言えよう。
六月三十日に新たな疑義についての予備調査を開始したのは、やはり遠藤・若山解析の結果がきっかけになったらしく、川合理事は「五月の中旬以降からだんだん、科学的な疑義として、不正と絡めて調査対象にすべきものがいくつか明確に出てき始めたというふうに思っている。そこをもって（二度目の）調査委員会を発足させるべきかという検討を始めた次第です」と説明。遠藤氏の解析結果について、「第三者」に追試を依頼していたことも明らかにした。ある研究者が、川合理事の依頼で遠藤氏と同様の解析をしていたことは、当時の取材でも摑んでいた。

「やるべきことはちゃんとやっている」と言わんばかりの川合理事の説明に、私は納得がいかなかった。改革委員会からの再三の論文再調査の要請にも、理研は「論文に撤回の動きがある」などを理由に拒み続けていたではないか――。

実は私は、すでに小保方研の冷凍庫に保管されていた試料のリストと画像を入手していた。それによれば、容器に「ＦＬＳ」（ＳＴＡＰ幹細胞）や「ＳＴＡＰ」などと記載された、明らかにＳＴＡＰ研究の残存試料とみられる試料の他に、多数のＥＳ細胞もあったし、凍結されたマウスもあった。

「記者会見の質疑応答では、なかなか残存試料の解析について明確な答えがなく、そもそも試料がどれだけあるのか、リストも示されていないし、何を対象にどういった解析をするのかということも公表されていません」

「次の不正調査に試料を上げていく可能性があるので、全貌を公開できるかどうかはちょっと今はお答えできません。実は、試料のリストが完全にそろったのは割合、最近です。小保方さんじゃないと分からない試料があったので。そこで今、何を調べてどうしていくかという構成を、有識者の方たちに考えて頂いています」

遠藤・若山解析以前にも、レター論文のキメラマウスの画像の疑義など、深刻な問題がCDBの全画像調査で明らかになっていた。

「ああいったものも非常に重要な疑義だと思いますが、それは再調査のきっかけとは受け止められなかったのですか」

「論文の疑義の方は、一回目の調査委員会のところで一応精査してお話し頂いていたので、その範囲がまずファーストフェーズであるという考え方です。レター論文の画像については、若山さんのところで調べておかしいということがだんだん出てきて、レター論文の撤回につながるわけですが、調査委員会には、あの報告書は一回上げて見てもらっているので、検討はされていると思います」

第七章で紹介したように、CDBの全画像調査に関する内部報告書は二つあり、私はいずれも入手して五月下旬に記事化した。五月の記者会見では全画像調査の実施すら認めなかった川合理事だが、このときは「竹市先生経由で（報告書を）頂いた」とあっさり認めた。調査委員会はこの二つともに目を通していたという。初耳だった。川合理事は調査委での議論について「正確じゃないかもしれない」と断りつつも、「今回の調査対象に入れなかったという結論で、そのまま見送られているのだと思う」と話した。

調査委の調査対象がわずか六件にとどまった理由については、清水健二・遊軍キャップが元調査委員らに取材し、論文撤回後の連載「白紙　STAP論文」でまとめていた。調査中に自ら新たな疑義に気付いた委員もいたが、小保方氏の積極的な協力が得られる保証はなく、早期の結論を求める社会の重圧を感じていた委員に「あまり時間はかけられない」という認識があったこと、また、調査委の結論は関係者の懲戒処分に直結し、裁判になる可能性もあるなかで、不正認定には慎重にならざるを得なかったことが、主な理由だったという。

清水キャップの取材によれば、調査委は五月七日、小保方氏の不服申し立てを退けて調査を終えたが、理研理事会への報告の際に、委員の一人が新たな疑義についても「自ら調べるべきだ」と要望していた。「是非引き続いて調べてほしいということは頂いており、それは真摯に受け止めている」と川合理事も認めた。その要請から新たな予備調査開始までなぜ二カ月近くもかかったのか。この点については納得のいく説明はなかったが、ともかくも理研は今後、残存試料の科学的な検証を進め、予備調査の段階で不正がほぼ確実な項目を絞り、最終的に本調査をする方針だという。ただし、本調査に入った場合の調査委員のなり手は「理研内では皆無」と言い、外部からの人選を進めつつも、苦慮している様子がうかがえた。

「なんで見抜けなかったんだろう」

私は長らく疑問に思っていたことを尋ねた。

「理研本部が調査を開始した当初、『論文の根幹部分に揺るぎはない』と言っていたのがすごく印象的でした。あれはどうしてですか」

「やっぱりあの人達の目を信じていたんですよね。ＣＤＢのセンター長やグループディレクターたち。すごい研究者で、今までもいろんな研究を見てきて、失敗も繰り返しているはず。

あの目をすり抜けることはないだろうと思っていた。なんで見抜けなかったんだろうって、いまだに不思議です」

川合理事はそう説明し、「これもみんな過信ね」と付け加えた。

STAP問題の解決については「今年度内にけりをつけたい」と述べ、改革委が「交代」を求めた自身の身の振り方については、「自分から進退を問うというのは美談として語られるけど、はっきりいって責任逃れ。最後までやったあげく判定して頂いて、それで駄目だというんだったら、甘んじて受けます」。同じく改革委が「相応の厳しい処分」を求めた竹市センター長と笹井芳樹・CDB副センター長についてはこう述べた。

「笹井さんはどうして辞めないんですか、という声を聞きます。私たち、辞めさせないと言ってあります。懲戒の結果を受けて頂くために、辞めないでくださいと。竹市先生も、こんなことになってとても続けていくことはできないから辞任したいと、ぼそっとおっしゃったことがありますが、とんでもないと。これはちゃんと懲戒を受けて頂くべき話で、勝手に逃げ出すことは私たちとしては許さないと。……というので、笹井さんにも竹市さんにも、ちょっと辛い思いをさせているとは思います。でも、それが我々の方針です」

インタビューを終え、部屋を出るときだった。川合理事に「須田さんは最初の会見、どう思いました?」と聞かれた。

「興奮しましたよ。すごいなって。完全に騙されました」。思わず本音を言うと、「そうよね、私たちも一週間くらい前に知ったんですけど、そのときはそう思った」と川合理事。次の言葉は興味深かった。

「一つ後悔しているのは、私、背景の説明は笹井さんがやったほうがいいよね、なんて言ってしまったんです。すごく後悔しています。背景みたいな説明はやっぱり彼女（小保方氏）には無理だったんですよ。笹井さんに説明して頂くと、ああ、分かりやすいなあと思っていたから……」

同僚の取材によると、一月の論文発表直前、理研本部で小保方氏と会った野依理事長が「彼女を守れ」と周囲に指示したという。大々的な記者会見は笹井氏主導で準備され、当日も笹井氏の司会で進められたが、やはり理研本部の意向も相当、反映されていたのではないか。そう感じた。

「研究全体が虚構であったのではないかという疑念を禁じえない」。日本学術会議（大西隆会長）は七月二十五日、理研に対し、検証実験の結果にかかわらず、保存されている試料の調査で不正の全容を解明し、結果に基づき関係者を処分するよう求める声明を発表した。「虚構」という言葉にもはや何の違和感も覚えなかったが、日本の科学者の代表機関がそうした表現を使う段階まできたのか、と思うと感慨深かった。

笹井氏の自殺

八月五日の午前十時過ぎだった。出社した私は、いつもと違う重苦しい雰囲気に気付いた。夕刊の当番デスク席にいた西川拓デスクの方を見ると、目が合った。

「笹井さんが亡くなった」

「え……？」

一瞬、頭が真っ白になった。

午前八時四十分ごろ、ＣＤＢに隣接する先端医療センター内で、首をつった状態で見付かったという。清水・遊軍キャップから手短な説明を受けたが、とても現実のことと思えなかった。

「誰か話を聞ける人はいるかな」。そう聞かれ、思いつく名前を挙げる。茫然としたまま席につき、考える間もなく電話取材を始めた。

最初に電話した相手は西川伸一・前副センター長だった。

「今、ヨーロッパなんや。午前三時。僕も今、起こされたとこなんや」

理研からたった今、連絡を受けたばかりだという。

「知らせを受けて……あの……」

質問の言葉がまともに出てこないという経験を久しぶりにした。

「コメントなし」

西川氏は遮るように言い、同じ言葉を繰り返した。

「あの……兆候みたいなものは感じられなかったでしょうか」。やっとの思いで聞くと、「だって、ずっと会っていないもの。三月に会ったのが最後」。

二分とかからずに電話は切れた。冷たいとすら感じるほどの素っ気なさは、動揺を押し隠すためなのだろうか――。

次に、かつてＣＤＢに在籍し、笹井氏の同僚だった斎藤通紀・京都大学教授に電話した。

「今、救命措置がとられているんですね？」

せわしげに聞かれ、すでに死亡しているという情報が入っていることを伝えると、斎藤教授は「そうですか……信じられない」と絶句した。

二月半ば、STAP論文の画像の疑義を心配するメールを笹井氏に送った際は「たいした問題ではない。落ち着いたらゆっくり議論しましょう」という返信があったという。

「笹井先生の研究能力は抜群に高く、それはもう万人が認めるところ。だからこそ、今回の問題には皆が驚いていた。とにかく残念というか、こんなことになるのだったら、何かできなかったのかと、すごく思います」

斎藤教授はそう言葉を絞り出した。

なおも電話取材を続けていると、文部科学省で午後に理研の加賀屋悟広報室長が記者会見するという連絡が入ってきた。急いで斎藤教授のコメントを原稿にし、八田記者や写真部の記者とともに慌ただしく文科省に向かった。出掛ける間際、長尾真輔部長に声を掛けられた。

「辛いだろうけど、しっかり聞いてくるんだぞ」

現実感の乏しいまま会場に着き、会見が始まるまでの間、パソコンでこの半年間の笹井氏とのメールのやりとりを振り返った。

思えば私のSTAP取材は、一月の記者会見に「『絶対に』来るべきです」という笹井氏からの誘いのメールで始まった。それ以後に受け取ったメールは約四十通。最後の一通の日付は七月十四日だった。査読資料に関する質問への回答で、「(論文を)撤回してしまったあとは、何を言ってももはや仕方ないとも思います」と結ばれていた。

再三の面会によるインタビューの申し込みにはついに応じてくれず、電話に出てくれることもなかったが、メールでの問い合わせにはほぼ毎回、答えてくれた。時に心情を吐露するような言葉もあった。三月二十九日のメールの追伸には「今回の件が、私の研究者人生に大きな打撃を与えたのは間違いないでしょう。この先挽回できないかもしれないほどのものかもしれません」と綴られていた。私は当時、笹井氏を心配し、心を痛めたが、こんな悲劇が待っているとは想像もできなかった。読み返すうちに、画面が涙でにじんだ。

毎日新聞は、五日付夕刊の一面で、笹井氏の自殺を報じた。兵庫県警によると、笹井氏はCDBと通路でつながった先端医療センターの研究棟の四階と五階の間にある踊り場で亡くなっていた。午前十一時三分、搬送先の中央市民病院で死亡が確認された。理研によると、午前九時前に発見された際にはすでに、駆けつけた先端医療センターの医師が「死亡している」と話したという。五十二歳だった。半袖シャツにスラックス姿で、踊り場に革靴とカバンが置かれていた。捜査関係者によると、カバンの中に理研幹部や小保方氏にあてた三通の遺書が残されていた。

笹井氏は一九六二年に兵庫県に生まれた。一九八六年に京都大学医学部を卒業し、三十六歳の若さで京大教授に就任。理研CDBには二〇〇〇年の設立時に入り、二〇一三年に副センター長に就任した。ES細胞から網膜や神経細胞を作り出す研究で世界をリードし、多くの論文が一流誌に掲載された。

再生医療への応用につながる重要な成果も多かった。iPS細胞を使った世界初の臨床研究となる目の難病の治療、さらに「次」として期待される神経難病のパーキンソン病の治療でそれぞれ移植される細胞は、いずれも笹井氏が、iPS細胞などの万能細胞から誘導する方法の開発に携わっている。

私は二〇〇六年春に科学環境部に配属になって以降、何度か笹井氏に取材してきた。軽妙な関西弁でよどみなく、かつユーモアを交えて楽しそうに語ってくれ、予定の時間をオーバーするのが常だった。最先端の話でも難解な専門用語をあまり使わず、さりげない気遣いを感じた。私にとって、科学の醍醐味、奥深さを感じさせてくれる、魅力的な研究者の一人だった。

特に思い出深いのは、山中伸弥・京都大学教授がノーベル医学生理学賞を受賞した二〇一二年秋の取材だ。笹井氏は、山中氏と共同受賞したジョン・ガードン英ケンブリッジ大学名誉教授の「孫弟子」だといい、ガードン氏の業績や、ガードン研を巣立った錚々たる研究者の顔ぶれについて、ホワイトボードに図を描きながら丁寧に解説してくれた。生き生きと語るその表情は、ガードン博士への敬愛の念にあふれていた。科学記者冥利に尽きる贅沢な時間だった。

CDBを最期の場所に

加賀屋広報室長の記者会見は、午後一時五十分から始まった。

加賀屋氏によると、笹井氏は最近、心身ともに疲労困憊しており、健康管理や人事の担当者がフォローしていたが、メールなどでも「普段と違うやりとり」があった。方々からの取材依頼も笹井氏の意向で断っており、三月頃に約一カ月、入院していたという。ただし、最近の通院状況や辞意、遺書の内容については「把握していない」、近く中間報告が予定されていた検証実験についても、「進捗はご存じないと思う」と答えた。

撤回されたSTAP論文については、最初の調査委員会が不正と認定した二件以外の疑義を対象とした予備調査が始まっている。論文作成の詳細な経緯を知る笹井氏が亡くなり、不正の全容解明が難航する恐れもあり、加賀屋氏は予備調査の中断や遅れの可能性を「影響はあろうと思うが、関係の専門家の意見も踏まえて決定していく」と述べた。

「処分を先延ばししたために、こういう状況になったという認識はありますか」。八田記者の質問には「そういう一面もあろうかと思う」。今後、自殺と職務の因果関係について調査するという。訃報に接しての思いを聞かれると、「非常にショックでしたし、悔しい気持ちもあったし、悲しい気持ちもあった」と沈痛な面持ちで述べた。

会場からは、小保方氏の状況に関する質問も相次いだ。加賀屋氏は、小保方氏がこの日もCDBに出勤したことを明らかにし、「所内で信頼できる職員二人がサポートについている。本人は大きな精神的ショックがあるので、必要に応じ臨床心理士などによるケアを考えたい」と話した。

記者会見終了後、会社に戻った私は、再び電話取材を続けた。

「やっぱり理研の対応がまずかったんじゃないか。ずっと気になっていた。いつか首をつるのではないかと……。もうちょっと何かできなかったかと後悔している」。笹井氏の知人の一人はそう悔やんだ。

知人によると、笹井氏の心労が最も大きく感じられたのは四月の記者会見前で、「あの頃は一番心配した」。本人は当時、「会見したいが、理研がなかなかさせてくれない」と漏らしたという。笹井氏は私へのメールでも「理研からの発信をまとめようとし過ぎ、遅いため、不必要な憶測が広がっています。なぜ、こんな負の連鎖になるのか、悲しくなる」（三月十一日）、「調査委員会が終わるまでなかなか何も発言できないもどかしさをずっとこの一ヶ月持ってきました」（三月十五日）――と記していた。会見後、笹井氏の様子は少し落ち着いたかに見えたが、その後も「前向きになったり後ろ向きになったり」と、揺れ動いていたという。

「でも最近はもう腹をくくって、事後処理に入っていた」と知人は続けた。笹井研究室のメンバーには、研究室を閉鎖する意向を告げ、再就職先を探すようにも言っていたほか、自身が代表を務める再生医療に関する国の複数の大型プロジェクトについて、代表を交代する準備も進めていたという。

「淡々とやっていたが、今から思うと、そこはやっぱり自分の責任でしっかりやろうと頑張ってやったのかもしれない。理研も結局、だらだらと辞めさせもせず、生煮えの状態に放り続けていた。あれも可哀そうだった。他に動きようにも動けないじゃないですか」。知人は嘆息した。

笹井氏はなぜ、最期の場所に職場である先端医療センターを選んだのか。私と同様、知人もその点が気になっているようだった。

「何かのメッセージでしょうね。自宅とかでなくてあそことというのは。一つは、やはりCDBに思い入れはあったんですよ。一生懸命やっていたのは、単純に自分のためだけではなく、CDBのためを思って頑張っているところも多分にあったので、自分の最期はここにしたいというのもあったのかもしれない」

「悔しいね。本当に悔しい」

毎日新聞は翌六日付の朝刊で、笹井氏の遺書の内容や、突然の死に衝撃を受けた関係者の言葉などを伝えた。

五日午後に神戸市のCDBで報道陣の取材に応じた竹市雅俊センター長は、「非常にショックだ。彼なしにCDBはできなかった。こういう形で失って痛恨の思いだ」「二〇〇〇年から私と一緒にCDBを築き上げた。素晴らしい企画力を持ち、今CDBでやっている多くのアイデアは笹井さんによって作られた」と悼んだ。

笹井氏が、三月の段階で副センター長辞任を竹市氏に申し出ていたことや、十日ほど前に研究室関係者から笹井氏の体調が悪化していると聞いていたことなども明かした。「家族と連絡をとり、休養や治療について相談していたところだった」という。

竹市氏は「彼にとって非常に苦しい状況だった。懲戒処分も下りず、彼は行き詰まっていたと思う」と推しはかり、問題の全体像や笹井氏の立場が明確になれば「どうすればいいのか、見通しが立てられたのではないか」として、「もう少し我慢してほしかった」とも語った。

研究倫理に詳しい私立大学教授は「問題を正面から受け止める関係者がいなかったことが、決着を長引かせた。主要な筆者は全面的な非を認めていない。理研がもっと主導権を握れば責任の所在もはっきりした」と分析。改革委員会の委員長を務めた岸輝雄・東京大学名誉教授は「改革委の提言に沿って、理研が速やかに笹井副センター長を交代させ、研究に専念させていれば、不幸な結果にならなかったのではないか。優秀なリーダーだったからこそ理研も手放したくなかったのだろうが、提言への対応を遅らせたことは問題だ」と憤った。

笹井氏の知人が語った「事後処理」についても、大阪の斎藤広子記者の取材で詳しい状況が伝えられた。笹井氏は約二カ月前から研究室のメンバーの再就職先を探すとともに、他の研究室に移りやすいように、研究を論文にまとめさせたり、学会発表の準備をさせたりしていたという。

遺書の概要も明らかになった。関係者によると、カバンの中の三通の遺書は、小保方氏、C

ＤＢ幹部、研究室メンバー宛てだった。いずれもパソコンで作成され、封筒に入っていた。

小保方氏宛ての遺書は一枚。「限界を超えた。精神的に疲れました」と断り、「小保方さんをおいてすべてを投げ出すことを許してください」と謝罪の言葉で始まっていた。更に、小保方氏と共にＳＴＡＰ研究に費やした期間にも言及し、「こんな形になって本当に残念。小保方さんのせいではない」と小保方氏を擁護する記述もあった。末尾には「絶対にＳＴＡＰ細胞を再現してください」と検証実験への期待を込め、「実験を成功させ、新しい人生を歩んでください」と激励する言葉で締めくくられていたという。

また、小保方氏の知人の研究者への大阪科学環境部の取材によると、研究者が五日午前に電話をかけたところ、小保方氏は言葉が出ないほど号泣した。笹井氏が自殺したことは既に連絡を受け、知っていたという。知人は「かなり責任を感じているようだった」と話した。

私はこの日の紙面で、笹井氏のメールから幾つかの言葉を抜粋した記事を書いた。それまで、科学的な質問への回答部分以外は記事にすることを控えていた。だが、笹井氏が亡くなった今、思いの一端を伝えることは、むしろ記者である自分の役割だと思った。

記事は、笹井氏が三月時点でＳＴＡＰ細胞の存在への確信を語っていたことや、一貫して小保方氏をかばい続けてきたことを中心にまとめた。永山悦子デスクは、原稿を手直ししながらつぶやいた。「悔しいね。本当に悔しい」。

笹井氏の死は防げなかったのか

大きなショックを受けたのは小保方氏だけではなかった。関係者によると、若山氏は五日、笹井氏の訃報に激しく動揺し、全身の震えが止まらず、会話も噛み合わない状態だったという。「自分が（STAP細胞の万能性を証明する）キメラマウスを作製しなければ笹井先生を巻き込むこともなかったと、自責の念にかられているようです」と関係者は語った。

理研は七日、笹井氏の自殺を防げなかったことは「痛恨の極みだ」とする声明を発表した。十二日には、遺族の代理人弁護士が大阪市内で記者会見し、家族宛ての遺書の概要を明らかにした。大阪の畠山哲郎記者の取材によると、遺書は妻と兄宛てで、いずれも「今までありがとう」「先立つことについて申し訳ない」などの言葉が記されていた。自殺する理由について「マスコミなどからの不当なバッシング、理研や研究室への責任から疲れ切ってしまった」との趣旨の記述があったという。

遺族は弁護士に「（笹井氏は）今年の三月頃から心労を感じていた。六月にセンター解体の提言を受け、相当ショックを受けていた。精神的に追い込まれ、今回のことにつながった」と話したという。

笹井氏の死は防げたのではなかったか——。特に、死の十日ほど前から体調悪化が目立ったという話から、どうしてもそう思わずにはいられなかった。笹井氏に対し批判的だった関係者からも「笹井先生の今回の行動は明らかに予見可能性があり、対応を怠ったCDBの責任は重大だ」という憤りのこもったメールがあった。二月以降の後手に回り続けた対応が、結果的に懲戒処分を含む問題の収束を遅らせたのは明白で、理研本部の責任も重いと感じられた。

しかし、当然ながら関係者の誰一人として、笹井氏の死を望んでなどいなかっただろう。むしろ、笹井氏を守りたいが故の方針が、裏目に出た面もあったかもしれない——。考えるほどに、やるせなさが募った。

小保方氏への遺書にあったという「絶対にＳＴＡＰ細胞を再現してください」という言葉も謎を残した。この言葉が本当なら、笹井氏は最後まで、ＳＴＡＰ細胞の存在を確信していたということになる。

確かに笹井氏は、四月の記者会見でＳＴＡＰ現象を「最も有力な仮説」と主張した。だが、六月には致命的とも言える遠藤・若山解析の結果が相次いで明らかになり、七月上旬の論文撤回時の笹井氏のコメントには「ＳＴＡＰ現象全体の整合性を疑念なく語ることは現在困難だと言える」とあった。

私は、あまりにも多くの矛盾が噴出し、小保方氏とＳＴＡＰ現象を信じ続けることが難しくなったことこそが、笹井氏を苦しめた最大の要因ではないか――と推測していた。でも、それでは遺言の説明がつかない。

一方、ある研究者は、小保方氏への遺言について、メールにこう記した。

「足かせを一生かけたとしか思えません。はいたら踊り続けなくてはならない『赤い靴』ですね」

予算獲得のための再生医療

笹井氏の死に際し、ＣＤＢや日本の科学技術行政が抱える構造的な「歪み」を指摘する声もあった。

ある研究者は、笹井氏について「非常に優れた研究者で世界的に活躍し、将来も期待されてきただけに、今回のことは残念」とその死を悼み、そのうえで、「笹井さんは、政府に食い込んで上手くプロジェクトを立ち上げ、予算を獲得してくるという中で、ときどき大胆なことをやった。その一つが小保方さんだったかもしれない。笹井さんは（前副センター長の）西川伸一さんの背中をみてああいうやり方を学んだのでしょうが」と話した。

笹井氏はＣＤＢ幹部として「予算要求」を担当していた。永山悦子デスクの取材によれば、笹井氏は一月下旬の論文発表直前に、明るいピンクのコートをまとった小保方氏を伴って内閣官房を訪れ、研究の概要を説明した。笹井氏の姿は、別の日に文部科学省でも見られた。予算について直接的なやりとりはなかったというが、関係者は生き生きと成果を語る笹井氏の姿をよく覚えていた。

前出の研究者がまず指摘したのは、ＣＤＢの日本名は「発生・再生科学総合研究センター」なのに対し、英名は「center for developmental biology（発生生物学研究所）」で「再生科学」は入っていないということだった。発生生物学とは、受精卵から個体ができていく過程や、心臓や脳などの複雑な器官が形成される仕組みを探る学問だ。

「海外に発信される英名には実態が反映される。発生生物学は再生医療の基礎にはなり得る。その役割は、英名通りの研究所として果たしてきたわけです。しかし、設立から十年以上が経ち、発生生物学のピークを過ぎてもなぜ、ＣＤＢが巨大な予算を獲得できていたかというと、再生医療のけん引役という看板があったからで、これはある意味で嘘に近い」

研究者が言うように、ＣＤＢで臨床に近い研究をしている研究室は、高橋政代プロジェクトリーダーのところだけだ。

「そういう実態との違いを作ったという点では、笹井さんも西川さんの次に責任が大きいし、竹市さんもそれに乗っかったわけです。ある意味で日本の科学技術行政全体の責任とも言えますが……。ＳＴＡＰ細胞はそういう基盤のうえに登場したんです」

一月の論文発表時の記者会見で笹井氏は、ＳＴＡＰ細胞は作製効率や安全性の面でｉＰＳ細胞をしのぐ可能性があると説明し、再生医療を含めた「新しい医療」への応用の可能性を示唆した。研究者は「小保方さんならともかく、笹井さんレベルの人が、基礎中の基礎といえるネズミの成果で難病の患者さんにも期待を持たせるようなことを言ったのにはあきれた」と振り返り、こう続けた。

「一つの教訓は、優れた研究者がリーダー役をする場合には、やはり長い目でみて社会全体を考えられる、バランスのとれた見識を持つことが必要な時代なんでしょうね。予算を獲得するためにうまく立ち回り、誇大広告的なアピールをするのは、一時的にその人や組織にメリットをもたらしても、学問、社会、国民、経済にとっては逆に働く。日本の科学の根本的におかしなところが、氷山の一角として表れてしまったのではないか」

「ただし」と研究者は最後に付け加えた。

「笹井さんは全体の構図の中では、必ずしも中心人物ではなかった。論文に限定すれば中心的な役割を果たした可能性が大きいと思うが、日本の科学技術行政、特に生命科学系の予算や政策決定という大きな構図の中で問題を生み出したのが笹井さんとは思えません。全体の構図の中で、誰がどう関わったかがある程度明らかになり、今回の悲劇を無にせずに改善の道を探っていければと思います」

また別の研究者も、「再生医療を看板にしないとお金をとってこられないという、制度的に仕方のなかった面もある」と理解を示しつつ、ＣＤＢの名称と実態とのギャップを指摘した。

「『再生』で取ってきたお金でカエルの実験（基礎研究）をする。CDBはその象徴だった」

一月の記者会見で、笹井氏が「もうiPSの時代は終わりで、STAPの時代だ、という書き方は決してしてほしくない。日本はiPSもあるし、STAPもある」などと語ったことについても、研究者は「iPSはもう終わり、ともとれる言い方だったが、あれは金を取るための宣伝だ」と言い切った。研究者が論文発表直後に「おめでとう」と連絡したところ、笹井氏は「いやいや、ニューボーン（赤ちゃんマウス）でできただけで、アダルト（おとなのマウス）でもできていないし、ヒトなんてまだまだや」と話したという。「（笹井氏は）自分ではその辺が冷静に分かっていた」。

基礎研究を愛していた笹井氏

私は、STAP以前の笹井氏への取材を思い起こした。二〇一二年の取材で笹井氏は、「基礎からきちっとできているのは日本の強み」「基礎研究は何が出口になるか、どういう方向になるか分からないところが面白い。（応用研究とは）本質的に違う世界」「（発生生物学のような）ベースになる学問が、イノベーションの芽を出していく」と、基礎研究の重要性を説いた。そのうえで、発生生物学で世界的に名を知られるCDBの予算が減額される一方であることに触れ、「基礎研究はジリ貧。どうみても伸びしろが大きいところを減らすとは」と嘆いた。

STAP論文の発表直後の合同取材では、CDBがいかに若手の優秀な研究者を見出し、育成してきたかを熱く語り、その後の私へのメールでは次のようにつづった。

理研も、（中略）お金集めにこちらから奔走するのは辞めようということにしています。大臣からはかなり景気の良い発言が出ていますが、一過性に大きな予算を短期にもらうのでなく（ビルを建てたりなど）、巨費でなくてよいので、より息長く着実な支援で、しかも出口志向でない自由度を持った若手研究を支えることをお願いしています。

基礎研究を愛し、若手の自由な研究環境を守るために、臨床応用の近いｉＰＳ細胞と比べることでＳＴＡＰ研究の意義を宣伝した——。そう考えると、笹井氏こそ、ＣＤＢの抱える矛盾を体現していたように思えてならなかった。

理研は幹部を交代せず

三週間あまりが過ぎた八月二十七日、理研は①ＣＤＢの「解体的出直し」②ガバナンス（組織統治）の強化③研究不正防止策の強化④計画実施のモニタリング——の四本柱で構成される改革のアクションプラン（行動計画）を発表した。

アクションプランによれば、ＣＤＢは約四十ある研究室を半減し、十一月までに「多細胞システム形成研究センター（仮称）」に再編する。五種類の研究プログラムのうち、ベテラン研究者を対象とした「中核プログラム」と、小保方氏の研究ユニットが所属していた「センター長戦略プログラム」を廃止。残る研究室は一部を理研の他のセンターに移すなどし、所属する研究者約四百五十人の雇用は維持する。

二〇〇〇年の設立当初からセンター長を務めてきた竹市雅俊氏は交代させ、外国人研究者を含む外部有識者の委員会で新センター長を選ぶ。グループディレクターと呼ばれるベテラン研究者による運営会議は廃止する。

理研全体の改革としては、産業界などの有識者が委員の過半数を占める「経営戦略会議」を新設するとし、改革委員会が求めた理事の交代や増員は盛り込まれなかった。

野依良治理事長は午後に開いた記者会見の冒頭で笹井氏の自殺に触れ、「理事長として、また同じ科学者として、なぜ生前の苦しみを共有、緩和しつつ、悲劇的事態を回避できなかったか、痛恨の極みだ。心からご冥福をお祈りする」と沈痛な面持ちで語った。

また、「研究不正は（論文の）著者個人が全責任を負うべきだが、組織として研究不正の予防措置などで至らなかったことを反省している」と述べ、「（アクションプランの）実行で陣頭指揮を執るのが責務で、下村博文・文部科学相からも指示を受けた」「五人の理事は大変有能な人たち。計画を確実に実行するため、いなければならない人材だと思っている」と、自身や理事五人は当面辞任せず、現体制で改革を進める方針を表明した。

八田記者の取材によると、午前中に野依理事長から報告を受けた下村文科相は「課題を全部クリアしないと、政府としても（さまざまな優遇策を認める）特定国立研究開発法人の法案を出せない状況にある」と言及し、「ぜひ野依理事長の強いリーダーシップの下、理研には世界に通用するトップの研究機関に生まれ変わってほしい」と述べた。

毎日新聞はアクションプランの内容や改革の見通しを八月二十七日付夕刊一面と二十八日付朝刊三面のまとめ記事で報じた。

三面では、CDBの研究者やOBの受けとめとともに、新設する第三者組織、運営・改革モニタリング委員会の人選基準が未定で、どう監視し、どの程度改革を後押しできるかが改革案から見えないことなどを指摘した。企業コンプライアンスに詳しい元検事の郷原信郎弁護士は、「考え得る形式的な対策は網羅されている印象だ。ただし重要な点は、形を作ることではなく頭を入れ替えること。理事長以下幹部が代わらない中、本当に今までと全く違う理研になれるかは疑わしい。今回の問題は、一連の混乱を極めた危機管理対応の失態が大きい。その点について幹部が責任を取らないのであれば期待もできない」と話した。

検証実験でも再現できず

理研は同じ日、検証実験の中間報告も発表した。

検証実験を巡っては、笹井氏の死の直後あたりから、真偽不明の気になる情報を得ていた。丹羽氏による実験で、「ポジティブな結果が出ている」というのだ。

だが、この日発表されたのは、マウスの脾臓から採取したリンパ球を論文と同じように弱酸性の溶液に浸してから培養しても、ＳＴＡＰ細胞はできなかったという「ネガティブな結果」だった。

実験には、Ｏｃｔ４が働くと緑色の蛍光を発するよう遺伝子操作したマウスの細胞を使った。二十二回の実験の半数以下で細胞の塊が観察された。緑色に光ったが、同時に赤色にも光り、丹羽氏は「（死んだ細胞で見られる）いわゆる自家蛍光と判断する」と述べた。多能性を獲得した細胞特有の遺伝子やたんぱく質も増えていなかった。

計画では、緑色に光る細胞を六月中に作製し、マウスに移植し多能性の有無を調べる予定だった。現実には、開始から五カ月近くたっても、第一段階すらクリアできなかったことになる。

丹羽氏は結果についての感想を問われ、「手強いです」と話した。

少し驚いたのは、論文通りの分量で塩酸を希釈しても、論文と同じ濃度の弱酸性溶液を作ることができなかった、という丹羽氏の説明だった。それではいったい、小保方氏はどうやって弱酸性溶液を作っていたのだろうか？

小保方氏による実験は、第三者による監視の準備ができ次第、開始するという。実験総括責任者の相澤慎一・CDB特別顧問は「（STAP細胞の有無の）最終的な決着は小保方氏につけてもらう必要がある」と話した。

質疑応答では、気になるやりとりもあった。今回報告されたのは、あくまで一種類の細胞に論文通りの方法で刺激を与えた場合の結果であり、当初の計画通り、論文と異なる方法で成熟した体細胞が初期化されたことを示す実験や、複数の刺激の与え方を試す実験を、二〇一五年三月末まで続ける予定という。他の方法による実験結果について質問されると、相澤氏は「検討中のことは説明できない」と回答を避けた。小保方氏が第三者の監視無しに実施した「予備実験」についても「試合前に走ったということで、記録としてカウントできない」「五輪に出る前に自分のグラウンドを走って九秒四となっても、何の記録にもならないのと同じ」と含みのある答え方だった。

それにしても、四月の検証実験開始時とはあまりに状況が異なっていた。何よりもまず、STAP細胞が存在する科学的根拠だった論文が撤回され、研究は白紙に戻っている。論文以外の方法まで広げて、これ以上、実験を続ける意味はあるのだろうか――。

理研のアクションプランでは、「検証は、論文の各項目について、どの項目が再現でき、どの項目が再現できないかを明らかにすることを含む」と、論文不正の全容解明に資するという立場が示された。だが、記者会見で意義について質問しても、相変わらず「STAP現象の有無を明らかにすることの手段の一つとして必要と判断している」（坪井裕理事）という回答が返ってくる。実際に携わる相澤氏らに、論文不正の検証という意識があるのか、心配になった。

自浄作用を示した遠藤氏の発表

その後も、STAP問題では幾つかの動きがあった。

米ハーバード大学のチャールズ・バカンティ教授は九月三日、理研とは別に示していたSTAP細胞のプロトコルの「改訂版」を発表した。

新たに追加された主な手順は、弱酸性溶液に、生体内で重要な役割を果たしているATP（アデノシン三リン酸）という物質を加えることで、「ATPを含む弱酸性溶液を使うと、STAP細胞の作製効率が劇的に上昇した」とあった。ただし、最初のものと同様、具体的なデータは示されず、改訂版の発表理由の中には次のような言葉もあった。

「当初『（STAP細胞の作製が）簡単だ』と言い過ぎたのは大きな間違いだった。当時はそう信じていたが、誤っていたと分かった」

その翌日、理研は、論文の新たな疑義について正式に調査することを決め、新たな調査委員会を設置したと発表した。理研内部で六月三十日に予備調査を開始しており、野依理事長が本調査を実施すべきだと判断したという。新たな調査委は全員外部有識者で構成するが、委員は調整中で、広報室は「調査終了まで名前は公表しない」と説明した。

九月二十日には、最初の調査委で委員長を務めた石井俊輔・上席研究員の過去の論文に対する疑義について、「不正はなかった」とする予備調査結果が発表された。画像三カ所に正しくないデータが使われていたことを認定したが、故意ではなかったとして、「研究不正には当たらない」と結論付けた。理研は予備調査メンバーの氏名を公表しておらず、専門家からは「理研は外部有識者を入れた本調査を実施すべきだった」という声が挙がった。

嬉しいニュースもあった。ＳＴＡＰ細胞がＥＳ細胞だった可能性を示した遠藤高帆・理研上級研究員が、九月下旬に解析結果を論文発表したのだ。

十月一日に報道各社の取材に応じた遠藤氏は、二月下旬に遺伝子データが公開された直後に簡単な解析をした際、ＳＴＡＰ論文との矛盾点が複数見付かったことを明かし、その段階で「(所属する)理研に誇りを持っているが、これは理研の研究論文として大々的に発表するクオリティー(質)ではないと思った」と振り返った。

遠藤氏によると、当初から理研内の研究者と解析結果について議論しており、内容は理研本部の監査・コンプライアンス室や論文の著者達にも伝わった。著者からの反論も伝わってきたが、「納得できなかった」という。その後、詳細な解析をしたところ、ＳＴＡＰ細胞のデータで、論文に記載されたような生きたマウスの細胞由来ではあり得ず、ＥＳ細胞ではよくある染色体異常(八番染色体のトリソミー)が見付かった。遠藤氏は「少なくとも遺伝子データをとった時点では、ＳＴＡＰ細胞はなかったと思う」と話した。

論文にまとめた理由を「理研の中で自浄作用を示し、どんな問題があったか表明するのが誠実な対応だと思った」と語る遠藤氏の言葉が心に残った。

第十二章　STAP細胞事件が残したもの

〇二年に米国で発覚した超伝導をめぐる捏造事件「シェーン事件」。チェック機能を果たさないシニア研究者、科学誌の陥穽、学生時代からの不正などの類似点があるが、彼我の最大の違いは不正が発覚した際の厳しさだ。

「STAP細胞とは何か」を解析の結果から読む

英科学誌ネイチャーに掲載された論文はすでに撤回され、STAP研究の成果は白紙に戻った。遠藤・若山解析によっても、論文で主張されたような、受精卵に近い性質を持つ「新たな万能細胞」が実在した可能性は、限りなく低くなったと言える。

ただし、この原稿を書いている二〇一四年十月下旬、「**STAP細胞や、STAP細胞から作られた幹細胞とは何だったのか**」という謎は依然として残っている。

第八章で紹介したように、理化学研究所の遠藤高帆・上級研究員による解析から、公開された遺伝子データのもととなった「STAP細胞」は少なくとも二種類あることが分かった。八番染色体が通常の二本ではなく三本ある異常（トリソミー）を持つ細胞と、万能細胞に特徴的な遺伝子の働きがほとんどみられない細胞だ。

前者はおそらく、ＥＳ細胞そのものだろう。後者については、遠藤氏は「元のリンパ球とはかなり違うし、初期化された細胞ともまた違う」と言い、正体が突き止められるかは分からないが、ＥＳ細胞のようないわゆる万能細胞でないことは間違いない。

遠藤氏は、ＳＴＡＰ細胞を特殊な培養液中で培養して樹立した「ＦＩ幹細胞」の遺伝子データも解析している。その結果は、ＥＳ細胞に近い細胞と、胎盤に分化する既存の幹細胞「ＴＳ細胞」に近い細胞が九対一程度の割合で混ぜられたことを示唆していた。

遠藤氏が解析したこれらの遺伝子データは、二〇一三年五〜九月に小保方晴子・研究ユニットリーダーが用意したサンプルを解析したものである。小保方氏と一緒に万能性を証明するキメラマウス実験をした若山照彦・山梨大学教授は、当時すでに理研ＣＤＢを離れていた。

若山氏が二〇一一年一月から二〇一二年三月にかけて、小保方氏の作製した、あるいは小保方氏に教わって作ったＳＴＡＰ細胞から樹立した「ＳＴＡＰ幹細胞」は何だったのだろうか。論文上で最も重要な「ＦＬＳ」など数種類のＳＴＡＰ幹細胞は、若山氏がＳＴＡＰ細胞作製用に準備したマウス由来でないことが分かっている。

ＦＬＳの八株は、精子を光らせるための遺伝子と、全身の細胞を光らせるための遺伝子が、並んで同じ番号の染色体二本のうち片方に挿入されていた。

関係者への取材によると、同じように細胞を光らせる二つの遺伝子が挿入されたマウスは、実験当時、若山研究室で飼育されており、そのマウスと別のマウスを掛け合わせたマウスに由来するＥＳ細胞も保管されていた。ＥＳ細胞は、マウスの体細胞の核を移植した卵子から作製した「核移植ＥＳ細胞」と、マウスの受精卵から作製した「受精卵ＥＳ細胞」の二種類があり、ＦＬＳはそのいずれかであった可能性がある。他のＳＴＡＰ幹細胞についても、それぞれ若山研に当時、マウスの系統や細胞を光らせる遺伝子の挿入部位が同じES細胞があったことが分かっている。それらの細胞と比較していくことで、由来が明らかになるかもしれない。

では、万能性を証明するテラトーマやキメラマウスの作製に使った「STAP細胞」はどうだろうか。これまでの取材によれば、小保方研究室には、テラトーマの切片や、ホルマリンで固定されたキメラマウスの胎児と胎盤が残っていたとされる。それらのサンプル中には、STAP細胞由来の細胞が含まれている。保存状態にもよるが、もし詳細な解析ができれば、STAP細胞の作製に使ったマウスと遺伝情報が一致するかどうかを確認できるだろう。

現在、理研は、残存試料の一覧や、それぞれの試料についてどのような解析をするかを公表していないが、調査委の調査結果の報告の中では、STAP細胞やSTAP幹細胞、FI幹細胞の正体について、一定の結論が出るかもしれない。

まず不正の有無の調査を優先させるべきだった

もう一つの大きな謎は、「誰がなぜ、そしてどのように研究不正行為に関わったのか」だ。

不正行為が、すでに確定された小保方氏による二件にとどまる可能性はよもやないだろう。笹井氏が亡くなった今、残念ながら全容解明には相当の困難が伴うことは想像に難くない。背景については、CDBの自己点検や理研の外部有識者による改革委員会の調査、報道などによってある程度、見えてきた部分もあるが、具体的な動機やきっかけ、手段は不明のままだ。確定の二件と同様、すべての不正が小保方氏によってなされたと考えるのも早計だ。小保方氏をはじめとする関係者がどこまで真実を語るかによるが、踏み込んだ分析がなされれば、ケーススタディとして後々の貴重な教訓になる。理研にはできる限り真相に近づくよう努力してほしいと願っている。

一方、理研が進める検証実験は、二〇一五年三月末まで続けられる見通しだ。小保方氏の参加は二〇一四年十一月末までだが、八月下旬の中間報告では、丹羽氏が論文通りの手法で実験しても、STAP細胞はできなかったと発表された。小保方氏がその結果を覆す可能性もゼロではないが、これだけ元の論文の瑕疵が多く、全世界で第三者が再現できたことが一度もないのに、検証実験を続ける意味があるのかという批判は根強い。

注意しておきたいのは、仮に検証実験で、部分的、あるいは論文の全過程の再現に成功したとしても、それで論文の不正が帳消しになるわけではなく、研究時点でSTAP細胞が実在した証明にもなりはしないということだ。

夏ごろにCDBの関係者から直接「ポジティブな結果」を聞いたというある研究者は、「検証実験とは、論文通りの方法で、論文に書いてあることが再現できるかを調べることであり、あれこれ方法を変えて調べるのは新たな研究です。また、論文の内容に不正があったかということと、その論文で報告されたことが起こり得るかどうかということは、分けて考える必要があります」というメールをくれた。

そのうえで、研究者は次のように説明した。

――細胞にいろいろ刺激を与えたら、万能細胞に特徴的な遺伝子のOct4が陽性の細胞が少し出ることはあり得る。撤回された論文を読んだときすごいと思ったのは、▽高頻度でOct4陽性細胞が出現する▽T細胞からもできる▽生体外では増えないのに、マウスに移植するとテラトーマができる▽キメラマウスが作製でき、STAP細胞由来の生殖細胞から次世代のマウスも生まれ、さらには全身の細胞がＳＴＡＰ細胞由来の「四倍体キメラマウス」までできる▽増殖能も併せ持つ幹細胞にすることができる……と示されていたからだ。もし理研が、Ｏｃｔ４陽性細胞が出ただけで「部分的に成功」などと言ったら、本当に恥ずかしいことだ——。そもそも、論文発表後、世界中の多くの研究チームが追試に取り組み、共著者の若山氏を含め、誰一人として成功していないという事実は重い。別の大学教授はこう指摘した。

「論文では三〜四割という高い確率でできると書いてあった。実験にコツがあるとして、（コツを習得していないために）三割がちょっとぶれたとしても、例えば効率が十分の一になって三％くらいならできてもおかしくない。百万個の細胞から出発したら、百個ほどはできるはず。絶対に現象自体は確認できるはずだ。ちょっとしたコツの有無でゼロか百かになるのはおかしい」

論文の発表当時、ＳＴＡＰ細胞の作製効率の高さは、ｉＰＳ細胞を上回る利点の一つとして紹介された。そのことが逆に、追試の失敗の意味を深刻にしたとすれば皮肉な気もする。

私は、理研の対応で一番問題だったのは、検証実験をいち早く計画し、実行に移した一方で、二件の不正以外に指摘された論文の多数の疑義を、長らく放置したことだと考えている。理研に所属する主要著者も、「論文の不備と科学的な真偽は別」と訴えた。実験目的は当初、「ＳＴＡＰ現象の科学的な検証」に絞られ、論文検証的な意味合いが加わったのは七月の小保方氏の参加からだった。こうした姿勢は、不正の全容解明よりもＳＴＡＰ細胞の有無の方が重要なテーマであり、もし検証実験で再現できれば論文の主張は正当化されるかのような、誤ったイメージを拡散させた。

確かに、「ＳＴＡＰ細胞があるのかないのか」は最も分かりやすく、社会の関心も高いテーマだ。「あります」と言い切った小保方氏の記者会見などで拍車がかかった面もある。
しかし、科学は長年、論文という形式で成果を発表し合い、検証し合うことで発展してきた。本来、STAP論文こそ、STAP細胞の唯一の存在根拠なのである。研究機関自らが、社会の関心のみに配慮して論文自体の不正の調査を軽視し、先送りにしたことは、科学の営みのあり方を否定する行為ともいえよう。理研の対応は科学者コミュニティを心底失望させ、結果的に問題の長期化も招いた。何より理研は、「信頼」という研究機関にとって最も大切なものを、失ったのだ。

シェーン事件との比較

STAP問題の本質と特異性を考える上で参考になる、比較的最近の事例がある。第九章でも少し触れたが、二〇〇二年に米ベル研究所で発覚した史上空前規模の論文捏造とされる「シェーン事件」だ。事件の経過は、NHKのディレクターとして追跡取材した村松秀氏の著作『論文捏造』(中央公論新社)に詳しい。

ベル研究所は、トランジスタやレーザーなど電子工学の基幹技術を生み出し、十人以上のノーベル賞受賞者を輩出してきた民間の名門研究所だ。ドイツ出身の物理学者ヤン・ヘンドリック・シェーン氏は、二十七歳で米国にわたりベル研究所に入所した。物静かで誠実かつ親切な、好青年だったという。二〇〇〇年一月の英科学誌ネイチャーに論文が掲載されたのを皮切りに、ネイチャーや米科学誌サイエンスなどのトップジャーナルに、高温超伝導に関する画期的な成果を次々と発表。瞬く間に科学界の大スターとなり、ノーベル賞も確実視されたほどだった。シェーン氏と共同研究をしていたバートラム・バトログ博士は、超伝導研究の大御所だった。

シェーン氏の論文は熱狂の渦を巻き起こした。世界中の研究チームが追試を試みた。だが、ベル研究所内部の研究者を含め、誰一人として成功しなかった。二〇〇二年春、留守番電話による内部告発を受けた外部の研究者二人がシェーン氏の論文を調べ上げ、明らかにデータを捏造した疑いがあるとして、ベル研究所やネイチャーなどの科学誌、シェーン氏本人らに一斉にメールや電話で告発した。ベル研究所は五月に調査委員会を設置。まず世界中から告発を募ると、わずか一カ月で二十四本もの論文に関する告発がなされた。

シェーン氏は当初、調査に協力的だったが、実験ノートも生データも提出できなかった。調査委のヒアリングでは、「実験データは、論文の内容に合っているものを、ファイルから適当に選び出しました」と語ったという。二〇〇二年九月、調査委は十六本の論文で不正行為があったと結論する報告書をまとめた。シェーン氏は解雇されたが、バトログ氏をはじめとする共著者の責任は不問となった。「バイブル」とも呼ばれたシェーン氏の六十三本もの論文はすべて撤回された。

シェーン氏の母校であるドイツのコンスタンツ大学も、シェーン氏が在籍中に発表した論文を調査。データの改ざんなどを見付けたが、科学的議論を左右するような「重大な不正行為」はなかったと結論付けた。その一方で、ベル研究所での捏造事件の影響の大きさから、シェーン氏の博士号を剥奪した。（『論文捏造』から要約）

ＳＴＡＰ問題が深刻さを増す頃、取材班の中ではシェーン事件がたびたび話題に上った。

まず、不正の舞台が似ている。ＣＤＢはベル研究所ほどの歴史はないものの、国内の生命科学系の研究所では最も成功した事例とされ、国際的にも確固たる地位を築いている。他にも、彗星のごとく現れた若手研究者と著名で信用厚いシニア研究者という組み合わせ、発表当初の科学界の興奮ぶり、不正を見抜けなかった科学誌の査読システム、失敗続きの追試、実験ノートの不備、学生時代からの不正行為……と、共通点を挙げればきりがない。『論文捏造』に登場する関係者の発言内容までもが一部重なるのは興味深かった。

それらの共通点は、研究不正の典型的な要素を含み、不正が生じやすい状況や再発防止のための課題を示唆しているはずだ。幾つかの点について考えてみたい。

チェック機能を果たさないシニア研究者

まず言えるのは、研究の核心部分の実験が若手研究者一人によって行われ、指導的立場のシニア研究者がその責任を十分に果たさなかったということだ。

シェーン事件では、有機物の表面に薄い酸化アルミの膜を載せたサンプルが研究成果の肝だったが、シェーン氏はそれを、母校コンスタンツ大学で実験して作製した、と主張し、サンプルの提供を求められても、いろいろ理由をつけて渡さなかった。バトログ氏は、その実験現場に立ち会ったことはなく、サンプルや生データも見たことがなかった。バトログ氏は事後のインタビューで、シェーン氏について「有能で勤勉な科学者だった」と語り、「師弟関係は一切なかった」として、互いの信頼関係に基づいて共同研究をしたことを強調したという。（『論文捏造』）

小保方氏も、若山氏との共同研究の間、ＳＴＡＰ細胞の作製実験を基本的に一人で行っており、若山氏は一度、小保方氏に習ったときに作製に成功したものの、その後は失敗続きだった。さらに、笹井氏や丹羽氏を含めた主要な共著者は、誰も小保方氏の実験ノートや主要な生データを確認していなかった。その理由について、若山氏は主に「ハーバード大学教授の右腕の優秀なポスドク（博士研究員）と聞いていたから」、笹井氏も「小保方さんはあくまで独立したＰＩ（研究室主宰者）で、私の研究室の直属の部下ではない。『ノートを見せなさい』というようなぶしつけな依頼は難しかった」とそれぞれ釈明した。

仮に分業体制が確立された研究チームだったとしても、核心部分が一人だけに任され、生データのチェックもなされない環境は、不正の温床となりやすい。仮にその一人が、博士号を持つ「一人前」の研究者で、かつどんなに優秀で信頼のおけそうな人物だったとしても、同じことだ。むしろ両事件は、個人への盲目的な信頼がもたらすリスクの大きさを如実に示したと言える。

一流科学誌の陥穽

二点目には、不正を見抜けなかった一流科学誌の査読システムを挙げたい。

シェーン事件では、サイエンスに九本、ネイチャーに七本の論文が異例のハイペースで掲載された。ＳＴＡＰ問題でも、ネイチャーはほぼ同じ内容の論文を、一度は却下したにもかかわらず、アーティクル、レターの二本を同時掲載した。

論文は科学誌に投稿されると、編集部が同じ分野の実績のある研究者に査読を依頼し、返ってきたコメントを基に採択するか否かを判断する。査読者は当然ながら、不正行為を見抜くプロではなく、科学的な整合性や重要性を吟味することを主眼に投稿論文を読み、コメントする。また、掲載の決定権はあくまで編集部にある。

韓国の黄禹錫《ファン・ウソク》事件（捏造論文はサイエンスに掲載）の際、ネイチャー編集部は二〇〇六年一月の論説記事で、「査読システムは論文に書かれていることが真実だという信頼のもとに成り立っており、ごく少数の不正論文を見付けるようには設計されていない」と述べた。STAP論文撤回時の論説記事でも、論文掲載は原則として著者への信頼に基づいていることを強調し、編集部の努力に限界もあると主張した。確かに、小保方氏のような博士論文中の画像の流用といった特異な不正行為を事前に見抜くのは簡単ではなく、編集部の見解は分からなくもない。

ただし、査読者の慎重な意見が適切に掲載の判断に反映されているかというと、そうとも言い難い。第十章で紹介したように、STAP論文のネイチャーへの再投稿に関する査読資料では、疑問点を冷静に指摘する査読者のコメントに対し、編集者の手紙の「熱狂ぶり」が目立った。iPS細胞開発時の主要論文が米科学誌セルに掲載されたことなどを背景に、注目度の高いこの分野のインパクトのある論文を掲載したいという、編集部の意向が強く働いて掲載に至った可能性がある。

二〇一三年のノーベル医学生理学賞を受賞したランディ・シェクマン米カリフォルニア大学バークリー校教授（細胞生物学）は、ノーベル賞受賞決定後、ネイチャーなどの編集方針を「商業主義」と批判し、同誌とサイエンス、さらに米科学誌セルの三大一流誌に今後論文を投稿しないことを宣言した。八田浩輔記者の取材によると、シェクマン教授はSTAP問題について「今回の問題は、インパクトのある研究成果を選りすぐるネイチャーなどの有名誌自身の責任も大きい。事実を偽るような重圧に研究者を追い込む環境を作っている」と危機感をあらわにした。

いずれにしても、論文不正は後を絶たず、一流科学誌に掲載されたからといって内容の「正しさ」を担保されているわけではないことは、もはや動かしようのない事実だ。

しかし、論文を読む側――研究者の多く、私たちメディア、さらに論文発表に基づく報道を目にする人々――は、そうは思っていないのが常だ。自戒を込めて言えば、「一流誌に載るのだからデータも完璧だろう」という無意識の思い込みが、これまではあった。ＳＴＡＰ論文で浮上したあまりに多くの疑惑と、理研などの調査で露呈した小保方氏のデータ管理のずさんさは、その思い込みを打ち砕いたと言えよう。

ＳＴＡＰ問題では、初期の大々的な報道に対する批判もあった。私自身、何度も当初の取材を振り返り、自問自答した。だが、正直に言えば、再び一月下旬に時が戻ったとしても、数日の間にＳＴＡＰ論文の不正や主張の根拠となるデータのあいまいさを見抜き、記事を書かない、もしくはごく小さな記事に留めるようデスクに進言できる自信はない。

生命科学分野での最近の事例では、二〇一二年十月の「ｉＰＳ細胞を使った世界初の心筋移植手術の実施」という誤報が記憶に新しい。私は、その「臨床研究」に携わったという森口尚史氏から事前に直接、話を聞いていたが、森口氏の話に怪しい点が多く、記事化を見送っていた。このときは、論文発表ではなく、学会での発表を控えた情報提供だったこともあり、毎日新聞ではその後、学会発表の内容を記事にする場合は、それまで以上に慎重を期すよう、注意徹底がなされた。

では、論文発表の場合に、科学誌の審査が不正のチェック機能を果たせないとしたら、科学記者は何を拠り所に論文の「正しさ」を判断すればいいのだろうか。あくまで論文やプレスリリースに基づいた情報であることを明確にするなど、伝え方はすでに工夫してきたが、最新の成果を伝えていくには論文発表に頼らざるを得ない状況を踏まえ、科学報道のよりよいあり方を検討していかなければならないと思っている。

学生時代からの不正行為

三点目は、シェーン氏も小保方氏も、学生時代から不正行為があったということだ。シェーン氏の学生時代の論文には次の三点が指摘されたという。(『論文捏造』)

・実験で得られたのと異なるグラフが論文に掲載されていたケースがあったこと
・実験記録に不備があり、生データが残されておらず、照合が不可能だったこと
・グラフがきれいに見えるようにデータをならして改ざんしたこと

小保方氏の博士論文でも、二十ページ超の「コピペ」や複数の画像の盗用、論旨不明瞭な部分などがあったのは前章で紹介した通りだ。だが、学生時代にこれらの行為が発覚することはなく、二人は無事に博士号を取得して研究者としてのキャリアをスタートさせた。

理工系の博士号を取得するには、学部卒業後、最低五年間は指導教員のもとでストイックに研究に打ち込み、一定の成果をあげ、査読付きの科学誌に論文を発表しなければならない。思

うように成果を出せず、途中であきらめる人もいる。

本来は決して簡単に取得できるものではなく、だからこそ、ひとたび博士になれば、一通りの技術を身につけ、自ら研究を進めていく能力のある「一人前」の研究者として扱われる。しかし、小保方氏の場合は、データ管理がずさんなうえに、実験ノートすら満足につけられない、自他共に認める「未熟な」研究者であることが露呈した。博士号を授与した早稲田大学の責任を問う声は大きい。

小保方氏には特殊な事情もあった。早大の調査委員会の報告書などによると、小保方氏は早大の学部三年のときに常田聡教授のゼミに入り、微生物の研究に取り組んだが、希望して修士課程から再生医療に分野を変えた。常田教授は、大学院でも引き続き小保方氏の指導教官を務めていたものの、再生医療は専門外のため、小保方氏は修士課程の二年間、東京女子医科大学の先端生命医科学研究所に通い、東京女子医大の岡野光夫教授、大和雅之教授の指導を受けた。この時期の研究テーマは「細胞シート工学」だった。

さらに博士課程では、ハーバード大学のチャールズ・バカンティ教授の研究室に通算十一カ月留学し、ＳＴＡＰ研究の萌芽となる「胞子様細胞」の研究に携わった。幹細胞生物学と呼ばれる研究分野で、小保方氏は学部時代から二度にわたり、研究分野を変えたことになる。小保方氏は帰国後も、東京女子医大で研究し、理研ＣＤＢにいた若山氏との共同研究も進めた。

常田教授は、小保方氏が日本にいる間は週に一度のゼミで研究内容や進捗を確認するようにしていたが、調査委は報告書で「小保方氏に対する指導が十分だったとは言い難い」と指摘。常田氏の指導状況を知る関係者数名も「常田氏は小保方氏の研究内容を十分には理解できていなかったと思う」と述べたという。

結局のところ、小保方氏は一つの研究分野でじっくり基礎的な指導を受ける機会のないまま、博士号を取得した。小保方氏自身も、四月の記者会見で「私は学生の頃からいろんな研究室を渡り歩き、研究の仕方が自己流で走ってきてしまった」と述べている（もちろん、それが不正行為をしていい理由にならないことは、言うまでもない）。

理研とベル研の類似性

四点目として、二つの研究所が置かれた状況の類似性を指摘しておきたい。

ベル研究所は情報通信分野を専門とするルーセント・テクノロジー社に所属していた。シェーン氏の活躍した二〇〇〇〜二〇〇二年は、ITバブル崩壊の時期と一致し、ルーセント社の厳しい経営状況はベル研にも波及。研究部門の廃止や研究費削減、研究者のリストラが進められていた。ベル研全体の論文発表数も年々減少しており、次々と優れた成果を発表するシェーン氏は、低迷する研究所にとって「希望の星」だったという。（『論文捏造』）

一方、理研CDBは、ベル研ほどの低迷状態にあったわけではないが、政府からの運営費交付金は十年前に比べ半減。CDBの運営に助言するアドバイザリー・カウンシル（外部有識者委員会）は二〇一〇年の提言で「予算削減が継続する可能性は否めない。そのためCDBは、機会を見極めて管理支援とコアサービスを合理化し、削減に備えておくべきである」と述べている。

副センター長として予算要求を担当していた笹井氏は、過去の取材で「『すぐ』役に立つものに偏重しすぎており、中期的研究開発の視野に欠けている」と予算配分の現状を批判し、論文発表後間もない二月上旬のメールでも「今回の話（※ＳＴＡＰ研究）は、間違いなく、競争的資金ではサポートを受けなかったでしょうし、また公開するのが難しいアイデアなので、応募は無理だっただろうと思います」と述べていた。真にブレイクスルーとなるような研究は競争的資金ではまかなえず、基礎研究で世界的に注目される成果を出し続けてきたＣＤＢで運営費交付金を削るのは愚の骨頂だ――。笹井氏はそう訴えたかったのだと思う。

研究面では、山中伸弥・京都大学教授が二〇〇六年にマウスｉＰＳ細胞、二〇〇七年にヒトｉＰＳ細胞を開発すると、再生医療への期待が一気に高まった。二〇一〇年に京都大学ｉＰＳ細胞研究所が設立されると、国の再生医療プロジェクトの中核と位置付けられた。ＣＤＢの再生医学の研究拠点としての存在感は、徐々に薄れつつあった。

毎日新聞が入手した、竹市雅俊センター長が野依良治理事長に対し、小保方氏を研究ユニットリーダーに推薦した文書では、ｉＰＳ細胞に未だ残るがん化のリスクを指摘し、「（体細胞を初期化する）新規の手法の開発が急務」と記されていた。ＣＤＢ解体を提言した理研の改革委員会が、小保方氏採用の背景に「ｉＰＳ細胞研究を凌駕する画期的な成果を獲得したいという強い動機」があったと推測しているのも、的を射ていると思う。シェーン氏と同様、ＳＴＡＰ細胞を携えた小保方氏もやはり、ＣＤＢの「希望の星」だったのだ。

実際、もし疑惑が浮上しなければ、ＳＴＡＰ研究によって、さまざまな優遇策を認められる特定国立研究開発法人への理研の指定には弾みがついていただろうし、ＳＴＡＰ細胞関連の巨額の研究資金が理研に拠出されていたかもしれない。

シェーン事件との最大の違い

数々の共通点や類似点がある一方で、全く異なる点もあった。

最大の違いは、疑惑発覚後の所属機関や母校の対応だ。シェーン事件の舞台となったベル研究所は、五人のうち調査委員長を含む四人が外部委員という構成の調査委を設置し、当初の告発のあった論文だけでなく、広く告発を募った。約四カ月後に調査委の報告書がまとまると、シェーン氏は即日、解雇された。

もっとも、ベル研にも失態はあった。外部からの告発の前に、ある研究員から内部告発を受けたにもかかわらず、調査委を設置することなく、シェーン氏本人に真偽を確認して説明を聞き、それ以上の追及をしなかったのだ。だが、外部告発後の対応は迅速で、最初に告発した研究員も、唯一の内部委員に選ばれた。(『論文捏造』)

コンスタンツ大学によるシェーン氏の博士号剝奪については、シェーン氏が不服申し立てをして裁判になった。ネイチャー・ニュース・ブログによると、ドイツの連邦憲法裁判所は二〇一四年十月一日、シェーン氏の請求を棄却。博士号の取り消しが確定したという。

一方、理研は、予備調査の開始こそネット上で疑惑が持ち上がってから約一週間後と早かったが、研究室の閉鎖や資料の保全はその約一カ月後と、あまりに遅かった。CDBの共著者らの主張を鵜呑みにして、理研本部も「論文の根幹に揺るぎはない」と発信するなど、不正に対する姿勢は極めて甘かったと言える。調査委の構成も、六人のうち、調査委員長を含む三人が理研内部の研究者だった。外部の三人のうち一人は弁護士だったため、研究者では内部委員の数が上回った。調査開始後にも多数の疑義が浮上したが、対象は六件に絞られ、不正の認定は二件にとどまった。

毎日新聞の取材によると、調査委最終報告後の四月十五日、理研に所属する研究者を対象とした内部の報告会では、他の疑義を取り上げない調査委の姿勢に疑問の声が上がったが、調査委員長だった石井俊輔・上席研究員は「不正行為があったと認定した場合に、それで名誉棄損の訴訟が起こると、不正の証明は認定した側の責任になる」「研究者倫理にのっとってきちんとやりたい思いはある。ただ往々にして、それが訴訟になった時に逆転されると『何をやっていたかよく分からない』ということになる」と説明し、理解を求めた。

結果的に、理研は幕引きを急いだとの批判を浴びた。致命的な複数の疑義が明るみに出て二度目の調査委員会の設置に追い込まれたのは、これまでに見てきた通りだ。

改革委の委員長を務めた岸輝雄・東京大学名誉教授は大場あい記者のインタビューに応じ、「すべての疑義を早く調査することができれば、問題を長引かせずに済んだはず」と指摘し、「世界水準の研究を続けるには、STAP問題と一日も早く縁を切ることが一番大事だ」と話した。

しかし、当の理研はまだ、STAP細胞と「縁を切る」つもりはないようだ。

二〇一四年十月二十四日、理研は米ハーバード大学関連病院、東京女子医大とともに国際出願していたSTAP細胞に関する特許について、複数の国の特許庁に対し、その後の審査に必要な「国内移行」と呼ばれる手続きをし、毎日新聞は二十五日付の朝刊で報じた。この日は、米国での最初の仮出願から三十カ月後と定まっている国内移行の期限で、もし手続きをしなければ、実質的な取り下げとなったはずだった。論文が撤回され、研究が白紙に戻ったにもかかわらず特許取得手続きを継続する理由について、理研は「検証実験は継続中で、STAP現象が完全に否定されたとはとらえていない」と説明した。どの国で移行手続きをしたかは明らかにしなかったが、「将来実用化された場合に市場が期待できる複数の主要国」という。

一方、東京女子医大は「得られる利益が少ないと判断した」として、国内移行手続きに参加しなかった。

出願書類の中にも、STAP論文で改ざんが確定したのと同じ画像や、小保方氏の博士論文中の画像と酷似するテラトーマ画像があるなど多数の不正疑惑が指摘されているが、理研は「それは各国の特許庁に判断して頂くこと」という見解を示した。出願や移行手続きで理研がこれまでに負担した費用は数百万円という。

ネットによるクラウド「査読」

二つ目の大きな違いは、論文発表から発覚までの期間だ。

シェーン氏はベル研究所で過ごした一九九八年から二〇〇二年に六十三本に上る論文を発表した。ネイチャーに初めて論文が掲載されてからも、ベル研が外部告発を受けるまで二年以上の月日が流れた。もちろん、その間もベル研内外で疑念を抱く研究者はいたが、ベル研や科学誌を動かすほどの大きな声にはならなかった。

一方、STAP論文は、一月三十日付の論文発表からわずか一週間後に海外の論文検証サイトで画像の切り張りが指摘された。国内でも二週間後に匿名の掲示板やブログで同様の指摘があり、ツイッターをはじめ、ユーザー同士が双方向で情報を交換できるソーシャルメディアを介して疑惑が一気に広がった。その後も疑惑の数は火だるま式に膨らみ、小保方氏の過去の論文や博士論文まで及んだ。展開の速さは、まるでシェーン事件を早送りで見ているようだった。疑惑に関する情報は、ソーシャルメディア上で共有され、徹底的に分析、議論された。実名、匿名を問わず本職の研究者も積極的に参加し、それぞれの専門的な見地からコメントした。STAP細胞の公開データを解析した遠藤高帆・上級研究員も、初期の解析内容は匿名のブログで発信していた。その模様はすべて、専門知識を持たないユーザーも閲覧することができた。

STAP論文は、ネット上という公開の場で、二度目の「査読」を受けたと言える。新聞など既存の一般メディアは、それらを後追いする形で報道することもたびたびあった。関係者への独自取材が進むにつれ、ようやくネットの情報を上回る「新事実」を報じるようになったが、当初はネット上の情報を追いかける形が多かったとも言える。

ソーシャルメディアが普及したのは二〇〇〇年代後半からで、ネット上の疑惑の指摘もその頃から活発になってきたとされる。シェーン事件も、もし十年後に起きていたら、より早い段階で調査が始まったかもしれない。

一方、ネット上には、真偽不明の虚偽の情報や、関係者を誹謗中傷するコメントも多数飛び交った。関係者の人権をどう守っていくかも、今後の課題と言えるだろう。

科学者、かくあれかし

さて、STAP問題の経緯を追ってきたこの本も、終わりに近づいてきた。一月以降の取材を振り返りながら、気付いたことがある。自分の中には、科学者にはこうあってほしいという、いわば理想像があるということだ。あえてその最低限の要素を挙げるとしたら、あくなき好奇心と探求心、実験や観測のデータに対する謙虚さ、そして誠実さと科学者としての良心——だろうか。

もちろん、日常的な取材で接する科学者たちは個性豊かで、決してステレオタイプにあてはめることはできない。だが、本質的な部分では皆、それらの要素を兼ね備えていると、漠然と信じてきたように思う。

STAP問題で渦中に置かれた論文の主要著者や関係者は、いずれも科学者コミュニティで評価が高く、あるいは、共同研究者から手放しの賞賛を受ける人々だった。だからこそ、彼らに誠実さを期待したのだが、その期待は時に裏切られた。科学者の倫理より組織の論理を優先させたように見える理研や早大の対応にも、失望と憤りを感じた。取材を始めた当初は、取材相手の科学者としての良心を過信し、判断を誤ったときもあったと反省している。

言うまでもないが、現実には、科学者も組織の一員であり、守るべき立場や生活がある。プライドや虚栄心もあり、ライバルとの激烈な競争に神経をすり減らすこともある。人間なら誰しも持つ弱さを、科学者もまた持っていることを、取材を通して痛感した。私の抱く理想像は、青臭いと笑われても仕方のないものかもしれない。

一方でこうも思うのだ。誠実さを期待されない科学者など寂し過ぎると。それに私は、STAP取材の過程で、失望や憤り、あるいは危機感を共有できる多くの誠実な科学者たちと出会い、何度も助けられた。直接出会うことのないネット上の「査読者」を含め、事態を憂い、日本の科学を守りたいと願う科学者がいたからこそ、私たちは取材を続けてくることができた。日本分子生物学会や日本学術会議など科学者の団体が声を上げたことも大きかった。科学者コミュニティと科学ジャーナリズムが協力し合い、あいまいなままの幕引きを許さなかったことが、理研の再調査開始につながったと確信している。

その意味で、STAP問題において、科学界の自浄作用は、確かに働いたと言えるだろう。

いま、科学者が置かれている環境は厳しい。特に若手研究者のポストは少なく、身分は不安定だ。理研CDBに限らず、大学や研究機関の運営費交付金は減少し続け、確実な成果を求める競争的資金の比重は高まる一方だ。重要だが短期的な成果は見込めない研究テーマにじっくり取り組める研究者が、どれほどいるだろうか。

STAP問題が提起した課題は多い。その一つひとつをすぐに解決するのは難しいかもしれないが、私は、科学者が誠実でいられる研究環境を目指していくことが大事だと考えている。そのために科学ジャーナリズムが果たせる役割があるとすれば、微力でもその一端を担っていきたい。

そして、いつの日か再び、「常識を覆す」本物の大発見に出会えることを楽しみにしている。

あとがき

今、この原稿を書いている二〇一四年十一月現在、ＳＴＡＰ問題はまだ終わっていない。あとがきに代えて、今後想定される流れを整理しておきたい。

まず、十一月末で小保方晴子氏の検証実験への参加期間が終わる。その結果と、二度目の調査委員会の報告書が、早ければ十二月中にも発表されるだろう。ごく最近、これまでの認識が覆されるような驚くべき情報も幾つか耳にした。それらの中には、おそらく調査委員会の報告書に登場するものもあるだろう。

調査委員会が新たな不正を認定した場合、不正の実施者と認定された論文の著者には、不服申し立てをする権利がある。不服申し立てがなされれば、一度目の調査委員会のときと同様、再調査の必要性が審議される。仮に不服申し立てが退けられ、不正が確定した場合には、懲戒委員会が設置され、関係者の処分が検討される。

小保方氏の参加する実験とは別に、丹羽仁史氏らが進める検証実験は、二〇一五年三月末まで実施される予定だ。事前に打ち切られる可能性もあるが、いずれにしても、実験の終了後には、ＳＴＡＰ細胞の有無について、理化学研究所としての何らかの結論が下されるだろう。

本書の執筆の打診を頂いたのは七月だった。新聞の限られた紙面で書ききれなかったことを含め、取材の蓄積をまとまった形で世に出せるのは、記者にとって滅多にない経験である。株式会社文藝春秋国際局の下山進氏と坪井真ノ介氏には、この機会を与えてくださったことに感謝申し上げる。執筆中も、両氏の一章ごとの感想が大いに励みになった。

関係者への「オフレコ」取材については、その時点での約束は必ず守ってきたものの、その後の本人の公の発言や各機関の調査報告書などで公知の事実となった内容も多い。すでに伏せておく理由がなくなり、かつ問題の全体像や本質に迫るうえで重要だと考えられる内容については、慎重に吟味した上で本書に盛り込んだことを記しておく。

STAP問題の取材は、毎日新聞東京・大阪両本社の科学環境部が連携し、社会部や甲府支局、米ニューヨーク支局など多方面の協力も得ながら進められてきた。私が所属する東京科学環境部では、永山悦子デスクが一貫してこの問題を担当し、八田浩輔記者も当初から取材に携わった。取材班では、新たな事実が判明する度に、その事実の持つ意味について議論を重ね、今後の方向性を探った。目配りのきいた的確な指示で取材班をまとめ、時に叱咤激励してくれた永山デスクや、常に冷静な視点を失わない八田記者をはじめ、信頼できる上司や同僚とともに取材にあたれたことを幸せに思う。論説室の青野由利・専門編集委員のアドバイスにも、幾度となく助けてもらった。

執筆にあたっては、東京科学環境部の清水健二・遊軍キャップ、八田記者、大場あい記者、斎藤有香記者、下桐実雅子記者、大阪科学環境部の根本毅キャップと斎藤広子記者、吉田卓矢記者、畠山哲郎記者に、取材メモからの引用を快く了承してもらい、新聞報道以上の詳細な記述が可能になった。長尾真輔部長は、執筆の経過を見守り、折に触れ励ましてくれた。青野・専門編集委員、長尾部長、永山デスク、清水・遊軍キャップ、八田記者は、日常業務で多忙な中、全体の草稿についての貴重な指摘をくれた。

いつも仕事と家庭のバランスを上手に取りたいと願っているのだが、なかなかうまくいったことがない。特にSTAP問題の取材が始まってからは、仕事の比重がこれまで以上に大きくなってしまったことは否めない。さらに本書の原稿を休日返上で書き続けることになり、家族には「非常事態」が長期化してしまったことを申し訳なく思っている。

週末はもちろん、家族旅行の間でさえも携帯電話やパソコンにかじりついている妻に半ばあきれつつも、普段以上に家事や育児をこなしてくれた夫、絵本の読み聞かせの後、添い寝してほしいのを我慢して「ママ、お仕事していいよ」と言ってくれた幼い娘、そして執筆中は毎週のように家事を手伝いに来てくれた母と、娘とたくさん遊んでくれた父に、この場を借りて感謝の気持ちを伝えたい。家族の支えなくして本書は完成しなかったし、STAP取材を今日まで続けてくることもできなかった。

三十五回。これは、二〇一四年一月末以降、十一月半ばまでに、STAP論文の関連記事（コラムを除く）が毎日新聞朝夕刊の東京本社最終版で一面に掲載された回数である。日本の生命科学史上、一年足らずの間に新聞の一面でこれだけ頻繁に登場した論文は、他にないだろう。

STAP論文は、私自身を含め社会の多くの人が当初期待したのとは真逆の方向に進んでいってしまった。重大な疑義が次々に浮上し、「世紀の大発見」のはずの論文は、無残にも〝崩壊〟していった。

科学への信頼が損なわれる事態に強い危機感を覚えつつ、真実を見極めようと懸命に取材にあたってきたつもりだが、いま振り返ってみれば、予想を上回る展開にただただ翻弄され続けたような気もする。

失望したり、愕然としたりすることも多かった。同業他社との熾烈な競争にも心底、消耗させられた。その都度、気を取り直して次の取材に向かうことができたのは、貴重な時間を割いて客観的な見解を示してくれた多くの研究者、そして、リスクを承知で重要な情報を提供してくれた、さまざまな関係者の存在があったからである。

取材に協力してくださったすべての方々に、心から感謝申し上げたい。

研究不正は、科学の健全な発展を妨げる、決して許されない行為だ。だが、科学の歴史と共に、不正の歴史があったこともまた事実である。本書が、不正の起こりにくい環境をどう作っていくか、いざ起きたときにどう対処していくかを考える一つのきっかけとなれば、著者としてこれ以上嬉しいことはない。

二〇一四年十一月十四日

須田桃子

須田桃子（すだ・ももこ）
1975年、千葉県生まれ。早稲田大学大学院理工学研究科修士課程修了（物理学専攻）。2001年4月毎日新聞社入社。水戸支局を経て2006年から東京本社科学環境部記者。生殖補助医療や生命科学、ノーベル賞などを担当。特にiPS細胞については2006年の開発当初から山中伸弥・京都大学教授のノーベル賞受賞まで継続的に取材してきた。森口尚史氏が「iPS細胞を使った世界初の心筋移植手術」を実施したと発表した際には、その内容を疑い、記事化を見送った経験もある。今回のSTAP細胞事件では、当初は「世紀の発見」との理研の発表を信じ、報道を行う。しかし、疑義が指摘されるようになると、各関係者への独自取材をもとにスクープを連発。一連の報道をリードし続けた。
共著に『迫るアジア　どうする日本の研究者　理系白書3』（講談社文庫）、『こうのとり追って——晩産化時代の妊娠・出産』（毎日新聞社）、『素顔の山中伸弥——記者が追った2500日』（ナカニシヤ出版）。

捏《ねつ》造《ぞう》の科《か》学《がく》者《しゃ》　STAP細《さい》胞《ぼう》事《じ》件《けん》

2014年12月30日　第1刷発行
2015年 1月15日　第2刷発行

著　　者　須田桃子《すだももこ》
発 行 者　飯窪成幸
発 行 所　株式会社　文藝春秋
東京都千代田区紀尾井町3-23（〒102-8008）
電話　03-3265-1211

印　　刷　大日本印刷
製 本 所　大口製本

・定価はカバーに表示してあります。
・万一、落丁乱丁の場合は送料小社負担でお取替えいたします。小社製作部宛お送り下さい。

ISBN978-4-16-390191-6　Printed in Japan